21 世纪高等学校计算机系列规划教材

C 语言程序设计

张志强　　周克兰　　主编

杨季文　　主审

U0131729

清华大学出版社

北　京

内 容 简 介

本书全面、系统地介绍了 C 语言程序设计的基本概念、语法和编程方法。全书共分为 10 章,每个章节都从实际应用出发,蕴含了作者丰富的教学经验和编程心得。第 1 章通过一个简单 C 语言程序的编写、编译和运行介绍了程序设计的基本概念;第 2 章从计算机内数据存储的角度介绍了 C 程序中包括指针在内的数据类型的概念及使用方法;第 3 章介绍了包括指针运算在内的 C 语言提供的各种运算功能;第 4 章讲述了结构化程序设计的方法;第 5 章结合循环与指针,讲述了使用数组处理大量数据的方法;第 6 章讲述了包括结构体在内的各种自定义数据类型的使用方法;第 7 章讲述了使用函数进行模块化程序设计的方法,并重点讲述了指针在函数参数中的作用;第 8 章讲述了使用指针操作动态内存的方法及链表基本应用方法;第 9 章讲述了在 C 语言中处理文件的基本方法;第 10 章介绍了 C 的预处理命令及简单应用。

全书内容由浅入深,例题经典、丰富,将指针的应用融合到全书的各章节之中。本书结构新颖、紧凑、内容通俗易懂,是学习 C 语言的合适教材。本书既可以作为普通本科院校、普通高等专科学校的计算机教材,也可以作为计算机培训和计算机等级考试辅导的教学用书。

图书在版编目(CIP)数据

C 语言程序设计/张志强等主编.—北京:清华大学出版社,2011.1
(21 世纪高等学校计算机系列规划教材)
ISBN 978-7-302-24601-5

Ⅰ.①C… Ⅱ.①张… Ⅲ.①C 语言—程序设计 Ⅳ.①TP312

中国版本图书馆 CIP 数据核字(2011)第 002692 号

责任编辑:魏江江
责任校对:焦丽丽
责任印制:李红英

出版发行:清华大学出版社　　　　　　　地　　　址:北京清华大学学研大厦 A 座
　　　　　http://www.tup.com.cn　　　邮　　　编:100084
　　　社　　总　　机:010-62770175　　邮　　　购:010-62786544
　　　投稿与读者服务:010-62795954,jsjjc@tup.tsinghua.edu.cn
　　　质　量　反　馈:010-62772015,zhiliang@tup.tsinghua.edu.cn
印　刷　者:北京密云胶印厂
装　订　者:三河市新茂装订有限公司
经　　　销:全国新华书店
开　　　本:185×260　印　张:16.5　字　数:400 千字
版　　　次:2011 年 2 月第 1 版　　印　　次:2011 年 2 月第 1 次印刷
印　　　数:1～3000
定　　　价:29.00 元

产品编号:038852-01

编审委员会成员

浙江大学	吴朝晖	教授
	李善平	教授
扬州大学	李云	教授
南京大学	骆斌	教授
	黄强	副教授
南京航空航天大学	黄志球	教授
	秦小麟	教授
南京理工大学	张功萱	教授
南京邮电学院	朱秀昌	教授
苏州大学	王宜怀	教授
	陈建明	副教授
江苏大学	鲍可进	教授
中国矿业大学	张艳	副教授
武汉大学	何炎祥	教授
华中科技大学	刘乐善	教授
中南财经政法大学	刘腾红	教授
华中师范大学	叶俊民	教授
	郑世珏	教授
	陈利	教授
江汉大学	颜彬	教授
国防科技大学	赵克佳	教授
	邹北骥	教授
中南大学	刘卫国	教授
湖南大学	林亚平	教授
西安交通大学	沈钧毅	教授
	齐勇	教授
长安大学	巨永锋	教授
哈尔滨工业大学	郭茂祖	教授
吉林大学	徐一平	教授
	毕强	教授
山东大学	孟祥旭	教授
	郝兴伟	教授
中山大学	潘小轰	教授
厦门大学	冯少荣	教授
仰恩大学	张思民	教授
云南大学	刘惟一	教授
电子科技大学	刘乃琦	教授
	罗蕾	教授
成都理工大学	蔡淮	教授
	于春	讲师
西南交通大学	曾华燊	教授

随着我国改革开放的进一步深化,高等教育也得到了快速发展,各地高校紧密结合地方经济建设发展需要,科学运用市场调节机制,加大了使用信息科学等现代科学技术提升、改造传统学科专业的投入力度,通过教育改革合理调整和配置了教育资源,优化了传统学科专业,积极为地方经济建设输送人才,为我国经济社会的快速、健康和可持续发展以及高等教育自身的改革发展做出了巨大贡献。但是,高等教育质量还需要进一步提高以适应经济社会发展的需要,不少高校的专业设置和结构不尽合理,教师队伍整体素质亟待提高,人才培养模式、教学内容和方法需要进一步转变,学生的实践能力和创新精神亟待加强。

教育部一直十分重视高等教育质量工作。2007 年 1 月,教育部下发了《关于实施高等学校本科教学质量与教学改革工程的意见》,计划实施"高等学校本科教学质量与教学改革工程(简称'质量工程')",通过专业结构调整、课程教材建设、实践教学改革、教学团队建设等多项内容,进一步深化高等学校教学改革,提高人才培养的能力和水平,更好地满足经济社会发展对高素质人才的需要。在贯彻和落实教育部"质量工程"的过程中,各地高校发挥师资力量强、办学经验丰富、教学资源充裕等优势,对其特色专业及特色课程(群)加以规划、整理和总结,更新教学内容、改革课程体系,建设了一大批内容新、体系新、方法新、手段新的特色课程。在此基础上,经教育部相关教学指导委员会专家的指导和建议,清华大学出版社在多个领域精选各高校的特色课程,分别规划出版系列教材,以配合"质量工程"的实施,满足各高校教学质量和教学改革的需要。

本系列教材立足于计算机公共课程领域,以公共基础课为主、专业基础课为辅,横向满足高校多层次教学的需要。在规划过程中体现了如下一些基本原则和特点。

(1) 面向多层次、多学科专业,强调计算机在各专业中的应用。教材内容坚持基本理论适度,反映各层次对基本理论和原理的需求,同时加强实践和应用环节。

(2) 反映教学需要,促进教学发展。教材要适应多样化的教学需要,正确把握教学内容和课程体系的改革方向,在选择教材内容和编写体系时注意体现素质教育、创新能力与实践能力的培养,为学生的知识、能力、素质协调发展创造条件。

(3) 实施精品战略,突出重点,保证质量。规划教材把重点放在公共基础课和专业基础课的教材建设上;特别注意选择并安排一部分原来基础比较好的优秀教材或讲义修订再版,逐步形成精品教材;提倡并鼓励编写体现教学质量和教学改革成果的教材。

(4) 主张一纲多本,合理配套。基础课和专业基础课教材配套,同一门课程可以有针对不同层次、面向不同专业的多本具有各自内容特点的教材。处理好教材统一性与多样化,基本教材与辅助教材、教学参考书,文字教材与软件教材的关系,实现教材系列资源配套。

（5）依靠专家，择优选用。在制定教材规划时依靠各课程专家在调查研究本课程教材建设现状的基础上提出规划选题。在落实主编人选时，要引入竞争机制，通过申报、评审确定主题。书稿完成后要认真实行审稿程序，确保出书质量。

繁荣教材出版事业，提高教材质量的关键是教师。建立一支高水平教材编写梯队才能保证教材的编写质量和建设力度，希望有志于教材建设的教师能够加入到我们的编写队伍中来。

21 世纪高等学校计算机系列规划教材

联系人：魏江江 weijj@tup.tsinghua.edu.cn

几十年来,C语言从其诞生之日起,就作为应用最为广泛的程序设计语言长盛不衰,从家用电器中的单片机到企业生产设备中的工业控制系统,从汽车中的车载电脑到轮船、宇宙飞船中的控制系统,从家用电脑到巨型机,可以说只要有计算机的地方,C语言都是最重要的程序设计语言。

本教材主要作者为一直工作于教学一线的大学教师,承担"C语言程序设计"课程的教学任务十余年,有着丰富的教学经验,同时长期从事C语言编程工作,有几十万行程序代码的开发经验,开发的软件多次获得省级、市级的奖励。在教学实践中,作者感受最深的就是,学生普遍反映C语言难学难懂,尤其是指针千变万化,难以捉摸,而事实上,只要遵照一定的学习规律,C语言并不难掌握。

部分C语言教材过细的内容组织让学生迷失了方向。看着满篇的烦琐内容,读者根本不明白该学什么,更不明白C语言的重点是什么,唯一的感觉就是C语言难而烦。本书力求做到去繁就简,以弄懂基本的、主要的、核心的内容为重点,教材也紧紧围绕循环、函数、指针等核心内容进行组织。

另外,本教材也特别强调实践能力的培养。上机是学习C语言的最好方法,读者在学完第1章后就可以开始上机练习。书中每章的内容都包含大量的实例,课后练习也以编程为主,课后练习的内容由浅入深,如果能做到最后一道题目,本章的内容即可基本掌握。

本书第1章阐述了计算机及程序的基本工作原理,C语言程序是怎样运行的,并通过一个完整的C程序例子介绍了C程序的各部分组成、功能及C程序编辑、编译、运行的方法。通过本章的学习,使读者能够对C语言程序及程序设计的过程和方法有一个基本的认识。

第2章用了大量的篇幅介绍计算机中数据的存储方式,从而引入了整数、浮点数、指针等数据类型的概念,并使读者理解这些数据类型的作用和意义。在本章最后介绍了C语言输入、输出的基本方法,使读者马上可以通过这些输入、输出功能,对刚学到的各种不同类型数据进行比较和分析。

第3章讲解了C语言中可以使用的各种运算符,并通过大量的实例来展示这些运算符的功能。本章还详细讲解了指针的各种运算方法,为以后指针的使用做好准备。

通过前面3章的学习,读者已经掌握了C语言中各种基本数据类型数据的处理方法。

第4章的内容通过讲解顺序结构、选择结构、循环结构这三种程序结构,使读者可以编写出具有一定实用功能的程序。本章的难点是循环,尤其是多重循环,这也是很多学生在学习C语言过程中第一次开始掉队的地方,解决这个难点的唯一方法就练习,反复地编程实践。

第 5 章讲述数组,使 C 语言程序可以处理大量的数据,数组的处理离不开循环,所以本章的内容还包括了第 4 章内容循环的强化。另外,由于数组的元素在内存中是连续存储的,这在本书中第一次给了指针大展身手的空间,完成本章内容的学习,C 语言已经入门一半了。

　　第 6 章讲述了包括结构体在内的 C 语言各种自定义数据类型的使用方法。本章以概念性内容居多,虽然繁琐但并不难掌握,书中通过各种示例对它们的定义方法和用法一一进行了展示,是经过第 5 章艰苦学习过程后的一次小的休整。

　　第 7 章讲述了 C 语言中函数的使用及模块化程序设计的基本思想,通过将一个复杂程序划分成若干个函数来实现,从而降低了程序的编写难度。在函数的调用过程中,指针作为函数参数可以起到双向传值的作用,这些都是本章的重点和难点。

　　第 8 章讲述动态内存的使用方法,操作内存离不开指针,本章首先讲述了如何获取动态内存,然后讲述了通过链表来组织、使用动态内存的方法。链表是结构体、指针的结合,由于操作的复杂性使得使用函数成为必然,所以说本章内容是书上前 7 章内容的综合。完成本章内容的学习,C 语言的掌握可以算入门了。

　　第 9 章讲述在 C 语言中操作文件的方法,主要是一些文件操作函数的应用。

　　第 10 章讲述在 C 语言中一些编译预处理命令的使用方法,在本章结尾处介绍了在组织多文件的 C 语言源程序时条件编译的应用,为读者以后编写大型 C 程序提供了方便。

　　本书在编写过程中参考了许多同行的著作,作者在此一并表达感谢之情。

　　感谢丹尼斯·里奇(Dennis MacAlistair Ritchie)和肯尼斯·汤姆逊(Kenneth Lane Thompson),没有他们就没有 C 语言。

　　感谢杨季文教授和陈建明副教授以及为本书提供直接或间接帮助的每一位朋友,你们的帮助和鼓励促成了本书的顺利完成。如果您能够愉快地读完本书,并告之身边的朋友,原来 C 语言并不难学,那么作者编写本书的目的就达到了。

　　尽管作者尽了最大努力,但是由于时间关系及作者学识所限,肯定存在缺点和错误,从而影响写作目的,因此,恳请各位读者批评指正,以便再版时修订。

编　者
2010 年 12 月

第 1 章

C 语言导论

1.1　C 语言概述

1.1.1　C 语言的功能

目前,计算机的应用已经深入到社会的各个领域,成为人们日常工作、生活、学习的必备工具。计算机是一种具有存储程序、执行程序能力的电子设备,计算机所有能力都是通过执行程序来实现的。程序就是人们把需要做的工作写成一定形式的指令序列,并把它存储在计算机内部存储器中,当人们给出命令之后,计算机就按照指令的执行顺序自动进行相应操作,从而完成相应的工作。人们把这种可以连续执行的一条条指令的序列称为"程序"。编写程序的过程就称为"程序设计"。人们编写的指令序列为了使计算机能够正确识别和执行,不能随意编写,必须有一定的规则。这些规则的定义包含了一系列的文法和语法的要求,按照这些规则编写的程序能够被计算机理解执行,所以它是人和计算机之间的交流语言。这种语言类似于人与人之间交流的语言,虽然没有人类语言那么复杂,但逻辑上要求更加严格,符合这些规则的"语言"也被称为"程序设计语言"。

机器语言或称为二进制代码语言,计算机可以直接识别。每台机器的指令,其格式和代码所代表的含义都是硬性规定的,如某种计算机的指令为1011011000000000,它表示让计算机进行一次加法操作;而指令 1011010100000000 则表示进行一次减法操作。它们的前 8 位表示操作码,而后 8 位表示地址码。因为硬件设计不同,机器语言对不同型号的计算机来说一般是不同的。用机器语言编程,就是从实用的 CPU 的指令系统中挑选合适的指令,组成一个指令系列的过程。

由于"机器语言"与人们日常生活中使用的语言差距过大,而且大量的规则都和具体的计算机硬件设计和实现相关,所以使用"机器语言"编写程序难度很大。为了降低编写程序的难度,人们发明了一些更加接近人类日常语言的程序设计语言,但这些语言编写的程序不能被计算机直接识别、执行,必须翻译成"机器语言程序"才能被计算机执行。

根据程序设计语言与人类语言的接近程度,基本上可把这些程序设计语言分为高级语言、中级语言、低级语言。低级语言最接近机器语言,学习和使用难度都比较大;高级语言最接近人类语言,学习和使用难度相对于低级语言要容易得多,应用最为广泛。目前常见的高级语言有 C、Java、C++、C♯、Basic、Pascal 等。由程序设计语言编写的程序称为"源程序",高级语言编写的程序不能被计算机硬件直接识别、执行,高级语言源程序编译(Compile)成机器语言程序的过程如图 1.1 所示。

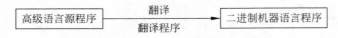

图 1.1   程序编译、连接过程示意图

几十年来,人们发明了很多种计算机程序设计语言,目前还在不断有新的程序设计语言被发明出来,这些语言往往具有不同的特点。C 语言是目前世界上应用最为广泛的高级程序设计语言,它是一种通用的高级程序设计语言,可以用来完成各种类型的应用软件设计。C 语言的通用性和无限制性使得它对于程序设计者来说都显得更加方便、更加有效。从微型计算机(包括我们日常使用的 PC)到小型机、中型机、大型机、巨型机,都离不开 C 语言编写的程序;从家用冰箱、电视、洗衣机、空调到手机,它们能够有效的工作大部分都依赖于内部运行的 C 语言编写的程序;现代化的智能车床、工业控制设备、汽车、火箭、宇宙飞船,其内部运行程序大部分也都是用 C 语言编写的。可以说,有计算机的地方就有 C 语言编写的程序在运行。

1.1.2   C 语言的起源

在学习 C 语言之前,我们有必要了解一下 C 语言的发展历史。

目前,计算机技术发展速度之快让人目不暇接,作为计算机软件技术的基础,新的程序设计语言和新的操作系统也在不断涌现,这些新技术、新产品往往都是由国际著名企业或国家重要部门投入巨大的人力、物力所开发出来的。然而,提到目前最优秀、最有价值的程序设计语言和操作系统,却要到四十年前去找,那就是强大的 C 语言和用 C 语言编写的UNIX 操作系统,更加让人惊奇的是它们竟然只是基于个人兴趣由几个人所缔造的,花费的人力物力代价更是少得可怜。

从历史发展的角度看,C 语言起源于 1968 年发表的 CPL 语言(Combined Programming Language),它的许多重要思想来自于 Martin Richards 在 1969 年研制的 BCPL 语言,以及以 BCPL 语言为基础的 B 语言。Dennis M. Ritchie 在 B 语言的基础上,于 1972 年研制了C 语言,并用 C 语言写成了第一个在 PDP-11 计算机上实现的 UNIX 操作系统(主要在贝尔实验室内部使用)。以后,C 语言又经过多次改进,直到 1975 年用 C 语言编写的 UNIX 操作系统第 6 版公诸于世后,C 语言才举世瞩目。1977 年出现了独立于机器的 C 语言编译文本《可移植 C 语言编译程序》,从而大大简化了把 C 语言编译程序移植到新环境所需做的工作,这本身也使得 UNIX 操作系统迅速地在众多的机器上普及。随着 UNIX 的日益广泛使用,C 语言也迅速得到推广。1978 年以后,C 语言先后移植到大、中、小、微型计算机上,它的应用领域已不再限于系统软件的开发,而成为当今最流行的程序设计语言。

以 1978 年发布的 UNIX 第 7 版的 C 语言编译程序为基础,Brian W. Kernighan 和Dennis M. Ritchie 合著了影响深远的名著 *The C Programming Language*,这本书中介绍的 C 语言成为后来广泛使用的 C 语言版本的基础,它被称为标准 C。

1983 年美国国家标准化协会(ANSI)根据 C 语言问世以来的各种版本,对 C 语言的发展和扩充制定了新的标准,称为 ANSI C。1989 年 ISO 根据 ANSI C 公布了 C 标准,称为 C89。

目前流行的 C 语言编译系统大多是以 ANSI C 为基础进行开发的,不同版本的 C 编译系统所实现的语言功能和语法规则基本部分是相同的,但在有关规定上又略有差异。本书的叙述基本上以 ANSI C 为基础。

1.1.3 C 语言的学习阶段与学习方法

1. C 语言的学习阶段

C 语言是一门实用性、技巧性很强的计算机程序设计语言。学好它是需要花费一定功夫的,仅仅靠上课的一点时间或短时间突击是远远不够的。C 语言也是一门实践性很强的语言,要想学好 C 语言,上机实践的时间应远大于听课和看书学习的时间。C 语言的学习阶段大体可划分如下。

(1) 入门阶段

入门阶段主要学习怎么写程序。在该阶段,首先要体会、理解什么是程序设计;学会怎样将一个人的思路转换为计算机可以执行的程序;掌握使用 C 语言进行程序设计的基本方法;可以使用 C 语言编写一些小程序解决一些简单的问题;这个阶段可以写出的 C 程序规模一般在几百行以内。

(2) 进阶阶段

进阶阶段主要学习如何写出好的程序。在学会写出简单程序之后,要学习怎么写出好的程序;要学习怎么样用程序设计的方法解决一些比较复杂的问题;学会如何将一个复杂问题分解成若干的简单问题然后使用模块化的程序设计方法进行求解,在这个阶段还要学会一些常用的程序设计算法;学习如何提高程序的执行效率等。

(3) 实用阶段

实用阶段主要学习如何将程序设计用到自己的工作中。经过前面两个阶段的学习,可以说已经基本掌握了一般性程序设计的技术和方法,但把我们的程序应用到自己的工作中还是不够的,因为不同行业计算机的软件开发技术也是有很大差别的,例如,学习机械电子的同学可能还要学习单片机开发技术和计算机控制技术,学习企业管理、财经类的同学还要学习数据库技术,总而言之,第三阶段就是将程序设计技术结合到自己专业中的过程。

2. C 语言的学习方法

本书内容仅涉及 C 语言的入门阶段,即使是入门阶段,达到这一阶段的水平一般也需要付出 200～500 小时的学习、实践时间。万事开头难,入门的过程对于大多数的人是痛苦的,但随着学习的深入,你会发现 C 语言中有许多东西是很有趣的,这样学习就不再是一难事,而是一件快乐的事。C 语言学习方法如下:

(1) 根据读者自己的学习进度认真阅读本书上的相关章节内容(绝不能跳跃),对照例题理解讲述内容,上机完成书后相关部分的练习习题,如果所有习题能顺利完成则转到(5)。

(2) 如果发现练习习题不会做,再回头看书上相关内容的讲述,再分析例题、上机练习,如果顺利完成则转到(5)。

(3) 如果练习习题还是不会做,可以和同学讨论,在讨论中扩展思路、增进理解,再上机练习,如果顺利完成则转到(5)。

(4) 如果练习习题还是不会做,可以请教老师,直到完成上机练习。

（5）根据老师的推荐补充练习。

（6）如果有困难再返回到（2）。

（7）完成相关知识点的掌握,继续本书后续章节内容的学习。

含金量越高的技术往往越难以掌握,程序设计是一门纯脑力活动,对人的逻辑思维能力要求很高。多动脑,C语言的第一阶段很快就会掌握的,没有付出就没有回报!

1.2 第一个C程序

1.2.1 程序代码

一个C语言程序是一段标准的文本,文本内容描述了实现一个具体功能的程序步骤,该段文本内容可以用包括"记事本"在内的各种文字编辑软件编写。由于C语言程序本身不能够被计算机硬件直接执行,所以还要有一个翻译软件把它翻译成计算机可以直接执行的机器语言程序才行,为了使用户书写的程序文本顺利地被翻译软件翻译成计算机可以直接执行的机器语言,必须要以一定的规则进行书写,这就是C语言的语法规则。C语言翻译软件通常也被称为C语言编译软件,C语言编译软件也被称为C语言编译程序。

下面我们看一个简单的C程序例子,它的功能是在用户计算机屏幕上显示"欢迎进入C语言的世界!"这样一行文字。

【例1.1】 欢迎进入C语言的世界!

```
#1.   /*
#2.        该程序显示如下信息:
#3.            欢迎进入C语言的世界!
#4.   */
#5.   # include "stdio. h"
#6.
#7.   void main()
#8.   {
#9.        printf("欢迎进入C语言的世界!\n");
#10.  }
```

说明:在这段文本中,每一行前面的#符号及数字不是程序文本,是本书为了说明方便而增加的,后面的内容才是程序文本,用户在录入编辑本书各例子程序时只要输入点号后面的内容即可。

上面这段C语言程序看起来并不复杂,但它的书写有严格的语法和文法要求,用户录入时有一点点的违规,例如大小写写错、少了一个字符,C语言编译软件都可能无法把它翻译成正确的机器语言程序。

1.2.2 空白和注释

通过观察例1.1可以发现这段C语言程序中除了一些字符之外还有很多空白;空白主要包括一些换行、空行、空格、制表符(Tab)等,这些空白在程序中的作用是用来分隔程序的不同功能单位,以便使翻译软件进行识别处理,合理使用这些空白也可以使程序看起来更加规整、有序。

程序的♯1行到♯4行,符号"/＊"标记注释内容的开始,"＊/"标记注释内容的结束,注释的作用是用于程序功能说明,翻译软件在翻译程序时会忽略注释中的内容,不会把它翻译成机器语言,在C程序中,凡是可以插入空白的地方都可以插入注释。注释主要功能如下:

(1)可以用来说明某一段程序的功能或这段程序使用上的注意事项,提示以后使用到这段程序的人如何使用。

(2)使用注释符号包括一段程序,使这段程序暂时失去功能,在需要的时候可以通过删除注释符号快速恢复这段程序。

1.2.3 预处理指令

例1.1程序的♯5行是一条预处理指令,它提示翻译软件在把这个C语言程序翻译成机器程序前,要完成的一些操作。翻译软件中专门有一个称为"预处理器"的程序,用来解释执行预处理指令,"预处理器"处理程序中的所有预处理指令后,翻译软件中负责翻译的"编译器"程序才开始翻译C程序为机器指令程序。

所有预处理指令总以"♯"号开头,这里的♯include使得"预处理器"把名为stdio.h的文件插入到♯include行出现的地方,stdio.h文件声明了该段C语言程序中将要在♯8行用到的printf的使用方法,如果没有这条预处理指令,♯8行的printf将无法使用。实际上stdio.h文件定义了很多输入输出功能,我们在C程序中如果要使用这些功能,就要包含stdio.h文件。♯include后面可以跟不同的文件名,"预处理器"把不同的文件插入到♯include行出现的地方。

通常,为了方便用户,C语言编译软件也提供了很多附加的常用程序功能,用户可以在自己的程序中直接使用这些程序功能,从而提高程序的编写效率。为了使用这些功能,必须在用户的C程序中使用包含指令来包含这些功能的声明。例如,math.h包含了很多数学处理功能,如果用户要在程序中使用这些数学处理功能,就要使用预处理指令♯include "math.h"包含这个文件,然后才能使用math.h里面定义的数学功能。由♯include指令包含到C代码中的文件通常被称为头文件,通常以.h为扩展名,而C包含代码的文本文件被称为C源程序文件,通常以.C为扩展名。

1.2.4 main 函数

例1.1程序的♯7行开始到♯10行定义了一个C语言函数,一个C语言函数就是一个C语言程序的功能单位,多个具有简单功能的C语言函数可以组成一个功能更复杂的C语言程序。由于每个C语言函数都是一小段相对独立的C语言程序,所以每个C语言函数也可以被称为一个C语言子程序。

♯7行定义了一个函数的名称main,函数名前面的void代表这个函数不需要返回值,所谓返回值即将这个函数的执行结果提交给它的上一级程序,所谓上一级程序即执行本函数的一段程序;函数名前面的void代表本函数不需要将结果提交给上一级程序。

C语言函数和C语言命令的显著区别是函数名称后面有一对小括号"()"。函数名后面的一对小括号"()"可以用来接收上级程序在执行本函数时传过来的一些数据,"()"内为空或函数名前填上void代表这个函数不需要上一级程序传入的数据。

在每个C语言程序中必须只能有一个命名为main的函数,因为这个函数是每个C语言程序执行的起点,而这个起点必须唯一。当 main 函数执行结束后,这个 C 语言程序也就执行结束了。在 main 函数中可以通过函数名称执行其他的函数,其他函数执行完成后就会返回 main 函数继续执行,所以 main 函数就是其他函数的上级函数。

♯8 行的"{"代表 main 函数的开始,♯10 行的"}"代表 main 函数的结束,两个大括号中间为函数的内容,用来描述函数的执行步骤,这里的 main 函数很简单,里面只有 ♯9 一行程序,这行程序是一条程序语句,C 语言中规定每条语句都必须以";"作为结束标志。C 语言中每条语句都可以用来完成一个具体的功能,♯9 行的语句用来执行另外的一个函数 printf,这个函数在 stdio. h 文件中声明,该函数的功能是在屏幕上输出一串字符。

1.2.5 程序输出

在 C 语言程序中,输出是很常用的一项功能,如果用户自己用 C 语言编写程序实现在屏幕上输出,那会是一个很复杂的过程,对于初学者来说更是不可能完成的任务。所以大多数 C 的编译软件都提供了一组输出函数,可以让用户在自己的 C 程序中直接使用,printf 就是大部分 C 编译软件提供的最常用的一个输出函数,用户只要在自己的程序中加入预处理指令 ♯ include"stdio. h"就可以在自己的程序中使用这个函数了。

printf 函数执行格式化的输出,它的功能是把上级程序传给它的数据在输出设备上进行显示。在本 C 程序例子中,在 main 中执行 printf 函数,main 就是 printf 的上级程序,可以在 printf 后面的一对小括号中填入数据传给 printf 函数,printf 函数会把这些数据在屏幕上显示出来。

printf("欢迎进入 C 语言的世界! \n")中的"欢迎进入 C 语言的世界! \n"在 C 语言程序中被称为字符串,它的特点是用双引号("")括起来的一串字符,这串字符作为数据传给 printf 之后就会被 printf 在屏幕上显示出来,其中\n 的含义是换一行,即输出完"欢迎进入 C 语言的世界!"后,下一个输出位置换到下一行起始的位置。

1.3 C 语言程序的运行

1.3.1 程序的编译

用 C 语言书写的程序文本称为 C 语言源程序,一个 C 语言源程序可以保存在若干个文本文件中,C 语言源程序需要翻译成等价的机器语言程序才能在计算机上运行,实现翻译功能的软件被称为翻译程序或编译程序。编译程序以 C 语言源程序作为输入,而以机器语言表示的目标程序作为输出。

C 程序的编译过程一般分成五个步骤:编译预处理、编译、优化、汇编、链接,并生成可执行的机器语言程序文件。

1. 编译预处理

读取 C 源程序文件,对其中的编译预处理指令进行处理,根据执行结果生成一个新的输出文件。这个文件的功能含义同没有经过预处理的源文件是相同的,但形式因为执行了编译预处理指令而有所不同。

2. 编译

经过编译预处理得到的输出文件中,已经没有了编译预处理指令,都是一条条的 C 程序语句。编译程序所要做的工作就是通过词法分析和语法分析,在确认所有的指令都符合C语法规则之后,将其翻译成功能、含义等价的近似于机器语言的汇编语言代码或中间代码。

3. 优化

优化处理就是为了提高程序的运行效率所进行的程序优化,它主要包括程序结构的优化和针对目标计算机硬件所进行的优化两种。

对于前一种优化,主要的工作是运算优化、程序结构优化、删除无用语句等。后一种类型的优化同机器的硬件结构密切相关,最主要的考虑是如何充分发挥机器的硬件特性,提高内存访问效率等。

优化后的程序在功能、含义方面跟原来的程序相同,但将更富有效率。

4. 汇编

汇编实际上是把汇编语言代码翻译成目标机器语言指令的过程。由于一个C源程序可能保存在多个文档中,每一个C语言源程序文档都将最终经过这一处理而得到一个相应的目标机器语言指令的文件,通常被简称为目标文件。目标文件中所存放的也就是与C源程序等效的机器语言代码程序。

5. 链接

由汇编程序生成的机器语言代码目标程序还不能执行,其中可能还有许多没有解决的问题。例如,某个源文件中的代码指令可能使用到另一个源文件中定义的指令代码或数据等。所有的这些问题都需要经链接程序的处理才能得以解决。

链接程序的主要工作就是将有关的目标文件彼此相连接,也即将在一个文件中引用的符号同该符号在另外一个文件中的定义连接起来,使得所有的这些目标文件成为一个能够由操作系统装入执行的统一整体,一个完整的机器语言程序。

经过上述五个过程,C语言源程序就最终被转换成机器语言的可执行文件了。习惯上,通常把前面的四个步骤合称为程序的编译,最后一个步骤称为程序的链接。用户在编写C语言源程序的过程中如果发生错误,在编译和链接的过程中都可能发生错误,发生编译错误的程序不能进行链接,发生链接错误的程序不能生成机器语言的可执行文件,用户可以根据编译程序的错误提示进行修正,在程序编译链接过程中出现的错误通常被称为程序的语法错误。

C语言的编译程序有很多种,它们有的是不同厂家推出的针对不同软硬件环境的不同产品,有的是同一产品的不同版本,目前比较流行的C编译程序有 GNU 的 GCC、Microsoft 的 Visual C++、Borland 的 Turbo C 等,本书所讲述的内容和提供的程序都可以在以上编译程序中使用,用户可以根据自己的硬件条件和使用的操作系统类型进行选择。

1.3.2　程序的运行和调试

用户编写的C语言源程序经编译链接成可以执行的机器语言程序后就可以执行了,其执行方法与执行其他的软件程序一样,可以在操作系统下直接启动运行。例如在 Windows 系统环境下,用户用鼠标双击编译好的机器语言程序文档就可以运行该程序了。

操作系统执行程序的一般过程如下:

(1)操作系统将程序文档读入内存,为该程序的运行分配内存空间。

（2）操作系统为该程序创建进程。

（3）操作系统执行该进程。

（4）进程执行结束，操作系统释放该程序在运行中使用的一些内存空间等资源。

用户程序的一般执行过程如下：

（1）操作系统调用执行用户程序中的入口程序完成初始化。

（2）入口程序调用执行用户程序的 main 函数。

（3）main 函数执行，中间可能调用其他函数。

（4）main 函数执行结束后，程序终止。

可执行程序的默认入口程序由编译程序在链接程序时自动添加，通常不需要用户编写，C 编译程序提供的默认入口程序调用用户编写的 main 函数。

用户编写的程序可能存在错误，程序中的错误可分为语法错误、逻辑错误和运行错误三大类。

语法错误是用户编写的程序违背了 C 语言的语法规则，这些错误通常在程序编译、链接过程中可以发现。

逻辑错误指的是程序没能按照设计者的设计意图运行，例如用户企图在程序中以为按照 A 方法可以得到 B 结果，其实这个 A 方法是错误的，该错误只有在程序运行过程中才能显现出来，这种错误比较隐蔽。

运行错误是指程序在执行过程中随机发生的错误，这种错误可能是由于程序运行的条件发生变化引起的，这种错误非常隐蔽。

逻辑错误和运行错误常常需要在程序的运行过程中才能发现。逻辑错误和运行错误被称为程序的 Bug，即使是资深的程序员也很难避免。找到并排除程序中的错误称为调试（Debug），很多编译程序都提供了程序调试的方法。最常见的程序调试的方法是在编译程序提供的开发环境中模拟程序的运行过程，利用开发环境提供的监视功能监视程序运行过程中的数据的变化情况，可以快速发现程序的逻辑错误或运行错误。单步（逐个语句或逐条指令）或可控制的调试程序称为程序的跟踪调试。掌握程序的调试技巧是学好程序设计必须掌握的基本技能。

1.4　习题

1. 根据自己的理解，简述什么是程序和程序设计，它们有什么意义。

2. 根据自己的理解，简述什么是程序设计语言，它有什么功能。

3. 根据自己的理解，简述什么是低级语言和高级语言，它们各有什么特点。

4. 简述 C 语言的功能和发展历史。

5. 根据自己的认识，简述 C 语言程序编译成机器语言程序的过程。

6. 通过网络找到两种以上 C 语言编译软件产品，并对它们进行简要的介绍。

7. 根据自己的理解，简述 C 语言的学习方法。

8. 简述一个 C 语言程序主要由哪些部分组成。

9. 参照本章例题，编写一段 C 语言程序，并通过一种编译软件编译和运行，输出以下内容：

```
        A
       AAA
      AAAAA
     AAAAAAA
    AAAAAAAAA
```

10. 简述用户在编写程序中可能出现的各种错误种类,哪种错误最隐蔽,以及解决方法。

1.5 阅读材料——UNIX 和 C 的故事

在计算机发展的历史上,大概没有哪个程序设计语言像 C 那样得到如此广泛的流行;也没有哪个操作系统像 UNIX 那样获得计算机厂家和用户的普遍青睐和厚爱,它们对整个软件技术和软件产业都产生了深远的影响。而 C 和 UNIX 两者都是贝尔实验室的丹尼斯·里奇(Dennis MacAlistair Ritchie)和肯尼斯·汤姆逊(Kenneth Lane Thompson)设计、开发的。因此,他们两人共同获得 1983 年度的图灵奖是情理中的事。我们先介绍汤姆逊,因为就 C 和 UNIX 两者的关系而言,UNIX 的开发在前,C 是为了使 UNIX 具有可移植性而后来研制的;就里奇和汤姆逊两人的关系而言,他们两人当然是亲密的合作者,但汤姆逊在 UNIX 的开发中起了主导的作用,而里奇则在 C 的设计中起的作用更大一些。

1. 汤姆逊

汤姆逊 1943 年 2 月 4 日生于路易斯安那州的新奥尔良,其父是美国海军战斗机的驾驶员。汤姆逊自幼的爱好有两个:一个是下棋,一个是组装晶体管收音机。他父亲为了发展孩子的智力和能力,在晶体管当时问世不久、价格不菲(每只晶体管约售 10 美元)的情况下,很舍得为汤姆逊买晶体管让他摆弄。由于爱好无线电,汤姆逊上加州大学伯克利分校时学的专业是电气工程,于 1965 年取得学士学位,第二年又取得硕士学位。求学期间,他还参加了通用动力学公司(General Dynamics Corporation)在伯克利实行的半工半读计划(Workstudy program),因此既增长了知识,又积累了不少实践经验。

毕业以后,汤姆逊加盟贝尔实验室。虽然他学的是电子学,主要是硬件课程,但由于他半工半读时在一个计算中心当过程序员,对软件也相当熟悉,而且更加偏爱,因此很快就和里奇一起被贝尔派到 MIT 去参加由 ARPA 出巨资支持的 MAC 项目,开发第二代分时系统 Multics。但就在项目完成前不久,贝尔因感到开发费用太大,而成功的希望却很小而退出了该项目,把所有成员都调回贝尔。这使汤姆逊和里奇深感沮丧。返回贝尔以后,面对实验室中仍以批处理方式工作的落后计算机环境,他们决心以在 MAC 项目中已学到的多用户、多任务技术来改造这种环境,以提高程序员的效率和设备的效率,便于人机交互和程序员之间的交互,用他们后来描写自己当时的心情和想法的话来说,就是"要创造一个舒适、愉快的工作环境"。但他们意识到,贝尔领导人既然下决心退出 MAC,就不可能支持他们的想法,不可能为之立项,提供资金和设备,他们只能悄悄干,自己去创造条件。

1969 年,万般无奈的汤姆逊在库房中偶然发现一台已弃置不用的 PDP-7,大喜过望,立即开始用它来实施他们的设想。但开头是十分困难的,因为这台 PDP-7 除了有一个硬盘、一个图形显示终端和一台电传打字机等硬设备外,什么软件也没有。他们只能在一台 GE 的大型机上编程、调试,调通以后穿孔在纸带上,再输入 PDP-7,但它也损坏得不能再用了。

这时,他们听到一个消息,实验室的专利部需要一个字处理系统以便处理专利申请书(贝尔每年要提出不少专利申请),汤姆逊立即找到上级自告奋勇承担这一开发任务,在这个冠冕堂皇的借口下,他们申请到了一台新的、设备完善的 PDP-11,这才使开发工作顺利地真正开展起来。

汤姆逊以极大的热情和极高的效率投入工作。开发基本上以每个月就完成一个模块(内核、文件系统、内存管理,I/O,……)的速度向前推进,到 1971 年底,UNIX 基本成形。UNIX 这个名称是从 Multics 演变而来的:他们变 MULTI 为 UNI、变 CS 为 X。为了向上级"交差",UNIX 首先交给实验室的专利部使用,3 个打字员利用 UNIX 输入贝尔当年的专利申请表,交口称赞系统好用,大大提高了工作效率,这样,UNIX 迅速从专利部推广至贝尔实验室的其他部门,又从贝尔实验室内部推向社会。贝尔实验室的领导人终于认识到了 UNIX 的巨大价值,把它注册成为商标(但有趣的是,由于法律上的原因,注册商标及版权被贝尔实验室的上属公司 AT&T 取得),推向市场。贝尔实验室的一个行政长官甚至宣称,在贝尔实验室的无数发明中,UNIX 是继晶体管之后的最重要的一项发明。著名的国际咨询公司 IDC 的高级分析员 Bruce Kin 估计,1985 年单是美国就有 27.7 万个计算机系统使用 UNIX,1990 年这个数字增长至 210 万,在世界上 UNIX 安装数量目前已超过 500 万,用户数达到 3000 万。

UNIX 之所以获得如此巨大的成功,主要是它采用了一系列先进的技术和措施,解决了一系列软件工程的问题,使系统具有功能简单实用,操作使用方便,结构灵活多样的特点。它是有史以来使用最广的操作系统之一,也是关键应用中的首选操作系统。UNIX 成为后来的操作系统的楷模,也是大学操作系统课程的"示范标本"。归纳起来,UNIX 的主要特性如下:

(1) 作为多用户多任务操作系统,每个用户都可同时运行多个进程。

(2) 提供了丰富的经过精心编选的系统调用。整个系统的实现紧凑、简洁、优美。

(3) 提供功能强大的可编程外壳(shell)语言作为用户界面,具有简洁高效的特点。

(4) 采用树形文件结构,具有良好的安全性、保密性和可维护性。

(5) 提供多种通信机制,如管道通信、软中断通信、消息通信、共享存储器通信和信号类通信。

(6) 采用进程对换内存管理机制和请求调页内存管理方式实现虚存,大大提高了内存使用效率。

(7) 系统主要用 C 编写,不但易读、易懂、易修改,更极大提高了可移植性。

由于以上特点,也由于看好 UNIX 的应用和前景,各大公司纷纷推出自己的 UNIX 版本,如 IBM 的 AIX,SUN 的 Solaris,HP 的 HP-UX,SCO 的 UNIXWare 和 Open Server,DEC(已被 Compaq 收购)的 digtal UNIX,以及加州大学伯克利分校的 UNIX BSD。这些 UNIX 各有特色,形成百花齐放的局面。当前呼声极高,一枝独秀,由芬兰的大学生托瓦茨(Linus Torvalds)推出的 Linux 实际上也是 UNIX 的一个变种而已。

由于功能强劲,用途多样,使用方便,因此有人把 UNIX 称为软件中的"瑞士多用途折叠刀"(或叫"瑞士军刀")。

汤姆逊本人围绕 UNIX 的开发工作于 1978 年结束。之后他从事过的项目有"Plan 9",这是另一个操作系统。此外,鉴于他自幼爱好下棋,他还建造过一台名为"Belle"的下棋计算机,还与康顿(Joseph Condon)合作,在 PDP-11/23 和 PDP-11/10 上编制了下棋程序,这个程序从 1979 年到 1983 年在连续几届计算机世界比赛中都独占鳌头,成为"四连冠",同时也成为被美国围棋联盟 VSCF 授予"大师"称号的第一个下棋程序。这个程序每秒可考察 15 万个棋步,与现今 IBM 的"深蓝"当然无法相比,但在当时却是一个了不起的成就。

2. 里奇

里奇比汤姆逊年长 2 岁,1941 年 9 月 9 日生于纽约州的勃浪克斯山庄(Bronxville),但在 9 岁时移居新泽西州的塞米特。里奇的父亲是一个电气工程师,在贝尔实验室的交换系统工程实验室当主任,因此,里奇一家可谓"贝尔世家"。里奇中学毕业后进哈佛大学学物理,并于 1963 年获得学士学位。其间,哈佛大学有了一台 UNIVAC I,并给学生开设有关计算机系统的课程,里奇听了以后产生了很大的兴趣。毕业以后他在应用数学系攻读博士学位,完成了一个有关递归函数论方面的课题,写出了论文,但不知什么原因没有答辩,没有取得博士学位,他就离开了哈佛,于 1967 年进入贝尔实验室,与比他早一年到贝尔的汤姆逊会合,从此开始了他们长达数十年的合作。

我们前面说过,UNIX 的开发是以汤姆逊为主的,那么,为什么文献资料中一提到 UNIX,都一致地说是里奇和汤姆逊共同开发的,而且在"排名"上往往是里奇在前,汤姆逊在后呢? 包括他们在 1973 年由 ACM 主办、IBM 承办的操作系统原理讨论会上首次向社会推介 UNIX 的论文 *The UNIX Time-Sharing System* 的署名,里奇也是第一作者,汤姆逊则为第二作者。里奇在 UNIX 开发中有些什么功劳呢?

这里有两个很重要的因素。首先,UNIX 的成功应归功于它的创新。前面曾经提到,UNIX 吸取与借鉴了 Multics 的经验,如内核、进程、层次式目录、面向流的 I/O,以及把设备当作文件,等等。这是可以理解的,因为任何新事物必然是对原有事物的继承和发展。尤其是 UNIX,毕竟没有正式立项,是汤姆逊、里奇等少数几个人偷偷干的,如果一切都要从头从新设计,那几乎是不可能的。但是 UNIX 在继承中又有创新,比如 UNIX 采用一种无格式的文件结构,文件由字节串加句号组成。这带来两大好处:一是在说明文件时不必加进许多无关的"填充物"(类似于 Cobol 中的 Filler),二是任何程序的输出可直接用作其他任何程序的输入,不必经过转换。后面这一点称为"流水"(piping),就是 UNIX 首创的。此外,像把设备当做文件,从而简化了设备管理这一操作系统设计中的难题,虽然不是 UNIX 的发明,但是实现上它采用了一些新方法,比 Multics 更高明一些。正是在这些方面,里奇发挥了很重要的作用,使 UNIX 独具特色。

其次,UNIX 成功的一个重要因素是它的可移植性。正是里奇竭尽全力开发了 C 语言,并把 UNIX 用 C 重写了一遍,这才使它具有了这一特性。汤姆逊是用汇编语言开发 UNIX 的,这种语言高度依赖于硬件,由它开发的软件只能在相同的硬件平台上运行。里奇在由剑桥大学的里查德(M. Richards)于 1969 年开发的 BCPL 语言(Basic Combined Programming Language)的基础上,巧妙地对它进行改进、改造,形成了既具有机器语言能直接操作二进制位和字符的能力,又具有高级语言许多复杂处理功能如循环、选择、分支等的一种简单易学而又灵活、高效的高级程序设计语言。他们把这种语言称为"C",一方面指明了继承关系(因为 BCPL 的首字母是"B"。有些资料说是汤姆逊先根据 BCPL 开发了一种称为"B"的语言,再由里奇根据 B 开发了 C。这种说法并不太确切,因为我们在汤姆逊与里奇本人的叙述中,都没有见到有关"B"语言这一中间过程的说法。),另一方面也反映了他们对软件追求简洁明了的一贯风格。C 开发成功以后,里奇用 C 把 UNIX 重写了一遍。我们这里用了"重写"这个词,因为文献资料在提到这件事时都是用的这一说法,显得很轻巧 ;实际上,里奇做的这件事本身就是"移植",即把汤姆逊用汇编语言实现的 UNIX 改用 C 来实现,这绝不是什么轻巧的工作,尤其是对 UNIX 这样的大型软件。这需要付出艰苦的劳动,也是一件需要创造性的工作。单是里奇的此举就是可以大书特书的,而 C 作为可以不依附于 UNIX 的一个独立的软件产品,也自有其本身的巨大价值,在计算机发展史上可以写下浓重的一笔。

前述里奇和汤姆逊的论文 *The UNIX Time-Sharing Symtem* 后来发表于 *Communications of ACM*,1974 年 7 月。ACM1983 年在纪念该刊创刊 25 周年时曾经评选出刊登于其上的 25 篇文章,称之为具有里程碑式意义的研究论文,该文就是其中之一。

除了论文以外,里奇还和凯尼汉(B. W. Kernighan)合著了一本介绍 C 的专著《C 程序设计语言》(*The C Programming Language*,Prentice-Hall,1978,1988)。我们现在见到的大量论述 C 语言程序设计的教材和专著都是以本书为蓝本的。

汤姆逊和里奇在成名以后,都没有走办公司、挣大钱的路,他们仍在贝尔实验室做他们喜爱做的事,而且还一直保持着他们历来的生活习惯和作风,常常工作到深夜,在贝尔实验室是出名的"夜猫子"。里奇在接受记者采访时,就自称自己是 "definitely a night person"。里奇 1983 年接受图灵奖时已经 42 岁,但仍然单身。

3. 获双项大奖

ACM 于 1983 年 10 月举行的年会上向汤姆逊和里奇颁奖。有趣的是,ACM 当年决定新设立一个奖项叫"软件系统奖"(Software System Award),奖励优秀的软件系统及其开发者。而首届软件系统奖评选结果中奖的还是 UNIX。这样,这届年会上汤姆逊和里奇成了最受关注的大红人,他们同时接受了"图灵"和"软件系统"两个大奖,这在 ACM 历年的颁奖仪式上也是从来没有过的。

第 2 章

数 据

2.1 基本数据类型

所有计算机程序都是以处理数据为目的而存在的,数据是计算机程序能够处理的所有信息在计算机内的表现形式。在计算机内部,数据是以某种特定形式存在的,例如,人类首次登上月球是 1969 年,1969 是个整数;嫦娥二号飞船的最快速度是 10.848 千米/秒,10.848 是一个实数。

在计算机中,虽然所有数据都是以二进制方式保存的,但不同类型数据的存储格式和处理方法却可能是不同的,例如整数和实数在计算机内部的存储格式和处理方法都是不同的。然而因为计算机内部存储的所有数据都是二进制形式,例如 101010101111101010 这样一串数据它是整型还是实型呢?如果只凭内存中存储的二进制数据内容是无法区分它是属于哪一种数据类型的。

为了对计算机内部存储的不同数据进行区别,C 语言要求必须在程序中对存储的数据指定数据类型,这样在程序执行的时候才能知道如何存储、读取和处理这些数据。C 语言提供了多种数据类型,用户在使用数据时必须要指定这个数据的类型,这样,C 语言编译程序才能知道用户想如何存储和处理这些数据。在 C 语言中,基本数据类型主要有整型、浮点型、指针类型三大类。

2.1.1 整型数据

在计算机中,数据可分为有符号数和无符号数两种,例如,如果保存一个人年龄,是不存在负数的,可以不使用正负符号;如果保存的是一个人的账户收支,那么就会有收入和支出,收入和支出对一个人账户数值的影响是相反的,如果收入为正数,那么支出就应该是负数。在计算机中保存的个人账户的数据应该包括正负符号的。

在 C 语言中,把整数分成了两大类,即无符号整数和有符号整数,这两种整数在计算机中的存储方式是不同的。无符号整数在内存中以二进制原码的形式存放,有符号整数要用一个二进制位来存放正负符号,这一位通常是保存这个数据的所有二进制位中的最高位,0代表这个数是个正数,1代表这个数是个负数。除了有符号位的区别,有符号数和无符号数保存数的形式也有所区别,有符号数的正数以二进制原码的形式存放,负数以二进制补码的形式存放。

例如,整数 50 的二进制原码为 110010,假设用一个字节 8 位来存放这个整数,且 50 以无符号整数的形式存放,因为 110010 不足 8 位,在高位补 0,在内存中的存放形式为 00110010 ;如果以有符号整数的形式保存,则在内存中存放的最高位为 0,后面只剩下 7 位用于保存数据,因为 110010 不足 7 位,则高位补 0,即 0110010,50 在内存中的保存形式为 00110010 。−50 以有符号整数存放,则在内存中存放的最高位为 1,后面剩下 7 位用于保存数据,−50 的二进制补码为 001110,因为 001110 不足 7 位,则负数补码高位不足的高位补 1,即 1001110,−50 在内存中的保存形式为 11001110 。

整型数据除了可分为有符号和无符号之外,数值的大小也可能相差很大,大的如地球到月亮的平均距离为 384 401 千米,小的如一个人年龄最多不过 100 多岁,如果这两种数据都采用一种方式存储,即占用同样多的内存显然是不合理的,所以在 C 语言中把整型数据根据数值的范围的大小分成四个档次,即字符型、短整型、标准整型、长整型。字符型是给一个整数 1 个字节内存,短整型是给一个整数 2 个字节内存,长整型是给一个整数 4 个字节内存,标准整型对于不同的编译程序有所差别。例如,TC 中一个标准整型的整数分配 2 个字节内存,VC++、GCC 中一个标准整型的整数分配 4 个字节内存。

由于表达不同范围的整数需要使用不同数量的二进制位,用户可以根据程序应用的实际情况为程序中使用的整型数据指定合适的整数类型。如果一个整数在转换成二进制后所占用的位数超过了分配给它的内存位数,超出的部分将被计算机直接抛弃。例如,如果为一个整数分配了一个字节的内存,并指定为无符号整数类型,那么它在内存中能够使用的位数只有 8 位,如果一个整数转换为二进制后实际需要 10 位,那么它在保存到分配给它的 8 位内存的时候将发生溢出,高 2 位将被抛弃。

【例 2.1】 500 按字符类型的数据保存,值会变成多少?

500 转换为二进制数据后为 111110100,字符类型只有 8 位内存,500 的最高位被抛弃,内存中保存的是 11110100 ,程序在读这个数据时,因为 11110100 的最高位是 1,会把它当成一个负数,然后就会认为后 7 位 1110100 是一个补码,然后根据补码求得到值是 12,再加上前面的负号, 11110100 对应的十进制是数据−12,计算机就会把这个数当成−12 进行处理。

在 C 语言中,一个数是否有符号可以用 signed、unsigned 说明,signed 代表有符号数据,unsigned 代表无符号数据。占内存多少用 char、short int、int、long int 说明,char 型也被称为字符型,占 1 个字节内存;short int 也被称为短整型,占 2 个字节;int 也被称为整型,根据编译器不同占用字节也不同,通常 2 或 4 个字节;long int 也被称为长整型,通常占 4 个字节内存。

一个字节的整型被称为字符型或 char 型,跟它的主要用途有关。因为计算机内存中不能直接保存字符,但又需要在计算机程序中处理字符信息,所以人们就对常用的字符进行了编码,这个编码就是一个整数值。计算机的内存中虽然不能直接存储一个字符,但可以存储这个字符的编码,这样就可以把字符信息保存在计算机内存当中了。因为计算机是西方人发明的,西方语言中使用的字符数量比较少,所以这个整数编码数值也不大,通常只要用一个字节的内存就可以保存下来了,所以大量的计算机程序中都使用一个字节的内存存储一个字符的编码,而实际上一个字节的整型数据也主要用于保存字符的编码,所以 C 语言中就把一个字节的整数型直接命名为字符型或 char 型。

表 2-1 以 VC++ 为例说明不同类型的整型数据在内存中占用内存的大小和能够存储数值的具体范围。

表 2-1 在 VC++ 中整型数据能够存储数值的范围

类　　型	字节数	数　值　范　围
unsigned char	1	0～255
signed char	1	−128～127
unsigned short int	2	0～65 535
signed short int	2	−32 768～32 767
unsigned int	4	0～4 294 967 295
signed int	4	−2 147 483 648～2 147 483 647
unsigned long int	4	0～4 294 967 295
signed long int	4	−2 147 483 648～2 147 483 647

完整说明一个整数的类型需要说明该整数是否有符号、占内存多少,例如 unsigned char 说明是无符号字符型数,signed short int 说明是有符号短整型数。为了提高 C 程序的书写效率,在 C 语言中规定,基于不能引起冲突的原则,对于有符号整数,前面的 signed 说明可以省略,即 signed short int 可简写为 short int。同样为了提高程序书写效率,在 C 语言中规定,对于短整型,short int 说明可以简写为 short,对于长整型,long int 说明可以简写为 long。

下面通过几个例子来说明不同类型整型数据的存储形式。

【例 2.2】 将 50 以 unsigned char 形式存储,在内存中的存储形式为:

unsigned char 有 1 个字节即 8 个二进制位的内存空间,50 的原码为 110010,只有 6 位,则多余的 2 位不能空着,全部补 0,即 00110010。

【例 2.3】 将 50 以 signed char 形式存储,在内存中的存储形式为:

signed char 有 1 个字节即 8 个二进制位的内存空间,50 的原码为 110010,符号位为 0,即 0110010,只有 7 位,则多余的 1 位不能空着。规则是有符号整数,高位不足的按符号位补足,即 0 0110010。

【例 2.4】 将 −50 以 signed char 形式存储,在内存中的存储形式为:

signed char 有 1 个字节即 8 个二进制位的内存空间,50 的补码为 001110,符号位为 1,即 1001110,只有 7 位,则多余的 1 位不能空着。规则是有符号整数,高位不足的按符号位补足,即 11001110。

【例 2.5】 已知内存中某字节的存储形式为 11001110,且知该字节存储一个有符号字符型数,求该数值是多少?

有符号字符型,说明最高位是符号位,11001110 的最高位为 1,则说明该数为一负数,负数存放的是补码,需要求原码,去掉符号位后得 1001110,求原码得到 110010,由 110010 得十进制值 50,加上前面的符号,说明该字节存储一个有符号字符型数,数值是－50。

2.1.2 浮点型数据

在 C 语言中,实型数据被称为浮点型数据。一个浮点型数据在内存中的存储形式比整型数据要复杂得多。首先要将实型数转换为一个纯小数 x 乘以 2 的 n 次方的形式(n 可以取负值),x 被称为该实型数据的尾数,n 被称为该实型数据的指数,然后把尾数和指数在内存中分别存储。

浮点型数据也分为有符号浮点数和无符号浮点数两种,分别用 signed 和 unsigned 来说明。signed 浮点数在内存中保存的内容分为符号、指数符号、指数、尾数四部分存储,unsigned 浮点数在内存中保存为指数符号、指数、尾数三部分。

浮点型数据占据的字节数越多,能够保存的尾数和指数的内存位数就越多,描述的数值精度和范围也就越大。但有些实数的精度和范围要求并不高,基于减少内存浪费的原则,在 C 语言中的浮点型数据也被分为单精度浮点型、双精度浮点型、高精度型,分别用 float、double、long double 表示。对于大多数编译程序,float、double 分别占用 4 个字节和 8 个字节内存,long double 占用内存多少由编译器决定,但 long double 占用内存要大于或等于 double 所占用的内存。VC++中浮点型数据的取值范围及精度如表 2-2 所示。

表 2-2　在 VC++中浮点型数据能够存储数值的精度和范围

类　　　型	字　节　数	有　效　数　字	数　值　范　围
float	4	6～7	$10^{-37} \sim 10^{38}$
double	8	15～16	$10^{-307} \sim 10^{308}$
long double	8	15～16	$10^{-307} \sim 10^{308}$

在程序中使用浮点数时需要注意的是,浮点数除了受描述数值的范围影响,还要受描述数值精度的影响,有时候还受十进制实数转换为二进制实数的规则限制,可能不能准确地将一个十进制的实数转化为相等的二进制浮点数。由于在计算机中浮点数的存储和处理都比整数复杂,所以在程序中能用整数类型处理数据的尽量不要用浮点数类型处理,这样可以显著提高程序的执行效率。

2.1.3 指针型数据

通过第 1 章讲述的程序运行过程可以知道,程序在被操作系统加载到内存后才能运行,不论是程序数据还是程序指令,在程序运行状态下都是保存在计算机内存中的,如果一条指令要访问程序的其他部分的指令或数据,都要到内存中去寻找,程序为了在内存中找到它想要的指令或数据,必须要在内存中对它想要找的对象进行定位。

在计算机内部,如图 2-1 所示,计算机的内存就像一条长街上的一排房子,每间房子都可以保存 1 个字节共 8 位的二进制数据,且每间房子都有一个门牌号码,这个门牌号码就是

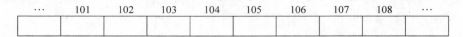

图 2-1　内存地址及单元

内存的地址,内存地址是一组从小到大连续增长的整数,在程序中只要知道它要访问的对象的内存地址就可以顺利找到它要访问的内容。C 语言中专门定义了一个数据类型用来保存内存地址,这种数据类型就称为指针。

指针类型数据存储的就是专门代表内存地址的整数。由于在计算机中通常规定内存地址是从 0 开始顺序增长的,所以指针类型数据存储的实际上是无符号的整数数据,每个地址对应的内存空间都可以容纳 1 个字节 8 位二进制数据。

在 C 语言中不直接使用无符号整数类型来保存内存地址是因为内存地址即指针型数据和无符号整型数据的处理方式有很大差别的。例如把两个无符号的整数相乘是有意义的,但把两个内存地址相乘(等价于把两个门牌号地址相乘)显然是没有任何意义的,也是不允许的,所以指针类型的数据和一般的整型数据能够参加的运算是不同的,因为指针型数据和无符号整型虽然存储方式相同,但在处理方式存在很大的差别,所以 C 语言专门定义了指针类型来保存内存地址数据。

不同的编译程序对于指针类型数据占用的内存大小的定义是不同的,TC 编译器是 2 个字节,VC++编译器是 4 个字节,GCC 大部分也是 4 个字节。

需要注意的是虽然每个字节内存都有一个地址,但每个地址不一定只对应一个字节的内存,例如一个整型数据占用 4 个字节的内存,但我们不希望一个整型数据有 4 个地址,所以我们只把这 4 个字节中开始字节的地址作为这个整型数据的地址。

因为指针可以保存不同类型数据的地址,而不同类型的数据占用内存大小、数据存储方式可能都是不同的,为了对它们进行区别,所以指针也根据不同的类型被分为多种类型,例如一个保存整型数据地址的指针就被称为整型指针,它的类型说明符是 int*,一个保存字符型数据地址的指针就被称为字符型指针,它的类型说明符是 char*,有关指针类型的详细内容将在本书后续内容中介绍。

C 语言的指针是 C 语言的灵魂,也是 C 语言能如此流行的一个重要原因。虽然其他编程语言有些也有指针类型,但在使用上都不如 C 语言灵活。能否熟练运用指针是掌握好C 语言的一项重要标志。

2.2　常量

前面一节讲述了 C 语言中可以使用的基本数据类型种类,在实际应用中,程序中使用的数据,有些值是可以被改变的,有些值却是不能改变的,根据这种情况,又可以把程序中的数据分为变量和常量两大类。

常量是指在程序执行期间值不可改变的量,常量可以是具体的数值,也可以是专门说明的代表某个具体数值的标识符。

2.2.1　字面常量

所谓字面常量就是直接以一个值的形式出现在程序中的数据。在 C 语言中,常用的字面常量有整数、字符、字符串、实数四种,它们分别属于整型数据类型和实型数据类型。

1. 整型常量

整型常量属于整型数据类型,它默认属于整型数据类型中的 int 型。整型常量的书写方式有三种,它们分别表示十进制、八进制和十六进制的整数。

(1) 十进制整数:其表示方法与人们日常使用的形式基本相同。例如,$-34\,123$、-256、5、345 等。

(2) 八进制整数:在整数的开头加一个数字 0 构成一个八进制整数。八进制整数是由 $0\sim7$ 这 8 个数字组成的数字序列。例如,0123、-0256,其中 0123 的值等于十进制的 83,即 $1\times8^2+2\times8^1+3\times8^0=83$。$-0256$ 的值等于十进制的 -174,即 $-(2\times8^2+5\times8^1+6\times8^0)=-174$。

(3) 十六进制整数:在整数的开头加 0x(或 0X)构成一个十六进制整数。十六进制整数由 $0\sim9$ 和 $A\sim F$ 组成。其中 $A\sim F$ 的 6 个字母也可以是小写,分别对应数值 $10\sim15$。例如,0x123 等于十进制数 291,即 $1\times16^2+2\times16^1+3\times16^0=291$。$-0x1ab$ 等于十进制整数 -427,即 $-(1\times16^2+10\times16^1+11\times16^0)=-427$

(4) 在一个整型常量后面加上 U 或 u 代表是无符号的整型,在内存中存储时最高位不作为符号位,例如 50U。

(5) 在一个整型常量后面加上 L 或 l 代表是长整型,例如 50L。如果在一个整型常量后面加上 UL 或 LU,代表是无符号长整型,例如 50UL。

2. 实型常量

实型常量属于浮点数类型,它在 VC 下默认属于浮点型数据类型中的 double 型,书写方式只有十进制形式。实型常量的书写有两种形式,一种是十进制小数形式,另一种是指数形式(指数形式也称为科学计数法)。

十进制小数形式由整数部分、小数点、小数部分组成。例如,12.345、-0.28、123.、.123、123.0 都是十进制小数形式。

指数形式的实数由尾数、字母 e(或 E)和指数三部分组成。例如,0.5e3、4.2e-4、-3.6e$+2$。其中 0.5e3 表示 0.5×10^3、4.2e-4 表示 4.2×10^{-4}、-3.6e$+2$ 表示 -3.6×10^2。指数前的正号可以省略。

3. 字符常量

字符常量属于整型数据类型,每个字符常量用来保存一个字符的 ASCII 码值,因为字符的 ASCII 码值通常不会超过 127,刚好在 char 的值范围空间内,所以默认属于 char 型。字符常量的书写有两种形式,一种是直接以字符的形式书写的普通字符常量,另一种是用特殊符号表示的转义字符常量。

(1) 普通字符常量

为了与 C 语言中其他的语法单位进行区分,C 语言中规定,字符型常量必须是用单引号括起来的单个字符。单引号是界定符,不是字符型常量的一部分。例如,'a'、'D'、'2'、'#'。

由于字符常量在计算机中是存放该字符的 ASCII 码,因此,一个字符型常量其实就是一个整数,可以当成整数一样使用。

(2) 转义字符常量

并不是所有的字符都是可以很容易地输入并显示,例如制表符、换行符等,所以除了以上形式的普通字符常量外,C 语言还允许使用一种特殊形式的字符常量,称为转义字符常量。它是以字符'\'开头的一个字符序列,采用特殊形式来表示特殊的字符。转义字符型常量也必须用单引号括起来,例如,'\n'表示换行符,'\t'表示制表符。使用这些转义符号可以很方便地在 C 程序中使用这些特殊的字符,常用的转义字符及含义如表 2-3 所示。

表 2-3　转义字符及含义

字符形式	含　　义	ASCII 码
\n	换行,将当前位置移到下一行开头	10
\t	水平制表(跳到下一个 Tab 位置)	9
\v	垂直制表	11
\b	退格,将当前位置移到前一列	8
\r	回车,将当前位置移到本行开头	13
\f	换页,将当前位置移到下页开头	12
\a	响铃报警	7
\0	空字符,字符串结束符	0
\\	代表一个反斜杠字符"\"	92
\'	代表一个单引号字符"'"	39
\"	代表一个双引号字符"""	34
\ddd	ddd 为 1～3 位八进制数字。如\101 表示字符 A	
\xhh	hh 为 1～2 位十六进制数字。如\x41 表示字符 A	

【例 2.6】　已知函数 putchar(字符的 ASCII 码值)可以在屏幕上根据字符的 ASCII 码值输出一个字符,例如 putchar(65)可以在屏幕上输出字符 A、putchar('A')也可以在屏幕上输出字符 A,请写出下列程序运行结果:

```
#1.    # include < stdio.h>
#2.    main()
#3.        putchar('x');
#4.        putchar('\t');
#5.        putchar('\\');
#6.        putchar('x');
#7.        putchar('\n');
#8.        putchar('\'');
#9.        putchar('\n');
#10. }
```

程序运行结果如下:

```
x       \x
'
```

说明:程序先输出字符'x',接下来输出转义符'\t',即跳到下一个制表位置,接下来输出转义符'\\',即输出一个'\',然后输出字符'x',接着输出字符'\n','\n'的作用是使当前位置移到下一行开头的位置。在下一行开头输出转义符'\"的内容"' 最后再输出字符'\n',换一行。

转义字符'\'后面除了可以跟一些符号表示特殊的字符外,也可以直接跟 ASCII 码值来表示字符,但这些 ASCII 码只能是八进制或十六进制的,八进制的数值可以直接书写,不需要前面填 0,而十六进制的数值要在前面添一个 x 符号,例如:'\116'的值是 78,而 ASCII 码为 78 的字符是 N,'\x56'的值是 86,而 ASCII 码为 86 的字符是 V。

4. 字符串常量

在 C 语言程序中,使用单引号括起来的是单个字符,但有时候程序中也需要使用到由多个字符组成的字符序列,字符序列可以用字符串常量来描述,字符串常量是由双引号括起来的0个或多个字符,双引号中的字符即可以是普通字符,也可以是转义字符。字符串长度是指字符串常量中所包含的字符个数。例如:

"china","a23","658","R"

【例2.7】 请写出下列程序运行结果:

```
#1.    # include < stdio.h>
#2.    void main(void)
#3.    {
#4.        printf("x\t\\x\n\'\n");
#5.    }
```

通过第1章的内容,我们已经知道 printf(字符串)可以在屏幕上输出该字符串,所以程序运行结果如下:

```
x        \x
'
```

说明:一个字符串常量"ABCD"表面上看它由4个字符组成,长度也是4,但它实际占用5个字节的内存。因为在这4个字符后面还有一个字符'\0',C语言中存储的字符串常量都以'\0'作为字符串的结束标志。'\0'是一个 ASCII 码为0的字符,代表"空字符",即它不起任何控制作用,也不是一个可显示的字符。所以,一个长度为n的字符串存储时占n+1个字节,最后一个字节内容为0。例如,字符串常量 COMPUTER 在内存中占用9个字节空间,如图2-2所示。

'C'	'O'	'M'	'P'	'U'	'T'	'E'	'R'	'\0'

⇩对应的实际内存保存数据

67	79	77	80	85	84	69	82	0

图 2-2　字符串的存储

由此可见,字符常量和字符串常量在表示形式与存储形态上是不同的。例如,'A'与"A",是两个不同的常量。'A'是字符常量,存储时占一个字节,而"A"是一个字符串常量,在存储时占2个字节。

需要注意的是,字符串常量的内容是一组 char 型数据的组合,且它们在内存中是依照书写的顺序连续存放的,最后一个位置存放的是'\0',但字符串的值却不是 char 型,而是 char 型地址,就是这一组 char 型数据中第一个 char 型数据在内存中的地址。

2.2.2　符号常量

在 C 语言中,可以用一个符号对一个常量命名,称为符号常量。习惯上,符号常量名通常使用大写字母。定义符号常量的过程称为宏定义。使用预处理命令 # define 来定义。

符号常量定义的一般格式为:

```
#define    符号常量名    常量
```

【例2.8】 请写出下列程序的运行结果:

```
#1.   # include < stdio.h >
#2.   # define      A           'A'
#3.   # define      LN          '\n'
#4.   # define      STRING      "ABCD\n"
#5.   void main(void)
#6.   {
#7.       putchar(A);
#8.       putchar(LN);
#9.       printf(STRING);
#10.  }
```

程序运行结果如下:

```
A
ABCD
```

【例2.9】 已知函数 printf(字符串)可以在屏幕上输出字符串的内容,如果在字符串中插入%d,则 printf(字符串,整数)在输出字符串时,会用该整数的实际值来替换%d,然后再输出变化后的字符串的值,请写出下列程序的运行结果。

```
#1.   # include < stdio.h >
#2.   # define      X           100
#3.   void main(void)
#4.   {
#5.       printf("输出整型常量的值: % d\n",50);
#6.       printf("输出整型字面常量 X 的值: % d\n",X);
#7.   }
```

程序运行结果如下:

```
输出整型常量的值: 50
输出整型字面常量 X 的值: 100
```

【例2.10】 已知函数 printf(字符串)可以在屏幕上输出字符串的内容,如果在字符串中插入%f,则 printf(字符串,浮点数)在输出字符串时,会用该浮点数的实际值来替换%f,然后再输出变化后的字符串的值,请写出下列程序的运行结果:

```
#8.   # include < stdio.h >
#9.   # define      PI          3.14
#10.  void main(void)
#11.  {
#12.      printf("输出浮点型常量的值: % f\n",10.29);
#13.      printf("输出浮点型常量 PI 的值: = % f\n",PI);
#14.  }
```

程序运行结果如下:

```
输出浮点型常量的值: 10.29
```

输出浮点型常量 PI 的值：3.14

使用符号常量的好处如下：

（1）增强程序的可读性。符号常量在程序中代表具有一定含义的常数。在例 2.10 中，阅读程序时，从符号常量的名字就可知道它代表的意义。因此，在命名符号常量时尽量做到"见名知意"。

（2）增强程序的可维护性。如果一个大的程序有多处使用同一个常数值，这时可以把此常数值定义为一个符号常量。当需要修改此常数值时，只需要对其定义进行修改，不必多处改变程序中的同一个常数，还可以避免多处修改出现遗漏时造成的数据不一致性。

2.3 变量

常量是不能改变的，而程序运行过程中是充满变化的，这些变化通常表现在一些数值的变化，为了反映这些变化，程序中使用可以更改存储内容的内存来保存这些可以变化的数值。每个数值对应的内存称为一个存储单元，根据保存数据占据内存的多少，存储单元对应的内存字节个数也不同。为了方便这些存储单元的使用，用户可以在程序中给这些存储单元起名字，然后就可以通过不同的名字来区分、使用这些不同的存储单元。因为存储单元里面存储的数据值在程序的运行过程中是可以被改变的，所以这个存储单元在程序中就被称为变量，与存储单元相对应的名字就被称为变量名。

2.3.1 标识符

在 C 语言程序中，有许多东西需要命名，如符号常量名、变量名、函数名、数组名等，这些名字的组成都必须遵守一定的规则，按此规则命名的符号称为标识符。合法标识符的命名规则是：标识符可以由字母、数字和下划线组成，并且第一个字符必须是字母或下划线。在 C 语言程序中，凡是要求标识符的地方都必须按此规则命名。以下都是合法的标识符：

month,day,_pi,x1,YEAR,li_lei

以下都是非法的标识符：

9mo   标识符不能用数字做第一个字符
ab#   标识符不能包含 #
abc-c   标识符不能包含 -

在 C 语言的标识符中，大写字母和小写字母被认为是两个不同的字符，例如 year 和 Year 是两个不同的标识符。

对于标识符的长度，即一个标识符允许的字符个数，C 语言是有规定的，即标识符的前若干个字符有效，超过的字符将不被识别。不同的 C 语言编译系统所规定的标识符有效长度可能会不同。有的系统允许取 8 个字符，有的系统允许取 32 个字符。因此，在写程序时应了解所用系统对标识符长度的规定。为了程序的可移植性（即在甲计算机上运行的程序可以基本上不加修改就能移到乙计算机上运行）以及阅读程序的方便，建议标识符的长度最好不要超过 8 个字符。

C 语言的标识符可以分为以下三类。

1. 关键字

C 语言已经预先规定了一批标识符,它们在程序中都代表着固定的含义,不能另作他用,这些标识符称为关键字。关键字不能作为变量或函数名来使用,用户只能根据系统的规定使用它们。根据 ANSI 标准,C 语言可使用以下 32 个关键字:

auto	break	case	char	const	continue	default	do
double	else	enum	extern	float	for	goto	if
int	long	register	return	short	signed	sizeof	static
struct	switch	typedef	union	unsigned	void	volatile	while

2. 预定义标识符

所谓预定义标识符是指在 C 语言中预先定义并具有特定含义的标识符,如 C 语言提供的库函数的名称(如 printf)和编译预处理命令(如 define)等。C 语言允许把这类标识符重新定义另作他用,但这将使这些标识符失去预先定义的原意。建议用户不要把这些预定义标识符另作他用。

3. 用户标识符

由用户根据需要定义的标识符称为用户标识符,又称为自定义标识符。用户标识符一般用来给变量、函数、数组等命名。程序中使用的用户标识符除要遵守标识符的命名规则外还应注意做到"见名知意",即选择具有一定含义的英文单词(或其缩写)作为标识符,如 day、month、year、to tal、sum 等,除了数值计算程序外,一般不要用代数符号,如 a、b、c、x、y 等作为标识符,以增加程序的可读性。

如果用户标识符与关键字相同,则在对程序进行编译时编译软件会将给出出错信息;如果用户标识符与预定义标识符相同,编译软件不会给出出错信息,只是该预定义标识符将失去原定含义,代之以用户新赋予的含义,这样有可能会引发一些运行时的错误。

2.3.2 变量的定义

变量是用来存储数据的,这些数据必须指定一个属于 C 语言中允许的数据类型,所以变量定义基本方法是在 C 数据类型标识符后跟变量名,即代表建立一个指定类型的变量,类型说明后也可以跟多个变量名,变量名之间以逗号隔开,并以分号结尾,即代表建立多个同类型的变量。变量的定义形式如下:

类型名 变量名;

或

类型名 变量名 1, 变量名 2, 变量名 3,…;

【例 2.11】 变量的定义。

```
#1.    # include <stdio.h>
#2.    void main()
#3.    {
#4.        int a,b;          /*    定义了整型变量 a 和 b          */
#5.        char ch1,ch2;     /*    定义了字符型变量 ch1 和 ch2    */
#6.        float averge;     /*    定义了单精度型变量 averge      */
#7.        double sum;       /*    定义了双精度型变量 sum         */
#8.    }
```

指针类型变量的定义比较特别,因为指针类型变量保存的内容是内存地址,在同样的内存地址下面如果保存的数据类型不同,其存储数据的格式和处理方式都可能是不同的,所以C语言要求用户在定义指针类型变量的同时还要说明这个指针变量准备保存什么样类型数据的内存地址。例如定义一个保存 int 型和 float 型数据地址的指针型变量定义方法分别如下:

```
int    * p, * q;         /*     定义了保存 int 数据的内存地址的变量 p 和 q         */
```

以上定义语句中,变量 p 和变量 q 都是用户标识符。在每个变量前的星号 * 是一个说明符,用来说明变量 p 和 q 是指针类型变量,如果省略了星号 *,那么变量 p 和 q 就变成了整型变量了。p 和 q 前面的 int 用来说明指针变量 p 和 q 所保存的地址值所对应的存储单元中存放的是 int 型数据,这时称 int 是指针变量 p 和 q 的基类型。或者可以通俗地称 p 和 q 是两个整型指针,而且 p 和 q 属于一级指针(即指针变量 p 和 q 存放的是非指针类型变量的地址)。

```
float    * m, * n;         /*     定义了保存 float 数据的内存地址的变量 m 和 n         */
```

以上定义语句中,m 和 n 都是用户定义的变量标识符。在每个变量前的星号 * 是一个说明符,用来说明变量 m 和 n 是指针类型变量,如果省略了星号 *,那么变量 m 和 n 就变成了浮点型变量了。m 和 n 前面的 float 用来说明指针变量 m 和 n 所保存的地址值所对应的存储单元中存放的是 float 型数据,这时称 float 是指针变量 m 和 n 的基类型。或者可以通俗地称 m 和 n 是两个浮点型指针,而且 m 和 n 属于一级指针(即指针变量 m 和 n 存放的是非指针类型变量的地址)。

```
float    ** r;         /* 定义了保存 float 型数据的内存地址的变量的地址的 r         */
```

以上定义语句中的"float ** r",其中 r 是浮点型指针变量的指针,属于二级指针,也就是说指针变量,所保存的值是一个一级指针变量的地址,这个一级指针变量所保存的是一个 float 型的变量。

```
void    * p;
```

其含义是:定义了一个指针型变量 p,它所保存的存储单元所存放的数据类型不定,称为无类型指针。

定义指针变量一定要区分基类型,因为对于不同基类型的指针变量在进行指针运算时的方式可能是不同的,在以后的章节中会讨论到。

变量定义好之后,在程序运行时,系统会自动按照变量定义时说明的类型分配好内存,在数据存储时也按照变量定义的类型来存储。用户可以在变量定义之后的程序中使用这个变量的变量名来操作这个存储单元。

注意:例 2.11 在编译时可能会有警告,大部分 C 编译程序在编译源码时发现变量自定义而没有使用都会有警告提示。

2.3.3 变量的初始化

在进行变量的定义时,可以显式地为变量设置初始保存的数值,即在系统为该变量分配

内存的同时对其赋值,其格式如下:

数据类型 变量名 = 变量初始值;

例如:

```
int a = 12,b = 5;        /*    定义整型变量 a,b,并设 a 的初始值为 12,b 的初始值为 5 */
float x = 3.14,y,z;      /*    定义了单精度型变量 x,y,z,并设 x 的初始值为 3.14      */
char ch = 'R';           /*    定义字符型变量 ch,其初始值为字符 R       */
char * p = 0;            /*    定义字符型指针变量 p,其初始值为 0        */
```

没有初始化的变量并不意味着该变量取空值,它所表示的存储单元可能留有本程序或其他程序先前使用此单元时残留的值,将指针变量初始化为 0 值是个好习惯。

2.3.4 变量的引用

在 C 语言程序中定义了一个变量,系统为该变量分配了存储单元用于存放变量的值。C 语言程序中的语句通过变量名可以访问变量的值。变量所对应的存储单元的地址用"&变量名"表示,它的值是一个指针类型常量。

【例 2.12】 输出变量的值,printf 用法参见例 2.9 相关说明。

```
#1.    # include <stdio.h>
#2.    main()
#3.    {
#4.        int a = 5;
#5.        printf("a = % d\n",a);
#6.        printf("&a = % d\n",&a);
#7.    }
```

程序运行结果如下:

```
a = 5
&a = 1244996
```

说明:程序运行时,先输出"a=",接着输出 a 的内容"5",然后换行,在第二行输出"&a=",接着输出变量 a 代表的存储单元的地址 1244996,用户运行本程序时,变量 a 代表的存储单元的地址可能与此不同。

修改变量值的方法如下:

变量名 = 值;

=是 C 语言中的运算符,通过它可以修改变量的值,即把一个值存储到变量所对应的存储单元,而存储单元原有的值即被覆盖。这个修改变量的值的过程也被称为"赋值运算",=也被称为"赋值运算符",需要注意的是对变量赋的值类型要与变量本身的数据类型相一致,有关"赋值运算"的详细内容将在第 3 章介绍。

【例 2.13】 修改变量的值。

```
#1.    # include <stdio.h>
#2.    main()
#3.    {
```

```
#4.      int a;
#5.      double d;
#6.      int * p;
#7.      a = 500;                          /* 对 int 型变量 a 用 int 型常量 500 赋值 */
#8.      d = 45.5;                         /* 对 double 型变量 d 用 double 常量 45.5 赋值 */
#9.      p = &a;                           /* 对 int 型指针变量 p 用变量 a 的内存地址赋值 */
#10.     printf("a = % d\t",a);            /* 输出字符串"a = % d", % d 在输出时会用变量 a 的值替换 */
#11.     printf("d = % f\t",d);            /* 输出字符串"d = % f", % f 在输出时会用变量 d 的值替换 */
#12.     printf("p = % u\n",p);            /* 输出字符串"p = % d", % d 在输出时会用变量 p 的值替换 */
#13.     a = 600;                          /* 对 int 型变量 a 用 int 型常量 600 赋值 */
#14.     d = 12.5;                         /* 对 double 型变量 d 用 double 常量 12.5 赋值 */
#15.     p = &a;                           /* 对 int 型指针变量 p 用变量 a 的内存地址赋值 */
#16.     printf("a = % d\t",a);            /* 输出字符串"a = % d", % d 在输出时会用变量 a 的值替换 */
#17.     printf("d = % f\t",d);            /* 输出字符串"d = % f", % f 在输出时会用变量 d 的值替换 */
#18.     printf("p = % u\n",p);            /* 输出字符串"p = % d", % d 在输出时会用变量 p 的值替换 */
#19. }
```

程序运行结果输出如下：

```
a = 500      d = 45.500000      p = 1245052
a = 600      d = 12.500000      p = 1245052
```

注意：输出 p 的值是 a 变量的地址，不同系统下可能会有所不同。

2.4 输出与输入

C 语言自身没有输入、输出语句，但 C 语言的编译软件通常提供一组可以由用户随意调用的函数来实现此功能，这组函数被称为 C 标准输入、输出库函数。这些标准函数是以标准的输入、输出设备为输入、输出对象的。在使用这些库函数时，要使用预编译命令 #include 将有关的"头文件"包含到用户源文件中。在头文件中包含了调用函数时所需的有关信息。在使用标准输入、输出库函数时，要用到 stdio. h 文件中提供的信息，所以使用该功能的用户在源程序文件开头应该有以下预编译命令：

```
# include < stdio. h >
```

或

```
# include "stdio. h"
```

2.4.1 基本输出

1. 单个字符输出函数 putchar( )

putchar 函数的作用是将一个字符输出到标准输出设备（通常指显示器）。调用 putchar 函数的一般形式为：

```
putchar(c);
```

它输出 c 值对应的 ASCII 码表中的字符，c 是整型常量或变量。

【例 2.14】 输出单个字符。

```
#1.    # include "stdio.h"
#2.    void main()
#3.    {
#4.       char ch1,ch2,ch3;
#5.       ch1 = 65;ch2 = 'b';ch3 = '#';
#6.       putchar(ch1); putchar(ch2); putchar(ch3);
#7.    }
```

程序运行结果如下：

Ab#

2. 格式化输出函数 printf()

putchar 函数只能输出一个字符,如果要输出各种数据类型的数据,C 语言可以使用 printf 函数来完成。该函数的一般格式为：

printf(格式控制,输出表列)

(1)"格式控制"是用双引号括起来的字符串,也称为"转换控制字符串",它包含三种信息。

① 普通字符：要求按原样输出的字符。

② 转义字符：要求按转义字符的意义输出。例如,'\n'表示换行,'\b'表示退格。

③ 格式说明。格式说明由"%"和格式字符组成,如%d、%f 等。它的作用是将输出的数据转换为指定的格式输出。格式说明总是由"%"字符开始的。在格式说明中,在"%"和上述格式字符间可以插入附加修饰符。表 2-4 和表 2-5 列出了常用的输出格式符和常用的输出格式修饰符。

(2)"输出表列"是由若干个逗号分隔的输出项组成。每个输出项可以是一个常量、变量、表达式等。每个输出格式对应一个输出项,格式输出函数按指定的输出格式对输出项的值输出。

例如：

printf("a = % d b = % d",a,b);

如果 a、b 的值分别为 3、4,输出时先原样输出普通字符"a=",然后是格式字符"%d",即在此位置输出后面输出表列的第一个项 a 的值 3,再原样输出普通字符"b=",接下来是格式字符"%d",在此位置输出后面输出表列的第二个项 b 的值 4。因此,以上 printf 函数的输出结果为：

a = 3 b = 4

由于 printf 是函数,因此,"格式控制"字符串和"输出表列"实际上都是函数的参数。printf 函数的一般形式可以表示为：

printf(参数 1,参数 2,参数 3,…,参数 n);

在输出时,参数 1 中普通字符原样输出,遇到格式字符,按照格式字符规定的格式依次输出参数 2,参数 3,…,参数 n 的内容。由于参数 1 中可能包含多种不同类型的格式字符,所以输出表列(参数 2,…,参数 n)必须按照格式字符的格式提供数据。也就是说,参数 1 中的格式字符的个数和次序必须和输出表列(参数 2,…,参数 n)的数目和次序一致。

在使用 printf 函数输出时,对不同类型的数据要使用不同的格式字符。常用的格式字符如表 2-4 所示。在格式说明中,在"％"和上述格式字符间可以插入以下几种附加修饰符,如表 2-5 所示。

表 2-4　printf 格式符

格式符	含　义
c	以字符形式输出一个字符
d,i	以带符号的十进制形式输出整数(正数不输出符号)
u	以无符号的十进制形式输出整数
o	以无符号的八进制形式输出整数(不输出前导 0)
x,X	以无符号的十六进制形式输出整数(不输出前导 0x),用 x 则输出十六进制数 a～f 时以小写形式输出用 X 时,则以大写形式输出
f	以小数形式输出单、双精度数,隐含输出 6 位小数
e,E	以指数形式输出实数,用 e 时指数以"e"表示(如 3.2e+05),用 E 时指数以"E"表示(如 3.2E+05)
g,G	选用％f 或％e 格式中输出宽度较短的一种格式,不输出无意义的 0
s	输出字符串
％	输出字符"％"

表 2-5　printf 的附加修饰符

修饰符	含　义
－	左对齐标志,默认为右对齐
＋	正数输出带正号
♯	输出八进制时,前面加数字 0,输出十六进制时,前面加 0x;对浮点数输出,总要输出小数点
数字	指定数据输出的宽度,当宽度为 * 时,表示宽度由下一个输出项的整数值指明
.数字	对实数,表示输出 n 位小数;对字符串,表示截取的字符个数
H	输出的是短整数
l 或 L	输出的是长整数或 long double 浮点数

【例 2.15】　写出下列程序的运行结果。

```
#1.    #include <stdio.h>
#2.    main()
#3.    {
#4.    char  ch = 'h';
#5.    int    count = - 9234;
#6.    double fp = 251.7366;
#7.    /* 输出各种格式的整数 */
#8.    printf("Integer formats:\n\tDecimal: % d  Justified: % 6d  Unsigned: % u\n", count,
       count, count);
#9.    printf("Decimal % d as:\n\tHex: % Xh  C hex: 0x% x  Octal: % o\n", count, count,
       count, count );
```

```
#10.  /* 输出 10 的不同进制数 */
#11.  printf( "Digits 10 equal:\n\tHex: % i  Octal: % i  Decimal: % i\n",0x10, 010, 10 );
#12.  /* 输出字符串 */
#13.  printf("Characters in field (1):\n% c\n", ch);
#14.  /* 输出实数 */
#15.     printf( "Real numbers:\n\t% f, %.2f, % e, % E\n", fp, fp, fp, fp );
#16.  }
```

程序运行结果如下：

```
Integer formats:
        Decimal: - 9234  Justified:  - 9234  Unsigned: 4294958062
Decimal - 9234 as:
        Hex: FFFFDBEEh  C hex: 0xffffdbee  Octal: 37777755756
Digits 10 equal:
        Hex: 16  Octal: 8  Decimal: 10
Characters in field (1):
h
Real numbers:
        251.736600,251.74,2.517366e + 002,2.517366E + 002
```

限于篇幅，只解释第一个 printf 函数的输出结果如下：

首先输出普通字符"Integer formats："，接着按转义字符"\n"的意义换行，在第二行按转义字符"\t"的含义跳格到第二个输出区，输出普通字符"Decimal："，然后是第一个格式字符"%d"，以十进制输出 count 的值为－9234，然后输出普通字符"Justified："，然后是第二个格式字符"%6d"，以十进制输出 count 的值，输出宽度为 6，右对齐，输出结果为"－9234"。然后输出普通字符"Unsigned："，然后是第三个格式字符"%u"，以无符号十进制输出 count 的值，结果为"4294958062"。

上述 printf 函数最后一个格式输出"%u"为什么输出结果为"4294958062"？ 这是由于在计算机中负数使用补码表示，所谓补码表示，简单来说，若 x 是一个正整数，则－x 的补码表示为 x 的原码按位取反再加 1。程序中 count 为 int 型变量，赋值为－9234，而十进制数 9234 的二进制表示为 10010000010010，在 Visual C++6.0，int 型占 4 个字节，－9234 在计算机内用补码表示为：

11111111 11111111 11011011 11101110

而上述计算机表示的数据如果作为一个无符号数时，即为十进制数"4294958062"。

有关补码的内容，参见 2.6.4 节。

2.4.2 基本输入

1. 单个字符输入函数 getchar()

getchar 函数的作用是，从标准输入设备（通常指键盘）上读入一个字符的 ASCII 码值。调用 getchar 函数的一般形式为：

```
getchar();
```

函数的值就是从输入设备输入字符的 ASCII 码值。

【例 2.16】 输入单个字符。

```
#1.    # include "stdio.h"
#2.    void main()
#3.    {
#4.        char c;
#5.        c = getchar();
#6.        putchar(c);
#7.    }
```

程序运行时,如果从键盘上输入字符 a 并按 Enter 键,则屏幕上显示:

a

说明:getchar 函数只能接受一个字符。用户必须输入回车符之后 getchar 函数才会结束,在此之前,即使用户输入了多个字符,也只有一个字符会被读取出来作为 getchar 函数的值。

2. 格式化输入函数 scanf()

getchar 函数只能输入一个字符,如果要输入任意数据类型的数据,C 语言可以使用 scanf 函数来完成。该函数的一般格式为:

scanf(格式控制,地址表列);

"格式控制"的含义与 printf 函数类似。

(1)"格式控制"是用双引号括起来的字符串,也称"转换控制字符串",它包含两种信息。

① 普通字符:要求按原样输入的字符。

② 输入格式转换说明:由若干个输入格式组成,每个输入格式是由"%"开头后加输入修饰符和输入格式符构成,其中输入修饰符为可选。表 2-6 和表 2-7 列出了常用的输入格式符和常用的输入格式修饰符。

(2)"地址列表"是由若干个地址组成的表列,可以是变量的地址,即在变量名前加地址运算符 & 或直接使用指针类型变量,如果是变量名前加地址运算符 &,scanf 将把用户输入的数据直接填入到该变量当中,如果是指针类型变量,scanf 将把用户输入的数据填入到该变量保存的地址所对应的变量当中。

常用的输入格式字符如表 2-6 所示。在格式说明中,在"%"和上述输入格式字符间可以插入附加修饰符,如表 2-7 所示。

表 2-6　scanf 格式符

格 式 符	含 义
D,i	用来输入有符号的十进制整数
u	用来输入无符号的十进制整数
o	用来输入无符号的八进制整数
X,X	用来输入无符号的十六进制整数(大小写作用相同)
c	用来输入单个字符
s	用来输入字符串
f	用来输入实数,可以用小数或指数形式输入
e,E,g,G	与 f 作用相同,e 与 f、g 可以相互替换(大小写作用相同)

表 2-7 scanf 的附加修饰符

格 式 符	含 义
l	用于输入长整数(可用%ld,%lo,%lx,%lu)以及 double 型数据(用%lf,%le)
h	用于输入短整数(可用%hd,%ho,%hx)
数字	指定输入数据所占宽度(列数),应为正整数
*	赋值抑制符,即输入当前数据,但不传送给变量

在使用 scanf 函数时,如果存在多个输入项,则在输入时如何分隔不同数据呢? 如同 printf 函数一样,在 scanf 函数输入的格式控制符中除了格式字符外还可以包含其他字符(例如分号、逗号等)。scanf 函数要求用户必须在相应位置输入这些代码字符。利用这些代码字符在输入数据时分隔相邻的数据。

如果要求用户输入时以逗号分开三个输入的整数,可以用以下方式调用 scanf 函数:

```
int x,y,z;
scanf("%d,%d,%d",&x,&y,&z);
```

如果要求用户输入时以分号分开三个输入的整数,可以用以下方式调用 scanf 函数:

```
int x,y,z;
scanf("%d;%d;%d",&x,&y,&z);
```

如果输入数据时不使用分隔符,scanf 函数可能无法达到预期的输入效果。如果使用如下方式调用 scanf 函数:

```
int x,y,z;
scanf("%d%d%d",&x,&y,&z);
```

由于 scanf 规定输入时必须使用分隔符分开不同整数,由于函数中没有使用分隔符,则在输入时使用空格、Tab、回车符分隔数据都可以。例如:

```
scanf("%d%o%x",&a,&b,&c);
printf("a=%d,b=%d,c=%d\n",a,b,c);
```

使用 scanf 输入分别输入:

```
123123  123 ↵
```

则 printf 函数输出:

```
a=123,b=83,c=291
```

2.5 习题

1. 下列标识符中,哪些是 C 语言中有效的变量名称?

John $123   _name   3D64   ab_c   2abc   char   a#3

2. 以下哪一个不属于 C 语言的基本数据类型?

整型   布尔型   字符型   实型

3. 请简述 int 类型的变量与 char 类型的变量之间的主要区别。

4. 在一行中将变量 a、b、c 定义为 int 类型。

5. 在一行中将变量 a、b、c 定义为 char 类型,同时将 a 赋值为'5',将 b 赋值为'\n',将 c 赋值为10。

6. 设有如下定义:

```
int x = 9, y = 2, z;
```

写出语句"printf("%d\n",z= x/y);"的输出结果。

7. 填表给出赋值后数据在内存中二进制存储形式。

变量的类型　　　　变量值	55	−55	2000
char			
short			
long			
unsigned char			
unsigned short			
unsignend long			

8. 写出下列程序的运行结果。

(1)

```
# include < stdio.h>
main()
{
char x = 65;
int a = 97;
printf(" %c\n",x);
printf(" %d\n",x);
printf(" %d\n",a);
printf(" %c\n",a);
}
```

(2)

```
# include < stdio.h>
main()
{
char ch1 = 'z';
char ch2 = '\n';
char ch3 = 'z';
char ch4 = '\\';
char ch5 = '\t';
char ch6 = '\'';
char ch7 = 'y';
printf(" %c%c%c%c%c%c%c",ch1,ch2,ch3,ch4,ch5,ch6,ch7);
}
```

（3）

```
#include <stdio.h>
main()
{
float x = 42.4907,y = 3.8872e - 12;
double a = - 55.23289108,b = - 84.3456e15;
printf("x = % e, y = % e\n",x,y);
printf("x = % E, y = % E\n",x,y);
printf("x = % f, y = % f\n",x,y);
printf("a = % e, b = % e\n",a,b);
printf("a = % E, b = % E\n",a,b);
printf("a = % f, b = % f\n",a,b);
}
```

9. 对应下列输入代码,要让变量 a 和 b 的值分别为 15 和 236,请指出合理的输入。

（1）scanf("% d, % d",&a,&b);

（2）scanf("% d % d",&a,&b);

（3）scanf("% 2d % 3d",&a,&b);

（4）scanf("% d % * d % d",&a,&b);

10. 若有以下定义:

```
int a;char b,long c;float d;double e;
```

要使这些变量分别有值:

```
a = 5,b = 'A',c = 123456789,d = 3.25,e = 5.6
```

并有以下函数调用:

```
scanf("a = % d  b = % c",&a,&b);
scanf("c = % ld",&c, );
scanf("d = % f  e = % lf",&d,&e);
```

试回答应如何输入?

11. 编写一段程序,在程序中连续定义 4 个整型变量,然后依次输出它们的地址,分析一下它们有什么规律。

2.6 阅读材料——二进制与计算机

2.6.1 二进制起源

二进制是德国天才大师莱布尼茨(Gottfried Wilhelm Leibniz,1646—1716)发明的,德国图灵根著名的郭塔王宫图书馆(Schlossbiliothke zu Gotha)保存着一份弥足珍贵的手稿,其标题为"1 与 0,一切数字的神奇渊源。这是造物的秘密美妙的典范,因为,一切无非都来自上帝……",这是莱布尼茨的手迹。莱布尼茨在 1679 年 3 月 15 日记录下他的二进制体系的同时,还设计了一台可以完成数码计算的机器。

八卦是由 8 个符号构成的系统,而这些符号分为连续的与间断的横线两种。这两个后来被称为"阴"、"阳"的符号,在莱布尼茨眼中,就是他的二进制。他感到这个来自古老中国文化的符号系统与他的二进制之间的关系实在太明显了,因此断言:二进制乃是具有世界普遍性的、最完美的逻辑语言。

2.6.2　计算机与二进制

1. 二进制数的特点

(1) 技术实现简单,计算机是由逻辑电路组成,逻辑电路通常只有两个状态,开关的接通与断开,这两种状态正好可以用"1"和"0"表示。

(2) 简化运算规则:两个二进制数和、积运算组合各有三种,运算规则简单,有利于简化计算机内部结构,提高运算速度。

(3) 适合逻辑运算:逻辑代数是逻辑运算的理论依据,二进制只有两个数码,正好与逻辑代数中的"真"和"假"相吻合。

(4) 易于进行转换,二进制数与十进制数易于互相转换。

(5) 用二进制表示数据具有抗干扰能力强,可靠性高等优点。因为每位数据只有高低两个状态,当受到一定程度的干扰时,仍能可靠地分辨出它是高还是低。

2. 二进制数据的表示

二进制数据也是采用位置计数法,其位权是以 2 为底的幂。例如二进制数据 110.11,其权的大小顺序为 2^2、2^1、2^0、2^{-1}、2^{-2}。对于有 n 位整数、m 位小数的二进制数据用加权系数展开式表示,可写为:

$$(a_{[n-1]}a_{[n-2]}\cdots a_{[-m]})_2 = a_{[n-1]} * 2^{n-1} + a_{[n-2]} * 2^{n-2} + \cdots + a_{[1]} * 2^1 + a_{[0]} * 2^0 + a_{[-1]} * 2^{-1} + a_{[-2]} * 2^{-2} + \cdots + a_{[-m]} * 2^{-m}$$

因为在计算机内部采用二进制记数,十进制数据不能直观反映计算机内部数据的存储和处理情况,但二进制数据的描述又过长,例如 $(5000)_{10} = (1001110001000)_2$,所以在需要描述计算机内部数据存储和处理情况时,可以使用更接近二进制数据的十六进制数据来描述这些数据,例如:$(1\ 0011\ 1000\ 1000)_2 = (1388)_{16}$。

2.6.3　进制转换

1. 二进制与十进制间的相互转换

(1) 二进制转十进制

方法:按权展开求和。

例子:

$$(1011.01)_2 = (1 \times 2^3 + 0 \times 2^2 + 1 \times 2^1 + 1 \times 2^0 + 0 \times 2^{-1} + 1 \times 2^{-2})_{10}$$
$$= (8 + 0 + 2 + 1 + 0 + 0.25)_{10}$$
$$= (11.25)_{10}$$

注意:不是任何一个十进制小数都能转换成有限位的二进制数。

(2) 十进制整数转二进制

方法:除以 2 取余,逆序排列(除二取余法)。

例子:

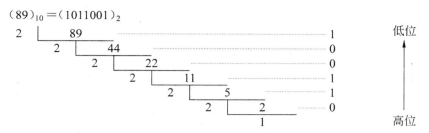

$$(89)_{10} = (1011001)_2$$

（3）十进制小数转二进制数

方法：乘以 2 取整，顺序排列（乘 2 取整法）。

例子：$(0.625)_{10} = (0.101)_2$

$$0.625 \times 2 = \quad 1.25 \cdots 1 \quad 高位$$

$$0.25 \times 2 = \quad 0.50 \cdots 0 \quad \downarrow$$

$$0.50 \times 2 = \quad 1.00 \cdots 1 \quad 低位$$

2. 八进制与二进制的转换

（1）二进制数转换成八进制数

从小数点开始，整数部分向左、小数部分向右，每 3 位为一组用一位八进制数的数字表示，不足 3 位的要用"0"补足 3 位，就得到一个八进制数。

例子：

$$(10110.011)_2 = (26.3)_8$$

（2）八进制数转换成二进制数

把每一个八进制数转换成 3 位的二进制数，就得到一个二进制数。

例子：

$$(37.416)_8 = (11111.10000111)_2$$

3. 十六进制与二进制的转换

（1）二进制数转换成十六进制数

从小数点开始，整数部分向左、小数部分向右，每 4 位为一组用一位十六进制数的数字表示，不足 4 位的要用"0"补足 4 位，就得到一个十六进制数。

例子：

$$(1100001.111)_2 = (61.E)_{16}$$

（2）十六进制数转换成二进制数

把每一个十六进制数转换成 4 位的二进制数，就得到一个二进制数。

例子：

$$(5DF.9)_{16} = (10111011111.1001)_2$$

2.6.4 计算机中的补码

在计算机系统中，数值通常用补码（two's complement）来表示（存储）。主要原因：使用补码，可以将符号位和其他位统一处理；同时，减法也可按加法来处理。另外，两个用补码表示的数相加时，如果最高位（符号位）有进位，则进位被舍弃。补码与原码的转换过程几乎是相同的。

1. 补码的表示

求给定数值的补码表示分以下两种情况。

（1）正数的补码

与原码相同。

＋9的补码是00001001。

说明：这个＋9的补码说的是用8位的二进制来表示补码的，补码表示方式很多，还有16位二进制补码表示形式，以及32位二进制补码表示形式等。同一个数字在不同的补码表示形式中是不同的。比方说下面所要提到的－15的补码，在8位二进制中是11110001，然而在16位二进制补码表示的情况下，就成了1111111111110001。在概述里头涉及的补码转换默认了把一个数转换成8位二进制的补码形式，每一种补码表示形式都只能表示有限的数字。

（2）负数的补码

符号位为1，其余位为该数绝对值的原码按位取反；然后整个数加1。－7的补码因为给定数是负数，则符号位为"1"。后7位：＋7的原码（0000111）→按位取反（1111000）→加1（1111001），所以－7的补码是11111001。

已知一个数的补码，求原码的操作分两种情况：

- 如果补码的符号位为"0"，表示是一个正数，其原码就是补码。
- 如果补码的符号位为"1"，表示是一个负数，那么求给定的这个补码的补码就是要求的原码。

另一种方法求负数的补码如下：

【例】 求－15的补码。

第一步：＋15：00001111。

第二步：逐位取反（1变成0，0变成1），然后在末尾加1，即11110001。

2. 补码的运算

（1）补码加法

$$[X+Y]_{补}=[X]_{补}+[Y]_{补}$$

【例】 $X=+0110011$，$Y=-0101001$，求$[X+Y]_{补}$。

　　　$[X]_{补}=00110011$　$[Y]_{补}=11010111$

　　　$[X+Y]_{补}=[X]_{补}+[Y]_{补}=00110011+11010111=00001010$

注：因为计算机中运算器的位长是固定的，上述运算中产生的最高位进位将丢掉，所以结果不是100001010，而是00001010。

（2）补码减法

$$[X-Y]_{补}=[X]_{补}-[Y]_{补}=[X]_{补}+[-Y]_{补}$$

其中$[-Y]_{补}$称为负补，求负补的方法是：所有位，不包括符号位（原文是包括符号位）按位取反；然后整个数加1。

【例】 $1+(-1)$〔十进制〕。

1 的原码 00000001 转换成补码：00000001。

－1 的原码 10000001 转换成补码：11111111。

$1+(-1)=0$

$00000001+11111111=00000000$

00000000 转换成十进制为 0。

$0=0$ 所以运算正确。

第 **3** 章

运算与表达式

计算机的大量功能都是通过各种各样的运算来完成的,为了完成这些运算,C 语言提供了丰富的运算符(operator),这些运算符通过对数据进行处理来完成各种运算功能。由运算符、操作对象构成的式子被称为表达式(expression)。表达式是有值的,这个值就是运算符对各种数据进行处理的结果。

不同的运算符对操作对象有不同的要求,有的运算符只能对一个操作对象进行操作,被称为单目运算符,有的运算符能对两个操作对象进行操作,被称为双目运算符,有的运算符能对三个操作对象进行操作,被称为三目运算符,本章将对 C 语言提供的各种运算符及其功能和使用方法进行讲述。

3.1 算术运算

算术运算是 C 语言提供的最基本的运算符,它可以完成基本的算术运算功能,分为基本算术运算符和自增自减运算符两类。

3.1.1 基本算术运算符

C 语言的基本算术运算符主要有以下 7 种:

+   单目正值运算符
−   单目负值运算符
+   双目加法运算符
−   双目减法运算符
*   双目乘法运算符
/   双目除法运算符
%   双目模(求余)运算符

1. 单目基本算术运算符

单目正值运算符"+"和单目负值运算符"−"只能对一个操作对象进行操作。操作功能是对操作对象进行取正或取负的运算,操作结果值作为表达式的值。操作对象可以为整型或浮点型,本运算符不改变操作对象的值。

表达式形式:

运算符 操作对象

【例 3.1】 正值运算符与负值运算符。

```
#1.   # include <stdio.h>
#2.   main()
#3.   {
#4.     int a = 50;              /* 对整型变量 a 赋值为 50 */
#5.     printf("%d\t", + a);     /* 对整型变量 a 做正值运算,并输出运算结果 */
#6.     printf("%d\t",a);        /* 输出整型变量 a */
#7.     printf("%d\t", - a);     /* 对整型变量 a 做负值运算,并输出运算结果 */
#8.     printf("%d\n",a);        /* 输出整型变量 a */
#9.   }
```

程序运行结果如下：

```
50     50      - 50     50
```

2. 双目基本算术运算符

C 语言提供了"＋"、"－"、"＊"、"/"、"％"五种双目运算符,分别对应算术运算的加、减、乘、除、求余运算,操作结果值作为表达式的值。除了求余运算要求两个操作数必须是整数外,操作对象可以为整型或浮点型,本运算不改变操作对象的值。

表达式形式：

操作对象 1 运算符 操作对象 2

注意：

(1) 如果两个操作对象是不同的类型。系统先把它们转成相同类型(这个转换并不会改变操作对象的值),然后再进行运算,运算结果值的类型也是转换后的类型,例如,两个操作对象一个是整型、一个是浮点型,则系统先把它们转成浮点类型之后再进行运算,计算结果作为表达式的值。

(2) 除法运算的两个操作对象如果是整型,则结果是去掉小数部分后的整型,如 19/10 的表达式值是 1,如果操作对象是整型且符号不同,则不同编译器出来方法可能不同,大部分是按照绝对值进行计算,结果去除小数部分后再加上负号。

(3) 求余运算的操作对象如果有负数,则先按照两操作对象的绝对值进行计算,然后表达式的值,即余数的值按照操作对象 1 的符号确定,如－13/7、－13/－7 两个表达式值都是－6,13/－7、13/7 表达式值都是 6。

【例 3.2】 双目算术运算。

```
#10.  # include <stdio.h>
#11.  main()
#12.  {
#13.  char c = 8,d = 'R';         /* 'R'的 ASCII 码值为    82 */
#14.  int i = 76,j;
#15.  float w = 7.9,x;
#16.  j = i * i;                  /* j = 76 * 76 */
#17.  printf("%d\t",j);
#18.  j = i * c;                  /* j = 76 * 8 */
```

```
#19. printf("%d\t",j);
#20. j = i/c;                    /*   j=76/8   */
#21. printf("%d\t",j);
#22. j = i * d;                  /*   j=76 * 82   */
#23. printf("%d\t",j);
#24. j = i/w;                    /*   j=76/7.9 */
#25. printf("%d\t",j);
#26. j = i%10;                   /*   j=76%10   */
#27. printf("%d\t",j);
#28. x = i/w;                    /*      x = 76/7.9 */
#29. printf("%f\n",x);
#30. }
```

程序运行结果如下：

5776   608   9   6232   9   6   9,62025

3.1.2 优先级与结合性

由运算符、操作对象构成的有值的式子被称为表达式,在这个式子中,操作对象本身也可以是一个表达式,这样就可以将多个表达式链接起来构成一个新的表达式,这种含有两个或更多操作符的表达式称为复合表达式。例如,下面是一个合法的 C 语言算术表达式：

a + b/3 * c - 15%3

上面的表达式包含了 5 个运算符,哪个运算符先运算、哪个运算符后运算、哪个操作对象由哪个操作符进行运算都决定了整个表达式的值,为此 C 语言规定了运算符的优先级和结合方向。

(1) 在复合表达式求值时,按运算符的优先级别高低的次序计算。

(2) 在运算符优先级相同时,表达式的计算顺序由运算符的结合性确定,运算符的结合性有左结合和右结合两种,按照最简单的理解：左结合为一个运算对象在左右两边的运算符如果优先级相同时就先算左边的或有两个同级别的运算符就先算左边的一个；右结合为一个运算对象左右两边的运算符如果优先级相同时就先算右边的,或有两个同级别的运算符就先算右边的一个。

基本算术运算符的优先级为：

一级：单目运算：＋、－。

二级：双目运算：＊、/、%。

三级：双目运算：＋、－。

【例 3.3】 求以下复合表达式的值：

10 + 20/10

说明：除号(/)运算符是二级,优先于加号(＋),因此先计算20/10,等于2,再计算10＋2,所以例 3.3 表达式的值为 12。

【例 3.4】 求以下复合表达式的值：

10 * 2/5

说明：C 语言规定了各种运算符的结合方向，单目运算符的结合方向为右结合，双目运算符的结合方向为左结合。例 3.4，由于 ＊ 和/的优先级相同，按照它们结合方向向左的原则，从左向右，先计算 10＊2，然后再将计算结果 20 除以 5，所以例 3.4 表达式的值为 4。

运算符的优先级和结合性在比较复杂的复合表达式中判断起来容易出错，这时可以使用括号直接设定运算的执行顺序，而且括号可以在表达式中嵌套，括号嵌套越深的表达式优先级越高，需要注意的是优先级最高的运算符并不一定能在整个表达式中最先运算。

【例 3.5】 求以下复合表达式的值：

$$(2+10) * -2/5 + ((5+3) \% 4) * 2$$

说明：该例题在不同编译器下执行顺序可能会有差别，大部分的 C 编译器编译后的运行顺序如下：先计算 $(2+10)$，得 $12 * -2/5 + ((5+3)\%4) * 2$；然后计算 $12 * -2$，得 $-24/5 + ((5+3)\%4) * 2$；然后计算 $-24/5$，得 $-4 + ((5+3)\%4) * 2$；然后计算 $(5+3)$，得 $-4 + (8\%4) * 2$；然后计算 $(8\%4)$，得 $-4 + 0 * 2$；然后计算 $0 * 2$，得 $-4 + 0$；最后计算 $-4 + 0$，得到最后结果为 -4。

3.1.3 数据类型转换

当表达式中出现不同类型数据的混合运算时，往往需要先进行数据类型的转换后才能运算，这种转换并不会改变原来变量的值和数据类型。由于各种数据类型在表示范围和精度上是不同的，所以数据被转换类型后，可能会丢失数据的精度。例如，将 double 类型的数据转换为 int 型，则会截去数据的小数部分。反之，将 int 类型的数据转换成 double 类型，则精度不会损失，然而数据的表示形式改变了。类型转换分为隐式类型转换和强制类型转换。

1. 隐式类型转换

在表达式中，一般要求参与运算的两个操作数的类型一致。如果两个操作数的类型不一致时，系统会自动地将低类型操作数转换为另一个高类型操作数的类型，然后在进行运算。这种隐式类型转换的规则如下，＝＞代表必定转换，—＞代表类型不同时才转换：

short、char => int -> unsigned int -> long -> unsigned long -> float => double -> long double

有关隐式类型转换规则的说明：

（1）两个相同类型的数据（除 short、char、float）直接可以运算，不需要类型转换。但是，short 型和 char 型的操作数必须先转换为 int 型才能运算。float 类型的数据在运算时一律转换为 double，以提高运算精度。例如，两个 char 型数据运算，都先转换为 int 型才能参加运算，运算结果也是 int 型。

（2）两个不同类型的数据运算时，由系统自动转换。例如，一个 int 型与另一个 double 型数据运算，先将 int 型数据转换为 double 型，才能与另一个 double 型数据运算，运算结果也是 double 型。

（3）赋值类型的转换以赋值号左边的变量类型为准。

*【例 3.6】 给出下面程序的输出结果：

```
#1.    # include  < stdio.h>
#2.    void main( )
#3.    {
```

```
#4.        int x = -1;
#5.        unsigned y = 2;
#6.        printf("%d",x/y);
#7.    }
```

程序输出为：

2147483647

说明：因为 x/y 运算时，y 为 unsigned 类型，所以 x 也要被转换为 unsigned 类型，类型转换不改变内存中的值，-1 在内存中对应的 unsigned 是一个很大的整数，所以除以 2 后也是一个很大的整数。

2. 强制类型转换

使用强制类型转换可以显式地将一种数据类型转换为另一种数据类型。其一般形式为：

(类型名)(表达式)

注意：表达式必须用括号括起来。

例如：

```
(double)x          /*将 x 转换为 double 类型*/
(int)(a+b)         /*将 a+b 转换为 int 类型*/
(float)(i%5)       /*将 i%5 转换为 float 类型*/
```

【例 3.7】　给出下面程序的输出结果：

```
#1.    #include <stdio.h>
#2.    void main()
#3.    {
#4.        int x = -1;
#5.        unsigned  y = 2;
#6.        printf("%d",x/(int)y);
#7.    }
```

程序输出为：

0

说明：因为 x/y 运算时，y 被强制转换为 int 类型，类型转换不改变内存中的值，2 转换后还是 2，所以-1 除以 2 后是 0。

3.1.4　自增、自减运算

自增运算符"++"和自减运算符"--"为右结合单目运算符，只能对一个操作对象进行操作。操作功能是对操作对象进行加 1 或减 1 的运算，操作结果值作为表达式的值。**操作对象必须为整型变量**，本运算改变操作对象的值。

表达式形式：

运算符 操作对象
操作对象 运算符

运算符放在操作对象前面,操作对象的值先自增或自减,然后操作对象的值就是表达式的值,运算符放在操作对象后面,操作对象的值就是表达式的值,然后操作对象的值再自增或自减。

【例 3.8】 给出下面程序的输出结果:

```
#1.    #include <stdio.h>
#2.    void main( )
#3.    {
#4.        int a=1,b=1;
#5.        printf("%d,",++a);
#6.        printf("%d,",a);
#7.        printf("%d,",b++);
#8.        printf("%d\n",b);
#9.        a=1;
#10.       b=1;
#11.       printf("%d,",--a);
#12.       printf("%d,",a);
#13.       printf("%d,",b--);
#14.       printf("%d\n",b);
#15.   }
```

输出结果:

2,2,1,2
0,0,1,0

注意:

(1) 如果有"int a;",则"++ ++a;"是错误的,因为不能对表达式++a进行自增,自增对象必须是整型变量。

(2) 尽量避免在一个表达式中出现对同一个变量的多次自增、自减运算,因为不同的编译程序可能会有不同的处理结果,如表达式:

a++ + a++ + ++a

在 VC 6 下表达式的值是 4,在 VC 2010 下表达式的值就是 6。

3.2 关系运算

C 语言提供了以下六种关系运算符:
==   双目等于运算符、左结合
!=   双目不等于运算符、左结合
>   双目大于运算符、左结合
>=   双目大于等于运算符、左结合
<   双目小于运算符、左结合
<=   双目小于等于运算符、左结合
关系运算符被用于对左右两侧的值进行比较。如果比较运算的结果成立,即条件满足,

则表达式值为 1,不满足则表达式值为 0,关系运算不改变操作对象的值。

表达式形式:

操作对象 1　关系运算符　操作对象 2

关系运算符的优先级低于算术运算符,六种关系运算符的优先级也分为两个级别:

高:＞、＞＝、＜＝、＜＝

低:＝＝、! ＝

【例 3.9】 关系运算。

```
#1.    # include  <stdio.h>
#2.    void main( )
#3.    {
#4.        int x = 1,y = 4,z = 14;
#5.        printf("%d,",x < y + z);
#6.        printf("%d,",y == 2 * x + 3);
#7.        printf("%d,",z >= x - y);
#8.        printf("%d,",x + y! = z);
#9.        printf("%d\n",z > 3 * y + 10);
#10.       printf("%d,",x < y < z);
#11.       printf("%d\n",z > y > x);
#12.   }
```

程序运行结果:

```
1,0,1,1,0
1,0
```

3.3　逻辑运算

C 语言提供了以下三种逻辑运算符:

!　　　单目逻辑非运算符、右结合

＆＆　　双目逻辑与运算符、左结合

∥　　　双目逻辑或运算符、左结合

逻辑运算符被用于对左右两侧操作对象的值进行逻辑运算,对于逻辑运算符,它左右两侧的操作对象只有 0 和非 0 的区别,运算结果表达式的值为 0 或 1,逻辑运算不改变操作对象的值。

表达式形式:

! 操作对象
操作对象 1　＆＆　操作对象 2
操作对象 1　∥　操作对象 2

逻辑运算的"真值表"如表 3-1 所示。

逻辑运算符的优先级:

!　　　　　　高于算术运算符

＆＆　　　　　低于关系运算符

∥　　　　　　低于 ＆＆ 运算符

表 3-1　逻辑运算的真值表

操作对象 1 的值	操作对象 2 的值	! 操作对象 1 的值	操作对象 1 && 操作对象 2 的值	操作对象 1 ‖ 操作对象 2 的值
非 0	非 0	0	1	1
非 0	0	0	0	1
0	非 0	1	0	1
0	0	1	0	0

【例 3.10】　逻辑运算。

```
#1.    # include  < stdio. h>
#2.    void main( )
#3.    {
#4.        int x = 2,y = 3,z = 4;
#5.        printf(" % d,",x < = 1 && y == 3);
#6.        printf(" % d,",x < = 1 ‖ y == 3);
#7.        printf(" % d,",!(x == 2));
#8.        printf(" % d,",!(x < = 1 && y == 3));
#9.        printf(" % d\n",x < 2 ‖ y == 3 && z < 4);
#10. }
```

程序运行结果：

0,1,0,1,0

【例 3.11】　输入一个年份,程序判断如果是闰年输出 1,否则输出 0。
闰年的条件是：年份能够被 4 整除,但不能被 100 整除。或者年份能够被 400 整除。

```
#1.    # include  < stdio. h>
#2.    void main( )
#3.    {
#4.        int year;
#5.        Printf("请输入一个年份：");
#6.        scanf(" % d",&year);
#7.        printf(" % d\n",(year % 4 == 0 && year % 100!= 0) ‖ (year % 400 == 0));
#8.    }
```

注意：

(1) && 运算：操作对象 1&& 操作对象 2,当操作对象 1 为 0 时,&& 运算的结果为 0,操作对象 2 如果是一个表达式,将被忽略,不会再被运算；仅当操作对象 1 为非 0 时,才需计算操作对象 2。

(2) ‖ 运算：操作对象 1 ‖ 操作对象 2,当操作对象 1 为非 0 时,‖ 运算的结果为 1,操作对象 2 如果是一个表达式,将被忽略,不会再被运算；仅当操作对象 1 为 0 时,才需计算操作对象 2。

3.4　位运算

　　C 语言提供了按位运算的运算符,通过使用位运算,C 程序可以更加方便地控制系统硬件。通过使用这些位运算符和表达式,还能高效地利用存储空间。按位运算的运算对象只能是整型数据,不能为浮点型数据。

C语言提供了以下六种位运算符:

  &   双目按位与运算符、左结合

  | 双目按位或运算符、左结合

  ^   双目按位异或运算符、左结合

  ~   单目按位取反运算符、右结合

  <<   双目左移位运算符、左结合

  >>   双目右移位运算符、左结合

3.4.1 按位逻辑运算

参加运算的两个整型数据对象,按二进制位对齐后进行逻辑运算,该运算结果作为表达式的值,不会改变操作对象的值。

表达式形式:

操作对象 1   &   操作对象 2

操作对象 1 | 操作对象 2

操作对象 1   ^   操作对象 2

~操作对象

按位逻辑运算的"真值表"如表 3-2 所示。

表 3-2　按位逻辑运算的真值表

a 的值	b 的值	a&b 运算	a|b 运算	a^b 运算	~a 运算
1	1	1	1	0	0
1	0	0	1	1	0
0	1	0	1	1	1
0	0	0	0	0	1

【例 3.12】　用程序求 6&8 的值。

```
#1.    # include  < stdio. h>
#2.    void main( )
#3.    {
#4.        char x = 6,y = 8;
#5.        printf(" % d\n",x & y);
#6.    }
```

输出

0

说明:char 型 8 的二进制值为 00001000,char 型 6 的二进制值为 00000110,两者进行与运算:

```
              00000110    (6)
     (&)      00001000    (8)
              ─────────
              00000000    (0)
```

【**例 3.13**】 用程序求 6|8 的值。

```
#1.    # include  < stdio.h >
#2.    void main( )
#3.    {
#4.        char x = 6, y = 8;
#5.        printf(" % d\n", x | y);
#6.    }
```

输出:

14

说明: char 型 8 的二进制值为 00001000, char 型 6 的二进制值为 00000110, 两者进行或运算:

```
              00000110       (6)
    (|)       00001000       (8)
              00001110       (14)
```

【**例 3.14**】 用程序求 8^12 的值。

```
#1.    # include  < stdio.h >
#2.    void main( )
#3.    {
#4.        char x = 8, y = 12;
#5.        printf(" % d\n", x ^ y);
#6.    }
```

输出:

4

说明: char 型 8 的二进制值为 00001000, char 型 12 的二进制值为 00001100, 两者进行异或运算:

```
              00001000       (8)
    (^)       00001100       (12)
              00000100       (4)
```

【**例 3.15**】 用程序求～12 的值。

```
#1.    # include  < stdio.h >
#2.    void main( )
#3.    {
#4.        char x = 12;
#5.        printf(" % d\n", ～x);
#6.    }
```

输出:

－13

说明：char 型 12 的二进制值为 00001100,取反运算：

$$
\begin{array}{r}
(\sim) \quad 00001100 \qquad (12) \\
\hline
11110011 \qquad (-13)
\end{array}
$$

11110011 的符号位为 1,代表它是个负值,计算机认为后 7 位 1110011 是补码,由补码求原码得 0001101,即十进制的 13,加上符号位即 −13。

3.4.2 移位运算

移位运算符为双目运算符,有两个操作对象,左移位运算符将操作对象 1 的二进制形式根据操作对象 2 的值左移若干位,操作对象 1 右侧补 0,左侧移出部分舍弃。右移位运算符将操作对象 1 的二进制形式根据操作对象 2 的值右移若干位,操作对象 1 左侧补 0,右侧移出部分舍弃。该运算结果作为表达式的值,不会改变操作对象的值。

表达式形式：

操作对象 1　移位运算符　操作对象 2

【例 3.16】 用程序求 12<<2 的值。

```
#1.    # include   <stdio.h>
#2.    void main( )
#3.    {
#4.        char x = 12;
#5.        x = x << 2;
#6.        printf("%d\n",x);
#7.    }
```

输出：

48

说明：char 型 12 的二进制值为 00001100,左移 2 位,图 3-1 所示的框中为 x 的内存中的值。

【例 3.17】 用程序求 12>>2 的值。

```
#8.    # include   <stdio.h>
#9.    void main( )
#10.   {
#11.       char x = 12;
#12.       x = x >> 2;
#13.       printf("%d\n",x);
#14.   }
```

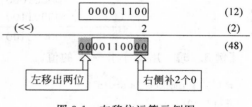

图 3-1　左移位运算示例图

输出：

3

说明：char 型 12 的二进制值为 00001100,右移 2 位,图 3-2 所示的框中为 x 的内存中的值。

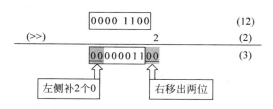

图 3-2 右移位运算示例图

注意:

(1) 左移一位相当于该数乘以 2,右移一位相当于该数除以 2。

(2) 在右移时,需要注意符号位问题。对无符号的数,右移时左边高位移入 0;对于有符号的值,如果原来的符号位为 0,则左边也是移入 0。如果符号位原来为 1,则左边移入 0 还是 1,要取决于所用的计算机系统。

3.4.3 程序例子

【例 3.18】 输入一个整数,把该数的二进制第 5 位清 0。

```
#1.    # include  < stdio. h>
#2.    void main( )
#3.    {
#4.        short x;
#5.        scanf(" % d",&x);
#6.        x = x&0xFFEF;
#7.        printf(" % d\n",x);
#8.    }
```

说明:在 C 语言中不能够直接书写二进制数,十六进制数的每一位刚好对应二进制的 4 位,所以使用十六进制也可以很方便地表示二进制数,十六进制的 F 刚好对应二进制的 1111,十六进制的 E 刚好对应二进制的 1110,所以 0xFFEF 刚好对应二进制的 1111 1111 1110 1111,该数据与任何 16 位的二进制数相与,都可以把第 5 位数清 0,其他的位保持不变,所以使用按位与 & 运算可以很方便地把一个整数的二进制形式的某一位清 0。

【例 3.19】 输入一个整数,判断该数的二进制第 5 位是否为 1,是输出 1,否则输出 0。

```
#9.    # include  < stdio. h>
#10.   void main( )
#11.   {
#12.       short x;
#13.       scanf(" % d",&x);
#14.       x = x&0x010;
#15.       printf(" % d\n",x && 1);
#16.   }
```

说明:0x010 刚好对应二进制的 0000 0000 0001 0000,该数据与任何 16 位的二进制数相与,除了第 5 位数,其他的位清 0,所以使用按位与 & 运算可以很方便地把一个整数的二进制形式的某一位清 0。

3.5 指针运算

3.5.1 取地址运算

一个指针变量可以通过不同的方式获得一个确定的地址值,从而指向一个存储单元。

1. 通过求地址运算符(&)获得地址值

单目运算符"&"用来求对象的地址,只能对一个操作对象进行操作。操作功能取得操作对象的地址,操作结果值作为表达式的值。操作对象可以为各种类型的变量,本运算不改变操作对象的值。

表达式形式:

& 操作对象

例如:

int a = 3, * p;

则通过以下赋值语句:

p = &a;   / * 给指针变量 p 赋值 * /

取得变量 a 的地址,并赋值给指针变量 p,也可以把上面的两句写成以下形式:

int a = 3, * p = &a;/ * 给指针变量初始化 * /

通过上面的两种方式就把变量 a 的地址赋给了指针变量 p,此时称为指针变量 p 指向了变量 a(见图 3-3)。

注意:

(1) 求地址运算符"&"的作用对象只能是变量或后面要讲到的数组,而不能是常量或表达式。

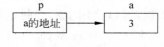

图 3-3 指针变量 p 和变量 a 的指
　　　　向关系示意图

例如:

int * p,a;
p = &(a + 1);   / * 该赋值语句是错误的 * /

(2) 求地址运算符"&"的运算对象的类型必须与指针变量的基类型相同。

例如:

int * p,a;
float b:
p = &b;   / * 该赋值语句是错误的 * /

因为指针变量 p 的基类型是 int 型,而求地址运算符"&"作用的对象 b 的类型是 float 型,而计算机对于 float 型和 int 型数据的存储方式是不同的,整型指针指向了浮点型数据,可能导致错误的计算结果。

2. 通过指针变量或地址常量获得地址值

可以通过赋值的方式将一个地址值赋给另一个同类型的指针变量,这个地址值可以是来自一个同类型的指针变量,也可以来自一个同类型的指针常量。

由一个指针变量向另一个指针变量赋值,从而使两个指针变量中保存同一地址值、指向同一地址。例如:

```
int a = 3, * p = &a, * q;
q = p;
```

通过赋值运算 q=p,使得指针变量 p 和 q 同时指向了变量 a。注意,p 和 q 的基类型必须一致(见图 3-4)。

通过指针常量赋值给另一个同类型的指针变量,例如:

```
char * p = "ABCDEFG";
```

如图 3-5 所示。

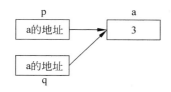
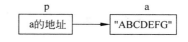

图 3-4　指针变量 p 和 q 与变量 a 的关系示意图　　图 3-5　指针变量 p 和变量 a 的指向关系示意图

3. 通过标准函数获得地址值

可以通过调用 C 语言的标准库函数 malloc() 和 calloc() 在内存中得到连续的存储单元,并把所得到的存储单元的起始地址赋给指针变量,有关这方面的内容将在以后章节中讲到。

4. "空"地址

不允许给一个指针变量直接赋给一个整数值。

例如:

```
int * p;
p = 2009;     / * 该赋值语句是错误的 * /
```

但是可以给一个指针变量赋空值。

例如:

```
int * p;
p = NULL;     / * 该赋值语句是合法的 * /
```

NULL 是在 stdio.h 头文件中定义的字符常符,它的值为 0,因此在使用 NULL 时,应在程序的前面出现预定义行: # include "stdio.h" 或 #include<stdio.h>。当执行了上述的赋值语句 p=NULL 后,称 p 为空指针。以上赋值语句等价于:

```
p = '\0';   或   p = 0;
```

空指针的含义是:指针 p 并不是指向地址为 0 的存储单元,而是不指向任何存储单元。企图通过一个空指针去访问一个存储单元时,将会得到一个出错信息。

3.5.2 操作指针变量

对于任何的存储单元都有两种方法来存取单元的数据,一种是"直接存取",另一种是"间接存取"。

所谓"直接存取"就是通过变量名存取变量值的方式。所谓"间接存取"就是通过变量地址存取变量值的方式。

C语言提供了一个称为"间接访问运算符"的单目运算符"＊"。"＊"出现在一个地址值的前面就代表这个地址值对应的存储单元,即该存储单元里面的值,"＊"出现在程序中的不同位置,其含义是不同的。

例如:

```
int  a = 3, * p,b;
```

这里的"＊"是个说明符,用来说明变量 p 是个指针型变量。

```
p = &a;
```

通过取地址运算符 & 使指针变量 p 指向变量 a。

```
b = * p;
```

这里的"＊"是代表 p 中地址对应的存储单元,即 p 所指向的存储单元中的数据。

```
* p = 5;
```

这里的"＊"是代表存数据,即把一个整数 5 存到指针变量 p 所指向的存储单元(也就是变量 a)中,等价于 a＝5。

使用指针变量应注意以下几个方面:

(1) 对指针变量的使用必须是先赋值后使用。

例如:

```
int  a, * p;
* p = 5;
```

这种写法是错误的,因为此时指针变量 p 指向的地址是未知的,这样使用可能把 5 保存到未知存储单元,造成该存储单元内的数据被破坏。

(2) 运算符"&"和"＊"的优先级相同,结合性为右结合。

例如:

```
int a = 3, * p, ** q;
p = &a;
q = &p;      /* p 中保存的是变量 a 的地址,q 中保存的是变量 p 的地址, */
```

① & * p 的含义

由于 & 和 * 的优先级相同,按从右到左结合,等价于 &(* p), * 先和 p 结合, * p 就是变量 a,再执行 & 运算,相当于 &a,即取变量 a 的地址。因此 & * p 等价于 &a。

② * &a 的含义

由于 & 和 * 得优先级相同,按从右到左结合,等价于 * (&a),& 先和 a 结合,即 &a,

取变量 a 的地址,然后再进行 * 运算相当于变量 a 的值。因此 * &a 等价于 a。

③ **q 的含义

按从右到左结合,等价于 *(* q),q 中保存变量 p 的地址,* q 即变量 p。因此 *(* q)
等价于 *(p),p 中保存的是变量 a 地址,*(p)等价于 * p,即等价变量 a,可以用图 3-6 来
表示。

图 3-6 变量 q、p 和 a 的关系

【**例 3.20**】 指针变量使用举例。

```
# 1.    # include < stdio. h >
# 2.    void main( )
# 3.    {
# 4.      int a = 9, * p = &a, ** q = &p;
# 5.      printf(" % d\n",a);          /* 对变量的直接存取 */
# 6.      printf(" % d\n", * p);        /* 对变量的间接存取 */
# 7.      printf(" % d\n", ** q);       /* 对变量的间接存取 */
# 8.    }
```

程序运行结果:

```
9
9
9
```

【**例 3.21**】 指针变量使用举例。

```
# 1.    # include < stdio. h >
# 2.    void main( )
# 3.    {
# 4.        int a = 9, * p;
# 5.        p = &a;
# 6.        * p = * p + 1;              /* 等价于 a = a + 1 */
# 7.        printf(" % d",a);           /* 对变量的直接存取 */
# 8.        printf(" % d\n", * p);       /* 对变量的间接存取 */
# 9.        printf(" % d", ++ * p);      /* 对变量的间接存取 */
# 10.       printf(" % d\n",( * p) ++);  /* 对变量的间接存取 */
# 11.   }
```

程序运行结果:

```
10    10
11    11
```

3.5.3 移动指针

所谓指针移动就是对指针加上或减去一个整数,或通过赋值运算,使指针变量指向相邻
的存储单元。因此只有当指针指向一串连续的存储单元时,指针的移动才有意义。

形式如下：

指针＋整型表达式
指针－整型表达式

"指针＋整型表达式"表示将指针指向的内存地址向前移动，"指针－整型表达式"表示将指针指向的内存地址向后移动，移动的多少等于整型表达式的值乘以指针指向的数据类型占用的存储单元大小决定。

【例 3.22】 指针变量使用举例。

```
#1.   # include < stdio. h >
#2.   void main( )
#3.   {
#4.       int  a, * p = &a;
#5.       char c, * pc = &c;
#6.       printf(" % d, % d\n",p,p + 1);
#7.       printf(" % d, % d\n",p,p - 2);
#8.       printf(" % d, % d\n",pc,pc + 1);
#9.       printf(" % d, % d\n",pc,pc - 2);
#10. }
```

程序运行输出：

```
1245052,1245056
1245052,1245044
1245044,1245045
1245044,1245042
```

说明：#4 行使 p 指向了变量 a，即 p 保存了的变量 a 的地址。

#6 行输出 p 和 p＋1 的值，从中可以看出 p＋1 实际上 p 的值增加了 4，这是因为 p 的类型是 int 的地址，而 int 占用内存为 4 个字节，所以加 1＊4＝4。

#7 行输出 p 和 p－2 的值，从中可以看出 p－2 实际上 p 的值减少了 8，这也是因为 p 的类型是 int 的地址，而 int 占用内存为 4 个字节，所以减 2＊4＝8。

#5 行使 pc 指向了变量 c，即 pc 保存了变量 c 的地址。

#8 行输出 pc 和 pc＋1 的值，从中可以看出 pc＋1 实际上 pc 的值增加了 1，这是因为 pc 的类型是 char 的地址，而 char 占用内存为 1 个字节，所以加 1＊1＝1。

#9 行输出 pc 和 pc－2 的值，从中可以看出 pc－2 实际上 pc 的值减少了 2，这也是因为 pc 的类型是 char 的地址，而 char 占用内存为 1 个字节，所以减 2＊1＝2。

3.5.4 比较指针

类型相同的两个指针变量之间可以进行大于、大于等于、小于、小于等于、等于、不等于（＞、＞＝、＜、＜＝、＝＝、！＝）的比较运算。此外，任何指针变量都可以和 0 或空指针进行等于或不等于的关系运算，如：

```
p == 0    /* 或写成 p == NULL */
```

或

```
p! = 0      /* 或写成 p! = NULL 或 p */
```

用来判断指针是否为空指针。

两个同类型指针之间也可以进行减法运算,减法运算的结果是两个指针之间相差的存储单元个数,即两者相差内存地址值除以指针指向数据类型所占内存的大小。

【例 3.23】 指针变量使用举例。

```
#1.    # include < stdio. h >
#2.    void main( )
#3.    {
#4.        int   a, * p = &a, * q = p + 5;
#5.        printf(" % d, % d, % d\n",p,q,p - q);
#6.    }
```

程序运行输出:

```
1245052,1245072, - 5
```

说明:#4 对 p、q 两个指针进行赋值,两者指向的内存相差 5 个整型单元,即 20 个字节的地址值。

#5 输出 p、q 两个指针的值及两者相减的结果。

注意:空指针与未对指针赋值是两个不同的概念。前者是有值的,值为 0,表示 p 不指向任何变量。而后者虽未对 p 赋值,但不等于 p 没有值,只不过它的值不确定,也就是说 p 可以指向一个内存中的任意存储单元。如果在这种情况下对指针变量指向的内容进行读写是危险的,因此,在读写指针变量指向的内容之前一定先对指针变量赋值。

3.6 其他运算

3.6.1 sizeof 运算

C 语言以字节为单位计算存储空间的大小。C 语言提供 sizeof 运算符,其值是对象所需的存储量,sizeof 是一个单目右结合运算符,运算结果是一个无符号的整型。sizeof 表达式形式如下:

sizeof(操作对象)

操作对象可以是一个数据类型,也可以是一个常量或变量,C99 标准规定,sizeof 的操作对象不能是函数、不能确定类型的表达式以及位域(bit-field)成员。

【例 3.24】 sizeof 运算示例。

```
#1.    # include < stdio. h >
#2.    /* 各种数据类型存储的字节数 */
#3.    main()
#4.    {
#5.    int b,s,i,ui,l,d,f,ld;
```

```
#6.    char ch1;
#7.    float x;
#8.    b = sizeof(char);
#9.    s = sizeof(short);
#10.   i = sizeof(int);
#11.   ui = sizeof(unsigned int);
#12.   l = sizeof(long);
#13.   f = sizeof(float);
#14.   d = sizeof(double);
#15.   ld = sizeof(long double);
#16.   printf("b = % d,s = % d,i = % d,ui = % d,l = % d,f = % d,d = % d,ld = % d\n",b,s,i,ui,l,
       f,d,ld);
#17.   printf("b = % d,s = % d,sizeof(ch1),sizeof(x));
#18. }
```

程序运行结果：

```
b = 1,s = 2,i = 4,ui = 4,l = 4,f = 4,d = 8,ld = 8
b = 1,s = 4
```

对于一个字符串，它的值虽然是一个 char 型指针，但如果对它 sizeof，得到的值却是字符串占据内存的大小。

【例 3.25】　sizeof 与字符串。

```
#1.    # include < stdio. h >
#2.    # include < string. h >
#3.    void main( )
#4.    {
#5.        char * p = "abcde";
#6.        printf(" % d,",sizeof(p));
#7.        printf(" % d,",strlen("abcde"));
#8.        printf(" % d\n",sizeof("abcde"));
#9. }
```

程序运行结果：

```
4,5,6
```

说明：#5 行定义一个字符型指针 p，并将字符串"abcd"赋值给它，实际上是将字符串"abcd"的首地址赋值给 p。

#6 行输出 sizeof(p)，输出的是变量 p 所占内存的大小，指针类型占空间为 4 字节。

#7 行用函数 strlen 求字符串"abcde"的长度并输出，"abcde"字符串长度为 5。

#8 行用 sizeof 求字符串"abcde"占用内存的多少并输出，"abcde"字符串占用内存为 6 个字节。

3.6.2　逗号运算

C语言提供逗号运算符，用它将多个表达式连接起来。用逗号连接的表达式称为逗号表达式。逗号表达式的形式为：

表达式 1,表达式 2,表达式 3,…,表达式 n

逗号表达式的求解过程为,依次计算表达式 1 的值,表达式 2 的值,…,表达式 n 的值。表达式 n 的值为逗号表达式的值,逗号运算符的优先级是所有运算符中最低的,其结合性是自左向右。

例如:

```
int  x;
x = (3 * 5,12),100;
```

先计算逗号表达式(3 * 5,12)的值,即先计算 3 * 5,再计算 12,括号内表达式的值为 12,并赋值给 x,然后再计算 100,整个表达式的值为 100。

3.6.3 条件运算

条件运算符是一个三目(元)运算符,要求有三个操作对象,这三个操作对象通常是三个表达式,条件运算符是 C 语言中唯一的一个三目运算符。

含有条件运算符的表达式称为条件表达式。条件表达式的一般形式为:

表达式 1?表达式 2:表达式 3

条件表达式的值为:先执行表达式 1,如果表达式 1 的值非 0,则执行表达式 2,表达式 2 的值作为整个条件表示的值;如果表达式 1 为 0,则执行表达式 3,表达式 3 的值作为整个条件表示的值。

例如,执行以下语句:

```
max = (x > y)?x:y;
```

如果 x＝3,y＝4,则 max＝4。

如果 x＝3,y＝1,则 max＝3。

条件运算符的优先级高于赋值运算符,低于逻辑运算符,也低于关系运算符和算术运算符。例如:

```
max = x > y?x:y + 1
```

等价于

```
max = (x > y)?x:(y + 1)
```

条件运算符的结合性为自右向左。例如:

```
x > y?x:u > v?u:v
```

等价于

```
x > y?x:(u > v?u:v)
```

【例 3.26】 输入三个整数,输出其中最大的一个。

```
#1.    # include < stdio.h >
#2.    # include < string.h >
```

```
#3.    void main( )
#4.    {
#5.        int x,y,z,t;
#6.        scanf("%d%d%d",&x,&y,&z);
#7.        t=x>y?x:y;
#8.        t=t>z?t:z;
#9.        printf("%d\n",t);
#10.   }
```

3.7　赋值运算

3.7.1　赋值运算符和赋值表达式

赋值运算符用"="表示。它的作用是将一个数据赋给一个变量,由赋值运算符将一个变量和一个表达式连接起来的式子称为赋值表达式。赋值表达式的值就是被赋值后的变量的值,它的一般形式为:

变量　=　表达式

赋值运算符的优先级仅高于逗号运算符,赋值表达式的求解过程为:先计算赋值运算符右边的表达式的值,再将计算的值赋给运算符左边的变量。

赋值运算符具有计算和赋值的双重功能。例如,"a=3*10"的求解过程为:先计算表达式3*10的值30,再将30赋给变量a。

一个表达式应该有一个值,赋值表达式的值为赋值运算符左边变量的值。赋值表达式"a=3*10"的值为a的值30。

一个赋值表达式的值可以再赋给某个变量。例如,赋值表达式x=a=3*10。

赋值运算符的结合性(求值的顺序)是从右到左,所以表达式x=a=3*10相当于x=(a=3*10)。

表达式的计算过程为,先将3*10的结果30赋给a,赋值表达式(a=3*10)的值为30,再将30赋给变量x。

注意:

(1) 注意区分"=="运算符和"="运算符,两者功能完全不同,如果写错,编译程序不能发现,例如下面的程序用户把x==5写成了x=5:

```
int x=4;
printf("%d",x=5?10:20);
```

(2) 赋值表达式x=x*10的含义是把x中的值取出来乘以10后再保存到x中。

(3) 当赋值运算符两边的类型不一致时,按照运算符左侧的变量类型自动进行类型转换。

3.7.2　复合赋值运算

在赋值运算符之前加上其他运算符可以构成复合赋值运算符,复合赋值运算符是赋值运算和算术运算符、位运算的一种结合,可以简化程序的书写、提高编译效率。在C语言中共有 10 种复合赋值运算符。复合赋值运算符的优先级与赋值运算符的优先级相同,运算方向自右向左。复合赋值运算表达式的值就是被赋值后的变量的值,它的一般形式如下:

+=	a+＝b	等价于 a＝a+b
－＝	a－＝b	等价于 a＝a－b
*＝	a*＝b	等价于 a＝a*b
/＝	a/＝b	等价于 a＝a/b
%＝	a%＝b	等价于 a＝a%b
<<＝	a<<＝b	等价于 a＝a<<b
>>＝	a>>＝b	等价于 a＝a>>b
&＝	a&＝b	等价于 a＝a&b
^＝	a^＝b	等价于 a＝a^b
|＝	a|＝b	等价于 a＝a|b

a 代表变量,b 代表表达式。

在将复合赋值运算表达式转换为普通赋值表达式时,注意将运算符右侧的表达式用括号括起来,它们确保表达式在执行加法运算前已被完整求值,即使它内部含有优先级低于加法的运算符。

例如,"a+＝b－3"等价于"a＝a+(b－3)",而不是"a＝a+b－3"。

同样,"x*＝y－3"等价于"x＝x*(y－3)",而不是"x＝x*y－3"。

【例 3.27】 复合表达式运算。

```
#1.    # include < stdio.h >
#2.    # include < string.h >
#3.    void main( )
#4.    {
#5.        int x = 4, y = 2;
#6.        y *＝ x +＝ 5;
#7.        printf(" % d,",x);
#8.        printf(" % d\n",y);
#9.    }
```

程序运行输出:

9,18

说明:#6行,因为复合赋值表达式是右结合,先计算 x+＝5,再计算 y*＝x。

3.8 习题

1. 已知有定义"char ch;",则下面赋值正确的有哪些?

ch = 'X', ch = '55', ch = "M" , ch = "55", ch = 55

2. 求下列表达式的值:

(1) 已知 x＝3,y＝2,求表达式 x*＝y+8 的值。

(2) 设 int a＝7;float x＝2.1,y＝4.4;求表达式 x+a%3*(int)(x+y)%2/4 的值。

（3）设 int a＝2,b＝3；float x＝4.1,y＝2.4；求表达式(float)(a＋b)/2＋(int)x％(int)y 的值。

（4）设 a 和 b 均为 double 型变量,且 a＝5.5,b＝2.5,求表达式(int)a＋b/b 的值。

（5）设 int 型变量 m,n,a,b,c,d 均为 0,执行表达式(m＝a＝＝b)‖(n＝c＝＝d)后,求 m 和 n 的值。

（6）已有定义：int x＝3,y＝4,z＝5；,求表达式!(x＋y)＋z－1＆＆y＋z/2 的值。

（7）设 x＝2.5,a＝7,y＝4.7；求表达式 x＋a％3*(int)(x＋y)％2/4 的值。

（8）设 a＝2,b＝3,x＝3.5,y＝2.5；求表达式(float)(a＋b)/2＋(int)x％(int)y 的值。

3. 求 x 的值：

（1）已知有声明"int x＝10",则 x＋＝x 后 x 的值。

（2）已知有声明"int x＝10",则 x*＝x＋3 后 x 的值。

（3）已知有声明"int x＝10",则 x＋＝x－＝x*＝x 后 x 的值。

（4）已知有声明"int x＝1,y＝2",则执行表达式"(x＞y)＆＆(－－x＞0)"后 x 的值。

（5）设 x,y,z,k 都是 int 型变量,则执行表达式 x＝(y＝4,z＝16,k＝32)后 x 的值。

4. 根据要求写对应 C 语言表达式：

（1）设 x 为整数：0≤x＜5,写对应的 C 语言表达式。

（2）若有代数式：$x^2 \div (3x－5y)$,写对应的 C 语言表达式。

5. 请计算出下列语句中各个赋值运算符左边的变量的值。注意,并不是按顺序执行这些语句的,假定在每条语句前都已安排下列语句：

```
int I,j,k;
float x,y,z;
i = 3;
j = 5;
x = 4.3;
y = 58.209;
```

（1）k = j * i;

（2）k = j/i;

（3）z = x/i;

（4）k = x/i;

（5）z = y/x;

（6）k = y/x;

（7）i = 3 + 2 * j;

（8）k = j % i;

（9）k = j % i * 4;

（10）i += j;

（11）j - = x;

（12）i % = j;

6. 设 x 的值是 21,y 的值是 4,z 的值是 8,c 的值是'A',d 的值是'H',请写出下列表达式的值：

（1）x + y > = z

（2）y == x - 2 * z - 1

（3）6 * x! = x

（4）c > d

（5）x = y == 4

（6）(x = y) == 4

（7）(x = 1) == 1

（8）2 * c > d

7. 设 x 的值是 11,y 的值是 6,z 的值是 1,c 的值是'k',d 的值是'y',请写出下列表达式的值：

（1）x > 9 && y! = 3

（2）x == 5 ‖ y! = 3

（3）!(x > 14)

（4）!(x > 9 && y! = 23)

（5）x < = 1 && y == 6 ‖ z < 4

（6）c > = 'a' && c < = 'z'

（7）c > = 'A' && c < = 'A'

（8）c! = d && c! = '\n'

（9）5&&y! = 8 ‖ 0

（10）x > = y > = z

8. 给出下面程序的运行结果。

（1）

```
# include < stdio.h >
void main()
{
 int x = 0x100100;
 char * p = (char * )&x;
 * p = 'A';
 p = p + 2;
 * p = 50;
 printf(" % x\n",x);
}
```

（2）

```
 # include < stdio.h >
void main()
{
 char * p = "abcefghijklmnopqrstuvwxyz";
 int * x = (int * )p;
 x++ ;
 printf(" % c\n", * (p + 2));
 printf(" % s\n",p + 2);
 printf(" % x\n", * (x + 2));
}
```

第 **4** 章

程序控制结构

C 语言是结构化的程序设计语言,结构化使程序结构清晰,提高了程序的可靠性、可读性与可维护性。程序的控制结构有三种,分别为顺序结构、分支结构和循环结构,这三种结构可以组合成各种复杂结构。

4.1 程序语句

每种程序结构都是由程序语句组成的,程序的各种功能也是由执行程序语句来实现的,C 语言的语句根据其在程序中所起的作用可分为说明语句和可执行语句两大类。

说明语句不执行任何功能性的动作,仅用于对程序中所使用的数据类型、数据进行声明或定义。例如:

```
float a,b;
int m,n;
```

上面的两条语句定义了两种数据类型的四个变量。

可执行语句是用于完成程序功能的语句。根据可执行语句的表现形式及功能的不同,C 语言的可执行语句可划分为表达式语句、空语句、复合语句、函数调用语句和流程控制语句五大类。

1. 表达式语句

表达式语句的一般形式为:

表达式;

即在任何一个表达式的后面添加一个分号就构成表达式语句。

最常见的表达式语句是由赋值表达式构成的赋值表达式语句。例如,"z＝x＋y"是表达式,"z＝x＋y;"是语句。

请注意,一般来说,语句执行能使某些变量的值被改变或能产生某种效果的表达式才能成为有意义的表达式语句,而有些表达式构成语句后没有什么实际意义。例如,有 a 和 b 两个变量,执行语句"a＞b;"对 a 和 b 两个变量进行比较,但比较结果没有保存,所以这个语句对程序的执行不会产生任何影响。

2. 空语句

空语句的一般形式为:

只有一个分号的语句是空语句。

空语句的存在只是出于语法上的需要,在某些必需的场合占据一个语句的位置。

3. 复合语句

程序中用大括号括起来的若干语句称为复合语句。复合语句的一般形式为:

```
{
    语句 1;
    语句 2;
    …
}
```

复合语句在语法上相当于一个语句。当单一语句位置上的功能必须用多个语句才能实现时就需要使用复合语句。

复合语句的几个特点:

(1) 复合语句可以嵌套。

(2) 在复合语句内部,语句的执行按书写的顺序依次执行。

4. 函数调用语句

函数调用语句是在一个函数调用后面跟一个分号,函数调用语句的一般形式为:

函数(函数参数);

函数调用语句其实也是一种表达式语句。在一个函数的后面添加一个分号就构成了一个函数调用语句。如:

```
printf("input (a,f,b):");
scanf("% d, % f, % d",&a,&f,&b);
c = getchar();
putchar(ch);
```

5. 流程控制语句

流程控制语句主要是对程序的走向起控制作用。一般说来,程序的执行不可能都是顺序的,往往会因为程序中的某些可变因素而需要改走向,遇到这种情况,就需要使用流程控制语句了。流程控制语句的一般形式为:

流程控制命令 控制参数或结构;

C 语言提供了九种流程控制语句,可分别用在不同要求的编程处理中。它们是:条件分支语句、开关分支语句、for 循环语句、while 循环语句、do while 循环语句、break 语句、continue 语句、goto 语句、return 语句。

4.2 顺序结构

顺序结构是最简单的一种程序结构形式,它总是由一组顺序执行的语句构成。只要满足顺序执行的特点,这些语句既可以是各种表达式语句,也可以是输入、输出等函数调用语句,也可以是空语句。

【例 4.1】 编写程序,实现从键盘上输入学生的三门课成绩,计算并输出其总成绩和平均成绩。

```
# 1.    # include < stdio. h >
# 2.    void main()
# 3.    {
# 4.    float a,b,c,sum,ave;
# 5.    /* 输入部分 */
# 6.    printf("Enter three integer: ");
# 7.    scanf("% f, % f, % f,", &a, &b, &c);
# 8.    /* 计算与输出部分 */
# 9.    sum = a + b + c;
# 10.   ave = sum/3;
# 11.   printf("sum = % 6.2f\nave = % 6.2f\n",sum,ave);
# 12.   }
```

程序运行时,屏幕上显示:

Enter three integer:

用户输入 85,67,96,按下 Enter 键后,程序输出如下结果:

sum = 248.00
ave = 82.67

【例 4.2】 输入一个字符,求它的前驱字符和后继字符。并按 ASCII 码值从小到大顺序输出这三个字符及其对应的 ASCII 码。一个字符的前驱字符是比该字符 ASCII 码值小 1 的字符。一个字符的后继字符是比该字符 ASCII 码值大 1 的字符。

```
# 1.    # include < stdio. h >
# 2.    void main()
# 3.    {
# 4.    char ch, prech, nextch;
# 5.    /* 输入部分 */
# 6.    printf("Enter a char: ");
# 7.    ch = getchar();
# 8.    /* 计算与输出部分 */
# 9.    prech =  ch - 1;
# 10.   nextch =  ch + 1;
# 11.   printf("% c   % c   % c\n",ch,prech,nextch);
# 12.   printf("% d   % d   % d\n",ch,prech,nextch);
# 13.   }
```

程序运行时,屏幕上显示:

Enter a char:

用户输入一个字符,例如 b,然后按 Enter 键,程序输出如下结果:

b a c
98 97 99

4.3　选择结构

　　能自动根据不同情况选择执行不同的程序功能是对计算机程序的一个基本要求。这样的控制要求用选择结构实现。条件运算符是一种简单的选择结构,复杂的选择结构要通过选择结构控制语句来实现。

　　在 C 语言中,表达选择某路分支执行的典型控制结构是由流程控制语句 if 语句和 switch 语句实现的。

4.3.1　if 语句

　　if 语句有两种形式。

1. 形式 1

if（表达式）
语句

　　if 后面括号中的表达式虽然可以是各种表达式,但以关系表达式或逻辑表达式为主。上述形式的 if 语句的执行过程为:首先计算 if 语句后面的条件表达式,如果其值为非 0 则执行 if 后面的那条语句;否则跳过该语句执行 if 语句的下一条语句。

　　这种 if 语句的执行流程如图 4-1 所示。

　　注意:

　　（1）if 后面的括号是语句的一部分,而不是表达式的一部分,因此它是必须出现的,即使是那些极为简单的表达式也是如此。

　　（2）if 后面跟的一条语句和 if 合在一起构成一条 if 控制语句,如果 if 需要控制多条语句,可以把这多条语句放在一对大括号之内构成一个条复合语句,就可以跟它前面的 if 构成一条复合语句。

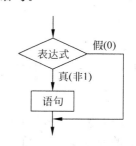

图 4-1　简单 if 语句的流程图

　　【例 4.3】　编写程序,从键盘输入整数,判定它是否为大于 100 的数。

```
#1.    # include < stdio.h>
#2.    void main()
#3.    {
#4.      int a;
#5.      / * 输入部分 * /
#6.      printf("The program gets a number, ");
#7.      printf("and shows if it is larger than 100.\n");
#8.      printf("The number: ");
#9.      scanf(" % d", &a);
#10.     / * 计算与输出部分 * /
#11.     if(a > 100)
#12.       printf("The number % d is larger than 100.\n", a);
#13.   }
```

　　当用户输入了整数 125 时,程序的运行结果为:

The program gets a number, and shows if it is larger than 100.
The number:125 ✓
The number 125 is larger than 100.

当用户输入了整数 25 时,程序的运行结果为:

The program gets a number, and shows if it is larger than 100.
The number: 25 ✓

当程序运行时,如果输入小于 100 的数 25,则程序中的 if 语句中的条件表达式为假,则不执行 if 分支后的语句。程序执行 if 控制结构的下一条语句,但下一条语句已经没有了,从而结束程序的运行。

【例 4.4】 输出 3 个整数中的最大数。

```
#1.    # include < stdio. h >
#2.    int main()
#3.    {
#4.    int a,b,c,max;
#5.    printf("输入 3 个整数: \n");
#6.    scanf(" % d, % d, % d",&a,&b,&c);
#7.    max = a;
#8.    if(max < b) max = b;
#9.    if(max < c) max = c;
#10.   printf("max = % d\n",max);
#11.   }
```

程序运行时,当用户输入了 1,20,3,程序的运行结果为:

max = 20

程序的执行过程为:程序首先将 3 个整数 1,20,3 分别输入给变量 a,b,c,所以 a 的值为 1,b 的值为 20,c 的值为 3。然后将 a 的值 1 赋给变量 max。接下来执行 if(max<b) max=b;语句,由于当前 max 的值为 1,表达式 max<b 成立,所以执行 if 后的语句 max=b;将 b 的值 20 赋给 max。接下来执行 if(max<c) max=c;语句,由于当前 max 的值为 20,表达式 max<c 不成立,所以不执行 if 后的语句 max=c;执行 if 的下一条语句,输出 max=20。

由此可知,如果 if 语句的条件表达式为假,即 if 分支条件不满足,则不执行该分支,程序流程直接进入 if 控制结构之后的下一条语句。

if 分支的内容可以是单条语句,也可以是由花括号{}括起来的多条语句,即一条复合语句。if 分支的内容为复合语句的书写格式为:

if (条件表达式)
   {
   语句序列
   }

【例 4.5】 输入两个整数,从小到大排序输出。

```
#1.    # include < stdio. h >
```

```
#2.    void main()
#3.    {
#4.        int a,b,t;
#5.        /* 输入部分 */
#6.        printf("Enter two integer: ");
#7.        scanf("%d,%d,", &a, &b);
#8.        /* 计算与输出部分 */
#9.        if(a > b)
#10.       {
#11.           t = a;
#12.           a = b;
#13.           b = t;
#14.       }
#15.       printf("%d,%d\n",a,b);
#16.   }
```

说明：#9行判断a是否比b大，若是则在#11到#13行对a和b的值进行交换。

2. 形式2

```
if (表达式)
        语句1
else
        语句2
```

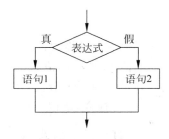

图4-2 if else语句的流程图

上述形式的if语句的执行过程为：首先计算if语句后面的表达式，如果其值非0则执行语句1；否则执行语句2。语句1和语句2也可以是复合语句。

这种if else语句的执行流程如图4-2所示。

【**例4.6**】 使用if else语句改写例4.5，输入两个整数，从小到大排序输出。

```
#1.    #include <stdio.h>
#2.    void main()
#3.    {
#4.        int a,b;
#5.        /* 输入部分 */
#6.        printf("Enter two integer: ");
#7.        scanf("%d,%d,", &a, &b);
#8.        /* 计算与输出部分 */
#9.        if(a > b)
#10.           printf("%d,%d\n",b,a);
#11.       else
#12.           printf("%d,%d\n",a,b);
#13.   }
```

【**例4.7**】 使用if else语句改写例4.4，求3个整数的最大值。

```
#1.    #include <stdio.h>
#2.    void main()
#3.    {
#4.    int a,b,c,max;
```

```
#5.    printf("输入 3 个整数: \n");
#6.    scanf("%d,%d,%d",&a,&b,&c);
#7.    if (a>b)
#8.      max = a;
#9.    else
#10.     max = b;
#11.   if(max>c)
#12.     printf("max=%d",max);
#13.   else
#14.     printf("max=%d",c);
#15.  }
```

程序运行时,当用户输入:

```
1,20,3
```

则程序的运行结果为:

```
max = 20
```

程序的执行过程为:程序首先将 3 个整数 1,20,3 分别输入给变量 a,b,c,所以 a 的值为 1,b 的值为 20,c 的值为 3。接下来执行第一条 if else 语句,由于表达式 a>b 不成立,所以执行 if else 的 else 分支,将 b 的值 20 赋给 max。接下来执行第二条 if else 语句,由于表达式 max>c 成立,所以执行 if 后的语句,输出 max=20。

4.3.2　if 语句的嵌套

if 语句中包含的语句也可以是 if 语句,在 if 语句中又包含一个或多个 if 语句称为 if 语句的嵌套,例如嵌套的 if 语句一般形式如下:

```
if ()
    if ()
      语句 1
    else
      语句 2
else
    if ()
      语句 3
    else
      语句 4
```

上例中的语句 1、语句 2、语句 3、语句 4 还可以是 if 语句,需要注意的是 else 总是与它上面的最近的、没有被大括号分隔的、未配对的 if 配对。

如果嵌套结构比较多,为了避免配对出错,最好使用花括号来确定配对关系。例如:

```
if ()
{
    if ()
        语句 1
}
```

else

     语句 2

"{}"限定内嵌 if 语句的范围,因此 else 与第一个 if 配对。

【**例 4.8**】 使用嵌套的 if 语句改写例 4.4,求 3 个整数的最大值。

```
# 1.    # include < stdio. h>
# 2.    void main()
# 3.    {
# 4.        int a,b,c;
# 5.        printf("Enter three integer: ");
# 6.        scanf(" % d, % d, % d", &a, &b,&c);
# 7.        if(a > = b && a > = c)
# 8.            printf(" % d\n",a);
# 9.        else
# 10.        {
# 11.            if(b > c)
# 12.                printf(" % d\n",b);
# 13.            else
# 14.                printf(" % d\n",c);
# 15.        }
# 16.   }
```

【**例 4.9**】 输入 3 个整数,从小到大排序输出。

```
# 1.    # include < stdio. h>
# 2.    void main()
# 3.    {
# 4.        int a,b,c;
# 5.        printf("Enter three integer: ");
# 6.        scanf(" % d, % d, % d", &a, &b,&c);
# 7.        if(a < = b && a < = c)
# 8.        {                    /* a 最小,只要比较 b、c 即可 */
# 9.            if(b < c)         /* b 比 c 小 */
# 10.               printf(" % d % d % d",a,b,c);
# 11.            else             /* b 不比 c 小,那就是 c 大于等于 b */
# 12.               printf(" % d % d % d",a,c,b);
# 13.        }
# 14.        else                 /* a 不是最小 */
# 15.        {                    /* a 不是最小 */
# 16.            if(b < c)         /* b 比 c 小,说明 b 最小,要比较 a 和 c */
# 17.               if(a < c)
# 18.                   printf(" % d % d % d",b,a,c);
# 19.               else
# 20.                   printf(" % d % d % d",b,c,a);
# 21.            else             /* b 不是最小,那 c 就是最小,要比较 a 和 b */
# 22.               if(b < a)      /* a 最大 */
# 23.                   printf(" % d, % d, % d",c,b,a);
# 24.               else
# 25.                   printf(" % d, % d, % d",c,a,b);
# 26.        }
# 27.   }
```

【例 4.10】 求一元二次方程的根。

解题步骤：

(1) 定义 float 变量：a,b,c,表示一元二次方程系数,d 表示判别式,a2＝2＊a,x1,x2 表示计算方程根的中间变量。

(2) 输入变量 a,b,c。

(3) 用嵌套的 if 语句进行判断：若 a＝0,解一元一次方程；否则,解一元二次方程；若 d＞0,输出实根,否则输出复根。

程序代码如下：

```
#1.   #include <stdio.h>
#2.   #include <math.h>
#3.   int main()
#4.   {
#5.   double a,b,c,d,a2,x1,x2;
#6.   printf("input a,b,c\n");
#7.   scanf(" %lf,%lf,%lf",&a,&b,&c);
#8.   if (a==0)
#9.   {
#10.  x1 = -c/b   /*解一元一次方程*/
#11.  printf("root = %.2f\n",x1); /*输出一次方程根*/
#12.  }
#13.  else
#14.  {
#15.  d = b*b-4*a*c;
#16.  a2 = 2*a;
#17.  x1 = -b/a2;
#18.  if(d>=0)
#19.          {
#20.              x2 = sqrt(d)/a2;
#21.              printf("real root:\n");   /*输出实根*/
#22.              printf("root1 = %.2f, root2 = %.2f\n",x1+x2,x1-x2);
#23.          }
#24.  else
#25.          {
#26.              x2 = sqrt(-d)/a2;
#27.              printf("complex root:\n");   /*输出复根*/
#28.              printf("root1 = %.2f + %.2fi\n",x1,x2);
#29.              printf("root2 = %.2f - %.2fi\n",x1,x2);
#30.          }
#31.      }
#32. }
```

运行结果 1：

```
input a,b,c
0,2,4↙
root =   -2.00
```

运行结果 2：

```
input a,b,c
1, - 5,6↙
real root:
root1 =    3.00
root2 =    2.00
```

运行结果 3:

```
input a,b,c
5, - 2,1↙
complex root:
root1 = 0.20 + 0.40i
root2 = 0.20 - 0.40i
```

有一种比较常见的选择结构如图 4-3 所示。

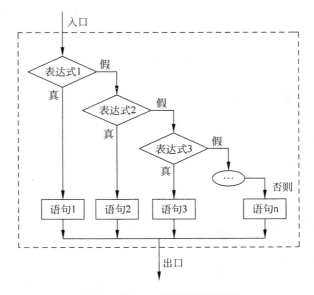

图 4-3   if else if 语句的流程图

该结果比较适于用下面形式的 if 语句嵌套来处理:

```
if(表达式 1)
{
语句序列 1
}
else
  if (表达式 2)
  {
     语句序列 2
.  }
    .
     .
     else
     {
       语句序列 n
     }
```

上述形式的 if 语句的执行过程为：首先计算表达式 1 的值，如果其值为非 0，则执行语句序列 1；否则计算表达式 2 的值，如果其值为非 0，执行语句序列 2；……；否则执行语句序列 n。当最后的 else 没有任何语句需要执行时，该分支可以省略。

当语句序列 1 或语句序列 2 为单条语句时，可以省略花括号{}，单条语句后面的分号必须有，不能省略。

【例 4.11】 某大型超市为了促销，采用购物打折优惠方法：每位顾客一次购物：

① 在 500 元以上者，按九五折优惠。

② 在 1000 元以上者，按九折优惠。

③ 在 1500 元以上者，按八五折优惠。

④ 在 2000 元以上者，按八折优惠。

编写程序，计算所购商品优惠后的价格。

解题步骤：

(1) 定义浮点型变量：d 表示折扣，m 表示购物金额，amount 表示优惠后的价格。

(2) 输入购物金额 m。

(3) 计算折扣 d。

(4) 计算优惠后的价格 amount＝m * d。

(5) 输出 amount。

程序代码如下：

```
#1.    # include <stdio.h>
#2.    void main()
#3.    {
#4.        float m,d,amount;
#5.        printf("请输入所购商品总金额：");
#6.        scanf("%f",&m);
#7.        if (m<500)
#8.            d=1;
#9.        else
#10.           if (m<1000)
#11.               d=0.95;
#12.           else
#13.               if (m<1500)
#14.                   d=0.90;
#15.               else
#16.                   if (m<2000)
#17.                       d=0.85;
#18.                   else
#19.                       d=0.80;
#20.       amount=m*d;
#21.       printf("优惠价为：%6.2f\n",amount);
#22.   }
```

程序的运行结果：

请输入所购商品总金额：1600✓
优惠价为：1360.00

【**例 4.12**】 已知 2010 年 6 月某银行人民币整存整取存款不同期限的年存款利率分别如表 4-1 所示。

表 4-1 不同期限存款利率表

期限	存款利率	期限	存款利率
一年	2.25%	三年	3.33%
两年	2.79%	五年	3.6%

要求输入存钱的本金和期限,求到期时能从银行得到的本金和利息的合计。如果输入的期限不在上述期限表中,则存款利息为 0。

解题步骤:

(1) 定义整型变量:year。

(2) 定义浮点型变量:money 表示本金,rate 表示年利率,total 表示本金和利息的合计。

(3) 输入本金和存款年限。

(4) 计算年利率 rate。

(5) 计算 total = money + money * rate * year。

(6) 输出本金和利息的合计 total。

程序代码如下:

```
# 1.    # include < stdio.h>
# 2.    void main()
# 3.    {
# 4.        int year;
# 5.        float money,rate,total;
# 6.        printf("please input money and year: ");
# 7.        scanf("%f,%d",&money,&year);
# 8.        if (year == 1)
# 9.            rate = 0.0225;
# 10.       else
# 11.           if (year == 2)
# 12.               rate = 0.0279;
# 13.           else
# 14.               if (year == 3)
# 15.                   rate = 0.0333;
# 16.               else
# 17.                   if (year == 5)
# 18.                       rate = 0.036;
# 19.                   else
# 20.                       rate = 0;
# 21.       total = money + money * rate * year;
# 22.       printf("total = %6.2f\n",total);
# 23. }
```

程序的运行结果:

```
please input money and year: 50000,3 ↙
total = 54995.00
```

4.3.3　switch 语句

C语言中,可以使用 if 语句进行分支处理,但是如果分支较多,则嵌套的层数多,程序冗长而且可读性降低。C语言提供 switch 语句直接处理多分支选择,它的一般格式如下:

```
switch (表达式)
{
case 常数表达式 1:
    语句序列 1
case 常数表达式 2:
    语句序列 2
…
case 常数表达式 n:
    语句序列 n
default:
    默认语句序列
}
```

switch 语句的执行过程为:首先计算 switch 后面表达式的的值,然后将该值依次与复合语句中 case 子句常量表达式的值进行比较;若与某个值相同,则从该子句中的语句序列开始往下执行;若没有相同的值,则转向 default 子句,执行默认语句序列。

关于 switch 语句的几点说明:

(1) switch 表达式的值须为整数类型、枚举类型或字符类型。

(2) case 后的表达式必须为常数表达式,即或者为整型、字符型、枚举型常量,或者为可以在编译期间计算出此类值的表达式。并且各个 case 后的常数表达式值必须互不相同。否则就会出现相互矛盾的现象。

(3) 子句标识后的冒号是必需的。

(4) 执行完一个 case 后面的语句后,流程控制转移到下一个 case 继续执行。"case 常量表达式"只是起语句标号作用,并不是在该处进行条件判断。在执行 switch 语句时,根据 switch 后面表达式的值找到匹配的入口标号,就从此标号开始执行下去,不再进行判断。

(5) 在 switch 语句中,default 子句是可选的。如没有 default 子句,且没有一个 case 的值被匹配,switch 语句将不执行任何操作。例如,要求按照考试成绩的等级输出百分制分数段,可以使用 switch 语句实现:

```
switch(grade)
{
case 'A':
  printf("85~100\n");
case 'B':
  prinf("70~84\n");
case 'C':
  printf("60~69\n");
case 'D':
  printf("<60\n");
default
  :printf("error\n");
}
```

若 grade 的值等于'A',则将连续输出:

```
85～100
70～84
60～69
<60
error
```

因此,应该在执行一个 case 分支后,使流程跳出 switch 结构,即终止 switch 语句的执行。可以使用一个 break 语句来达到此目的。将上面的 switch 语句改写如下:

```
switch(grade)
{
case 'A':
  printf("85～100\n");
  break;
case B':
  prinf("70～84\n");
  break;
case 'C':
  printf("60～69\n");
  break;
case 'D':
  printf("<60\n");
  break;
default:
  printf("error\n");
  break;
}
```

若 grade 的值等于'A',则将输出:85～100。

若 grade 的值等于'B',则将输出:70～84。

多个 case 可以共用一组执行语句,例如:

```
    ⋮
case 'A':
case 'B':
case 'C':
  printf(">60\n");
    ⋮
```

grade 的值为'A'、'B'或'C'时都执行同一组语句。

【例 4.13】　编写程序,输入一个百分制的成绩,要求根据不同分数输出成绩等级 A、B、C、D、E。90 分以上为 A,80～89 分为 B,70～79 分为 C,60～69 分为 D,60 分以下为 E。

程序代码如下:

```
#1.    # include <stdio.h>
#2.    void main()
#3.    {
```

```
#4.        float mark;
#5.        char grade;
#6.        printf("Please input a mark = ");
#7.        scanf(" % f",&mark);
#8.        switch ((int)(mark/10))
#9.        {case 10:
#10.        case   9:grade = 'A';break;
#11.        case   8:grade = 'B';break;
#12.        case   7:grade = 'C';break;
#13.        case   6:grade = 'D';break;
#14.        case   5:
#15.        case   4:
#16.        case   3:
#17.        case   2:
#18.        case   1:
#19.        case   0:grade = 'E';
#20.        }
#21.        printf("Mark = % 5.1f,Grade = % c\n",mark,grade);
#22. }
```

程序运行结果 1：

```
Please input a mark = 85 ↙
    Mark =    85.0, Grade = B
```

程序运行结果 2：

```
Please input a mark = 65 ↙
    Mark =    65.0, Grade = D
```

程序运行结果 2：

```
Please input a mark = 32 ↙
    Mark =    32.0, Grade = E
```

【例 4.14】 简单计算器。请编写一个程序计算表达式：data1 op data2 的值,其中 op 为运算符＋、－、＊、/。程序不考虑除数为 0 的出错处理,假设输入的除数不等于 0。

解题步骤：

(1) 定义 float 型变量：data1 表示操作数 1,data2 表示操作数 2,result 表示表达式值。

(2) 定义 char 型变量:op 表示运算符。

(3) 输入变量 data1、data2、op 的值。

(4) 根据运算符 op 的值计算表达式值 result。

(5) 输出 result。

程序代码如下：

```
#1.   # include < stdio. h>
#2.   void main()
#3.   {
```

```
#4.    float data1, data2,result;
#5.    char op;
#6.    scanf(" % f, % f, % c",& data1,& data2,& op);
#7.    switch(op)
#8.    {
#9.    case ' + ':
#10.       result = data1 + data2;
#11.       break;
#12.   case ' - ':
#13.       result = data1 - data2;
#14.       break;
#15.   case ' * ':
#16.       result = data1 * data2;
#17.       break;
#18.   case '/':
#19.       result = data1/ data2;
#20.       break;
#21.       }
#22.   printf("result = % 6.2f\n",result);
#23.   }
```

程序运行结果 1：

60,15, + ↙
result =   75.00

程序运行结果 2：

60,15, - ↙
result =   45.00

程序运行结果 3：

60,15,/↙
result =   4.00

4.4　循环结构

现代的计算机每秒可以完成亿万次的运算和操作,用户不可能为此写亿万条指令去让计算机运行,解决的方法是将一个复杂的功能变成若干个简单功能的重复,然后让计算机重复地执行这些简单的功能来完成这个复杂功能,通过在这个重复执行的过程中得到用户想要的结果。

循环结构是实现让计算机重复执行一件工作的基本方法,循环结构也是程序的基本算法结构。所谓循环,就是重复地执行某些操作。例如,小王 2011 年每个月赚 3000 元,他的收入每年增长 10%,房价每年增长 5%,他想买上 2011 年价值 50 万的房子需要到哪一年?如果他想在 2020 年前买房,他的年收入增长最少要达到多少? 这样的问题用计算机的循环结构去求解是最方便了。在 C 语言中,可以实现循环结构的语句有 4 种:

(1) while 语句。

（2）do while 语句。

（3）for 语句。

（4）goto 语句。

对于任何一种重复结构的程序段，均可以使用前三种循环语句中的任何一个来实现。但对于不同的重复结构，使用不同的循环结构，不仅可以优化程序的结构，还可以精简程序。

（1）在循环开始之前，已知循环次数，适宜用 for 循环。

（2）在循环开始之前，未知循环次数，适宜用 while 循环。

（3）在循环开始之前，未知循环次数，但至少循环一次，适宜使用 do while 循环。

结构化程序设计方法主张限制使用 goto 语句，因为滥用 goto 语句将使程序流程无规律性、可读性差。

4.4.1　while 循环

while 语句用来实现"当型"循环。while 语句的格式如下：

while（表达式）
循环体

此处的循环体可以是单条语句，也可以是使用"{}"把一些语句括起来的复合语句。

while 的执行过程为：先判断表达式，若其值为"真"（非 0），则执行循环体中的语句，否则跳过循环体，执行循环体后面的语句。在进入循环体后，每执行完一次循环体语句后再判断表达式，当发现其值为"假"（0）时，立即退出循环。

这种 while 语句的执行流程如图 4-4 所示。

注意：while 语句和 if 语句的唯一区别就是 if 在执行完表达式后面的语句，if 语句即执行结束，继续执行 if 后面的其他程序语句，而 while 在执行完表达式后面的语句，再一次重新执行 while 语句，如图 4-4 所示。

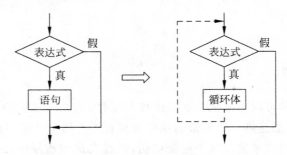

图 4-4　if 语句和 while 语句执行流程图

【例 4.15】　编写程序求 sum＝1＋2＋3＋…＋100 的值。

解题步骤：

（1）定义整型变量 i，用于存放 1～100，定义变量 sum 存放 1～100 的累加。

（2）初始化变量，i＝1，sum＝0。

（3）判断 i≤100 的值是否为真，若为真，将 i 累加到 sum，然后 i 加 1。

（4）重复（3）直到 i<＝100 为假,退出循环。

（5）输出累加 sum。

程序代码如下：

```
#1.     # include <stdio.h>
#2.     void main()
#3.     {
#4.         int i = 1,sum = 0;
#5.         while(i <= 100)
#6.         {
#7.             sum = sum + i;
#8.             i ++ ;
#9.         }
#10.         printf("sum = % d",sum);
#11.    }
```

注意：

（1）如果 while 后的表达式的值一开始就为 0,循环体一次也不执行。

（2）通常情况下,一定要有循环结束条件,这个条件就是 while 后的表达式的值要随着循环的执行而变化,要有变化到 0 的时候,否则循环永远不会结束,就是所谓的死循环。

【例 4.16】　编写程序求 $1 * 2 * 3 * \cdots? <= 100000$。

解题步骤：

（1）定义整型变量 i,用于存放乘数,定义变量 r 存放乘积。

（2）初始化变量,i＝1,r＝1。

（3）判断 r<100000 的值是否为真,若为真,将 i 加 1 然后乘 i 到 r。

（4）重复（3）直到 i<100000 为假,退出循环。

（5）输出最后的乘数 i。

程序代码如下：

```
#1.     # include <stdio.h>
#2.     void main()
#3.     {
#4.         int i = 1,r = 1;
#5.         while(r < 1000000)
#6.         {
#7.             i ++ ;
#8.             r = r * i;
#9.         }
#10.        printf(" % d, % d\n",i,r);
#11.    }
```

【例 4.17】　输入一个整数,求它的各位之和。

```
#1.     # include  "stdio.h"
#2.     void main()
#3.     {
#4.         int x;                      /* 保存输入的整数 */
#5.         int s = 0;                  /* 保存输入的整数各位之和 */
```

```
#6.        scanf("%d",&x);        /*读入一个整数*/
#7.        while(x>0)             /*计算各位之和*/
#8.        {
#9.            s += x%10;         /*取得x的当前最低位并累加到和*/
#10.           x = x/10;          /*去掉x的当前最低位*/
#11.       }
#12.       printf("%d\n",s);      /*输出各位之和*/
#13. }
```

程序运行输入 345,运行输出:

12

【例 4.18】 设计采用欧几里得算法求两个自然数的最大公约数的程序。

求最大公约数的欧几里得算法:

(1) 输入 m,n。

(2) 求 m 和 n 的余数 r。

(3) 判断除数 r 是否不等于 0。如果 r 不等于 0,则将除数作为新的被除数,即 m=n,余数作为新的除数,即 n=r。

(4) 重复(2)直到余数 r 为 0,此时的 n 即为两个自然数的最大公约数,退出循环。

(5) 输出最大公约数 n。

程序代码如下:

```
#1.   # include <stdio.h>
#2.   void main()
#3.   {
#4.   int m,n,r;
#5.   printf("输入两个自然数 m,n:\n");
#6.   scanf("%d,%d",&m,&n);
#7.   printf("%d,%d 的最大公约数为: ",m,n);
#8.   r = m % n;
#9.   while (r!= 0)
#10.   {
#11.       m = n;
#12.       n = r;
#13.       r = m % n;
#14.   }
#15.   printf("%d\n",n);
#16. }
```

以下为程序运行结果:

```
输入两个自然数 m,n:
24,36 ↙
24,36 的最大公约数为: 12
```

4.4.2 do while 循环

do while 语句用来实现"直到型"循环,它类似于 while 语句。唯一的区别是控制循环的表达式在循环底部测试是否为真,因此循环总是至少执行一次。do while 语句的格式如下:

```
do
循环体
while(表达式);
```

此处的循环体可以是单条语句,也可以是使用"{}"把一些语句括起来的复合语句。

do while 的执行过程为:先执行一次循环体,然后判别表达式,若其值为"真"(非 0),返回继续执行循环体中的语句,直到表达式值为"假",结束循环,执行 while 后面的语句。

do while 语句的执行流程如图 4-5 所示。

图 4-5 do while 执行流程图

【例 4.19】 用 do while 语句求 $10! = 1 \times 2 \times 3 \times \cdots \times 9 \times 10$。

解题步骤:

(1) 定义整型变量 i,用于存放 1~100,定义长整型变量 fact 存放 1~10 的累乘。

(2) 初始化变量,i=1,fact=1。

(3) 将 i 累乘到 fact,然后 i 加 1。

(4) 判断 i<=10 的值是否为真,若为真,重复(3),直到 i<=10 为假,退出循环。

(5) 输出 10!,即 fact 的值。

程序代码如下:

```
#1.    #include <stdio.h>
#2.    void main()
#3.    {
#4.        int i = 1;
#5.    long fact = 1;
#6.        do
#7.        {
#8.            fact = fact * i;
#9.            i++;
#10.        }
#11.        while(i <= 10);
#12.        printf("10!= %ld",fact);
#13.    }
```

【例 4.20】 买房计划

2011 年张三年收入 5 万元,70% 用于存款购房,房价 50 万元,张三准备贷款购房,首付 30%,张三的年收入每年以 5% 的速度增长,房价也以每年 10% 的速度增长,问到哪一年张三可以攒够首付的钱。

```
#1.    #include <stdio.h>
#2.    void main()
#3.    {
#4.        float sr = 5 * 0.7;      /* 张三的年收入 */
#5.        float sum = 0;          /* 张三攒的钱 */
#6.        float fj = 50 * 0.3;     /* 房价首付款 */
#7.        int i = 0;              /* 经过的年数 */
#8.        do
#9.        {
```

```
#10.        sum += sr;              /*年底张三攒的钱*/
#11.        sr = sr * 1.05;         /*下一年度张三涨的收入*/
#12.        fj = fj * 1.1;          /*年底的房价*/
#13.        i++;                    /*经过的时间*/
#14.     }
#15.     while(sum < fj);
#16.     printf("%d\n",2011 + i);
#17. }
```

程序运行输出：

2019

【例4.21】 用牛顿迭代法求方程 $2x^3 - 4x^2 + 3x - 6 = 0$ 在 1.5 附近的根,要求误差小于 10^{-6}。

解题思路：

用牛顿迭代法求方程 $f(x) = 0$ 的根的近似解：

$$x_{k+1} = x_k - f(x_k)/f'(x_k), \quad k = 0, 1, \cdots$$

当修正量 $d_k = f(x_k)/f'(x_k)$ 的绝对值小于某个很小的数 ε 时,x_{k+1} 就作为方程的近似解。

按以上迭代公式编写程序,只要一个 x 变量和一个 d 变量即可。数学上,重复计算过程产生数列 $\{x_k\}$。对于程序来说,迭代过程是一个循环,不断按计算公式由变量的 x 原来值,计算产生新的 x 值。循环直到变量 x 的修正值满足要求结束。下面的迭代程序初值为 1.5,误差 $\varepsilon = 1.0e - 6$。

```
#1.   # include < stdio. h>
#2.   # include < math. h>
#3.   # define epsilon 1.0e - 6
#4.   void main()
#5.   {
#6.       double x,d;
#7.       x = 1.5;
#8.       do
#9.       {
#10.       d = (((2 * x - 4) * x + 3) * x - 6)/((6 * x - 8) * x + 3);
#11.       x = x - d;
#12.       }
#13.      while (fabs(d)> epsilon);
#14.      printf("方程的根 = %6.2f\n",x);
#15. }
```

程序运行结果为：

方程的根 =　　2.00

4.4.3　for 循环

C 语言的 for 语句使用最为简单,通常用于循环次数已经确定的情况。

for 语句的格式为：

for（表达式 1；表达式 2；表达式 3）
　　循环体

for 的执行过程为：

（1）先计算表达式 1。

（2）计算表达式 2，若其值为"真"（非 0），则执行循环体中的语句，然后执行第（3）步。若其值为"假"（值为 0），则跳过循环体执行循环体后面的语句。

（3）计算表达式 3。

（4）转回第（2）步继续执行。

for 语句的执行流程如图 4-6 所示。

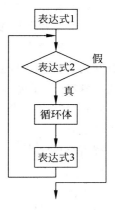

图 4-6　for 语句的执行
　　　　流程图

【例 4.22】　用 for 语句求 sum＝1＋2＋3＋…＋99＋100。

```
#1.   # include < stdio.h>
#2.   void main()
#3.   {
#4.       int i;
#5.       int sum = 0;
#6.       for (i = 1;i < = 100;i ++ )
#7.          sum = sum + i;
#8.       printf("sum = % d",sum);
#9.   }
```

【例 4.23】　编写程序找出所有三位水仙花数。所谓水仙花数是指其各位数字的立方和等于该数本身。例如，$153＝1^3＋5^3＋3^3$，所以 153 是水仙花数。

```
#1.   # include < stdio.h>
#2.   void main()
#3.   {
#4.      int i,a,b,c;
#5.      printf("三位水仙花数为：");
#6.      for (i = 100;i < = 999;i ++ )
#7.      {
#8.      a = i/100;
#9.      b = i/10 - a * 10;
#10.     c = i % 10;
#11.     if (a * 100 + b * 10 + c == a * a * a + b * b * b + c * c * c)
#12.     {
#13.         printf("% d  ",i);
#14.     }
#15.     }
#16.     printf("\n");
#17. }
```

程序运行结果为：

三位水仙花数为：153　370　371　407

对 for 语句的说明如下：

（1）for 后面的括号()不能省略。

（2）表达式1：一般为赋值表达式，给循环变量赋初值。

（3）表达式2：一般为关系表达式或逻辑表达式，是控制循环的条件。

（4）表达式3：一般为赋值表达式，改变循环变量的值。

（5）表达式之间用分号隔开。

（6）循环体如果包含多条语句，应使用复合语句。

（7）表达式1、表达式2、表达式3 都可以省略。如果表达式1省略，表示给 for 语句没有赋初值部分，可能是前面的程序段已经为有关变量赋了初值，或不需要赋初值；如果表达式2省略，表示循环条件永远为真，可能循环体内有控制转移语句（如 break 语句）转出 for 语句；如果表达式3省略，表示没有变量修正部分，对变量的修正已在循环体内一起完成。不管表达式1、表达式2、表达式3 省略情况如何，其中两个分号都不能省略。对于 3 个表达式都省略的情况，for 语句可以写成以下形式：

```
for (;;)
语句
```

（8）表达式1、表达式2、表达式3 都可包含逗号运算符，由多个表达式组成。例如，对于 s＝1＋2＋3＋…＋100 的计算，如下 for 语句的描述都是合理的：

```
for (s = 0,i = 1;i <= 100;s += i,i ++ );
for (s = 0,i = 1; s += i, i <= 100; i ++ );
for (s = 0,i = 0;i < 100;  ++ i,s += i);
```

4.4.4　其他控制语句

1. break 语句

switch 语句中介绍过 break 语句，它可以使流程跳出 switch 语句执行 switch 的下一条语句。break 语句也可以用于从循环体内跳出，即提前结束循环，接着执行循环的下一条语句。break 的格式为：

```
break;
```

break 语句只能用于循环语句和 switch 语句中。

【例4.24】　输入一个正整数 n，判断它是否为素数。素数就是只能被 1 和自身整除的数。

解题思路：

判断 n 是否为素数，可以按素数定义来进行判断，用 n 依次除以 2～n－1 之间的所有数，只要发现有一个数能够被 n 整除，马上可以结束循环，判定 n 不是素数。如果没有一个能够被 n 整除的数，则 n 为素数。

程序代码如下：

```
#1.   #include <stdio.h>
#2.   void main()
#3.   {
#4.       int i,n;
```

```
#5.        printf("请输入一个正整数：");
#6.         scanf("%d",&n);
#7.         for (i=2;i<n;i++)
#8.         {
#9.         if (n%i==0) break;
#10.        }
#11.        if (i==n)
#12.          printf("%d是素数\n",n);
#13.        else
#14.          printf("%d不是素数\n",n);
#15. }
```

2. continue 语句

continue 一般用于在满足一个特定的条件时跳出本次循环。一般来讲，通过重新设计程序中的 if 和 else 语句的用法，可以去除使用 continue 语句的必要。

continue 的格式为：

continue;

【例 4.25】　编写程序把能够被 5 整除的两位正整数输出，一行输出 5 个数。

解题思路：

定义变量 i 用于控制循环，以及表示两位正整数。变量 c 用于统计能够被 5 整除的数的个数。程序依次判断一个两位数 i 是否能被 5 整除，如果 i 不能被 5 整除，则结束本次循环，继续判断下一个数。如果 i 可以被 5 整除，则输出该数，输出数的个数 c 加 1。如果一行输出数的个数满了 5 个，则换行输出。

程序代码如下：

```
#1.    # include <stdio.h>
#2.    void main()
#3.    {
#4.       int i,c;
#5.       printf("能够被5整除的两位整数为：\n");
#6.       for (i=10;i<99;i++)
#7.       {
#8.       if (i%5!=0) continue;
#9.       printf("%d  ",i);
#10.      c++;
#11.      if (c%5==0) printf("\n");
#12.      }
#13.      printf("\n");
#14. }
```

3. goto 语句

goto 语句为无条件转移语句，它的格式为：

goto 语句标签;

要使用 goto 语句，必须在希望跳转的语句前面加上语句标签。语句标签就是标识符后面加上冒号。标识符的命名规则与变量名相同，即可以由字母、数字和下划线组成，其第一个字符必须为字母或下划线。

结构化程序主张限制使用 goto 语句。

【例 4. 26】 用 if 语句和 goto 语句构成循环,求 sum＝1＋2＋3＋…＋99＋100。

```
# 1.    # include < stdio. h>
# 2.    void main()
# 3.    {
# 4.        int i,sum;
# 5.        sum = 0;
# 6.         i = 1;
# 7.        loop:if(i < = 100)
# 8.          {
# 9.         sum = sum + i;
# 10.        i ++ ;
# 11.        goto loop;
# 12.          }
# 13.        printf(" % d\n",sum);
# 14. }
```

4.4.5　循环的嵌套

一个循环体内的语句又是一个循环语句,称为循环的嵌套。内嵌的循环中还可以嵌套循环,这就是多层循环。

三种循环(while 循环、do while 循环和 for 循环)可以相互嵌套。

使用循环嵌套应注意以下几个问题。

(1)外循环执行一次,内循环要执行一个完整的循环

(2)可以使用各类循环语句的相互嵌套,来解决复杂问题。

【例 4. 27】 编制程序,打印如下九九乘法表。

```
1 * 1 = 1
1 * 2 = 2 2 * 2 = 4
1 * 3 = 3 2 * 3 = 6 3 * 3 = 9
1 * 4 = 4 2 * 4 = 8 3 * 4 = 12 4 * 4 = 16
1 * 5 = 5 2 * 5 = 10 3 * 5 = 15 4 * 5 = 20 5 * 5 = 25
1 * 6 = 6 2 * 6 = 12 3 * 6 = 18 4 * 6 = 24 5 * 6 = 30 6 * 6 = 36
1 * 7 = 7 2 * 7 = 14 3 * 7 = 21 4 * 7 = 28 5 * 7 = 35 6 * 7 = 42 7 * 7 = 49
1 * 8 = 8 2 * 8 = 16 3 * 8 = 24 4 * 8 = 32 5 * 8 = 40 6 * 8 = 48 7 * 8 = 56 8 * 8 = 64
1 * 9 = 9 2 * 9 = 18 3 * 9 = 27 4 * 9 = 36 5 * 9 = 45 6 * 9 = 54 7 * 9 = 63 8 * 9 = 72 9 * 9 = 81
```

解题思路:

程序使用二重循环,定义两个循环变量 i 和 j,i 用于控制外循环即控制打印九九乘法表的行数,j 用于控制内循环,即控制九九乘法表每一行打印的内容。

```
# 1.    # include < stdio. h>
# 2.    void main()
# 3.    {
# 4.        int i,j;
# 5.        i = 1;
# 6.        do
```

```
#7.        {
#8.            j = 1;
#9.            do
#10.           {
#11.               printf(" % d * % d = % 2d ",j,i,i * j);
#12.               j ++ ;
#13.           }while(j <= i);
#14.           i ++ ;
#15.           printf("\n");
#16.       }while(i <= 9);
#17.  }
```

【例 4.28】 用循环语句输出用 * 号组成的金字塔。要求：用户可以指定输出的行数。例如，用户指定输出 7 行时，输出如下 * 号组成的金字塔。

```
            *
           ***
          *****
         *******
        *********
       ***********
      *************
```

解题思路：

程序使用二重循环，定义两个循环变量 i 和 j，i 用于控制外循环，即控制打印金字塔的行数；j 用于控制内循环，即控制金字塔每一行打印的 * 号。

```
#1.   # include < stdio. h >
#2.   void main()
#3   {
#4.       int i,j,n;
#5.       printf("Please Input n = ");
#6.       scanf(" % d",&n);
#7.       for(i = 1;i <= n;i ++ )
#8.       {
#9.           for(j = 1;j <= n - i;j ++ )
#10.          {
#11.              printf(" ");
#12.          }
#13.          for(j = 1;j <= 2 * i - 1;j ++ )
#14.          {
#15.              printf(" * ");
#16.          }
#17.          printf("\n");
#18.      }
#19. }
```

【例 4.29】 求 100 以内的全部素数，并将找到的素数按每行 5 个的形式输出在屏幕上。

解题思路：

程序使用二重循环，定义两个循环变量 i 和 j，i 用于控制外循环，依次判断 3～99 是否为素数，j 用于控制内循环，判断 i 是否为素数。

```
#1.    # include <stdio.h>
#2.    void main()
#3.    {
#4.        int i,j,c;
#5.        c = 0;
#6.        for(i = 3;i <= 99;i = i + 2)
#7.        {
#8.            for(j = 2;j <= i - 1;j + +)
#9.                if (i % j == 0)
#10.               break;
#11.           if (j > i - 1)
#12.           {
#13.              printf(" % d   ",i);
#14.              c + + ;
#15.              if (c % 5 == 0)
#16.                 printf("\n");
#17.           }
#18.       }
#19.       printf("\n");
#20. }
```

程序运行结果为：

```
3   5   7   11   13
17  19  23  29   31
37  41  43  47   53
59  61  67  71   73
79  83  89  97
```

【例 4.30】 修改前面例子的买房计划，张三如果想在 6 年内买房，它的年收入增长最少要达到多少，要求增长率精确到小数点后两位，即精确到 xx. xx%。

```
#1.    # include <stdio.h>
#2.    void main()
#3.    {
#4.        double sr;              /* 张三的年收入 */
#5.        double sum;             /* 张三攒的钱 */
#6.        double fj;              /* 房价首付款 */
#7.        double r = 1;           /* 张三收入增长率 */
#8.        int i = 0;              /* 经过的年数 */
#9.        while(1)
#10.       {
#11.           sr = 5 * 0.7;
#12.           sum = 0;
#13.           fj = 50 * 0.3;
#14.           i = 0;
#15.           r = r + 0.001;
```

```
♯16.          do
♯17.          {
♯18.              sum += sr;         /*年底张三攒的钱*/
♯19.              sr = sr * r;       /*下一年度张三涨的收入*/
♯20.              fj = fj * 1.1;     /*年底的房价*/
♯21.              i++ ;              /*经过的时间*/
♯22.          }
♯23.          while(sum < fj);
♯24.          if(i < 6)
♯25.          {
♯26.              printf("张三年收入增长最少要达到：%.2f%%\n",(r-1)*100);
♯27.              break;
♯28.          }
♯29.      }
♯30. }
```

程序运行输出：

张三年收入增长最少要达到：16.20%

说明：♯9 行到♯29 行的每次 while 循环都更改一下张三的年收入增长率，然后在 ♯11 到♯14 行每次 while 重新初始化计算买房需要的原始数据。

♯15 行每次 while 循环将张三的年收入增长率调高 0.01%。

♯16 行到♯23 行计算在张三年收入增长率为 r 的情况下，买房需要的时间。

♯24 行判断在该增长率的情况下，用了多少年完成买房目标，如果是 6 年内，则中断 while 循环。

4.5 习题

1. 编写程序，实现从键盘输入学生的平时成绩、期中成绩、期末成绩，计算学生的学期总成绩。学生的学期总成绩＝平时成绩 * 15%＋期中成绩 * 25%＋期末成绩 * 60%。

2. 编写程序，输入一个数，判断该数是奇数还是偶数。

3. 编写程序，从键盘输入三个数，输出其中最大的数。

4. 编写程序，接收用户通过键盘输入的 1～13 之类的整数，将其转换成扑克牌张输出，1 转换为字符 A，2～9 转换为对应的字符，10 转换为 T，11 转换为 J，12 转换为 Q，13 转换为 K。要求使用 switch 语句实现。

5. 编写程序，接收用户输入的年份和月份，输出该月天数。

6. 编写程序，计算 s 的近似值，使其误差小于 10^{-6}。

$$s = 1 + \frac{1}{x^1} + \frac{1}{x^2} + \frac{1}{x^3} + \frac{1}{x^4} + \cdots (x > 1)$$

7. 编写程序，当 x＝0.5 时，按下面的公式计算 e^x 的近似值，使其误差小于 10^{-6}。

$$e^x = 1 + \frac{x}{1!} + \frac{x^2}{2!} + \frac{x^3}{3!} + \frac{x^4}{4!} + \cdots$$

8. 编写程序，输出所有大写英文字母及它们的 ASCII 码，代码值分别用八进制、十六进制、十进制形式输出。

9. 编写程序,实现输入 n 个整数,输出其中最小的数,并指出其是第几个数。

10. 回文整数是指正读和反读相同的整数,编写一个程序,输入一个整数,判断它是否为回文整数。

11. 编写程序,找出所有三位的升序数。所谓升序数,是指其个位数大于十位数,且十位数又大于百位数的数。例如,279 就是一个三位升序数。

12. 如果一个数的各因子之和正好等于该数本身,则该数称为完数。如 6 的因子为 1、2、3,其和为 6,则 6 为完数。编写程序,找出 2～100 之间所有的完数。

13. 输入 n 值,打印下列高为 n 的直角三角形。

```
       *
      ***
     *****
    *******
   *********
```

14. 猴子吃桃问题。猴子第一天摘下若干桃子,当即吃了一半,又多吃了一个。第二天早上又将剩下的桃子吃掉一半,又多吃了一个。以后每天早上都吃了前一天剩下的一半多一个。到第十天早上想再吃时,就只剩下一个桃子了。求第一天共摘了多少个桃子。

15. 已知大鱼 5 元一条,中鱼 3 元一条,小鱼 1 元三条,现用 100 元买 100 条鱼,求能买大鱼、中鱼、小鱼各多少条。

第 5 章

数 组

为了在程序中处理大量数据,一个一个定义变量的方法显然不行。数组提供了一种批量定义变量的方法,它可以一次性为成千上万的变量分配内存,并可以通过循环简单地对它们进行操作。

数组是一种构造数据类型,所谓构造类型即由基本类型数据按照一定的规则组合而构成的类型。数组是由一组相同类型的数据组成的序列,该序列使用一个统一的名称来标识。在内存中,一个数组的所有元素被顺序存储在一块连续的存储区域中,使用数组名和该数组元素所在的位置序号即可以唯一地确定该数组中的一个元素。

本章将主要讨论数组的定义、引用、初始化、数组与字符串、数组与指针、字符串与指针以及各种应用等相关问题。

5.1 一维数组

5.1.1 一维数组的定义

定义一个数组应指定数组名、每个数组元素的类型、数组由多少元素组成。一维数组的一般定义形式为:

类型标识符 数组名[整型常量表达式];

其中,类型标识符是数组中的每个数组元素所属的数据类型,可以是前面所学的基本数据类型 long、double、char 等,也可以是后面将要学习的其他数据类型,包括其他构造数据类型。

数组名是用户自定义的标识符,其命名规则同样遵循 C 语言用户合法标识符的命名规则,即变量的命名规则。

方括号中的整型常量表达式表示该数组中数组元素的个数,也称为数组的长度。

例如:

```
int a;
int b[10];
```

其中,变量 a 对应系统分配的一个存储单元,存储数据是整型,占用 4 个字节的内存空间,而 b 对应系统分配的 10 个存储单元,每个单元的存储数据都是整型,每个单元都占用 4 个字节的内存空间,共占用了 40 个字节的内存空间,如图 5-1 所示。

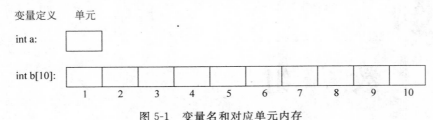

图 5-1　变量名和对应单元内存

注意：

(1) 数组名属于标识符,应遵循标识符命名规则。

(2) 在 C 语言的一个函数体中,数组名作为变量名不能与其他变量名相同。

(3) 数组的大小必须由常量或常量表达式定义,例如下面数组 a 的说明是错误的,原因是 n 不是常量：

```
int n = 10;
int a[n];
```

(4) 数组名如果出现在表达式中,它的值和含义是该数组首个元素的地址,是一个指针型常量。

(5) 数组名＋n 的值是数组中第 n+1 个元素的地址。

(6) 对数组名取地址,得到是整个数组的地址,其值虽然与数组首个元素地址值相同,但类型不同、含义不同。

【例 5.1】　求变量 a 和 b 占用内存的大小。

```
#1. # include < stdio. h>
#2. # define N 10
#3. void main(void)
#4. {
#5.      int a = 0;
#6.      int b[N];
#7.      printf(" % d, % d\n",sizeof(a),sizeof(b));
#8. }
```

程序运行输出：

```
4,40
```

说明变量 a 占用内存为 4 个字节,而变量 b 占用内存为 40 个字节。

【例 5.2】　求变量的值、变量地址的值、数组名的值、数组名的地址。

```
#1. # include < stdio. h>
#2. # define N 10
#3. void main(void)
#4. {
#5.      int a = 0;
#6.      int b[N];
#7.      printf(" % d, % d\n",a,&a);
```

```
#8.        printf("%d, %d\n",b,&b);
#9.    }
```

程序运行输出：

```
0,1245052
1245012,1245012
```

说明：#5 行输出说明变量 a 的值为 0,变量 a 在内存中的地址为 1245052,#6 行输出说明数组 b 的数组名的值为 1245012,用数组名求地址得到的值也是 1245012,从数值上看两个值是一样的,但含义不同,前者代表的是数组的一个整型元素 b[0] 的地址,而后者则是整个 b 数组的地址。

【例 5.3】 求变量地址的值和加 1 后的值。

```
#1.    #include <stdio.h>
#2.    #define N 10
#3.    void main(void)
#4.    {
#5.        int a = 0;
#6.        int b[N];
#7.        printf("%d, %d\n",&a,&a + 1);
#8.        printf("%d, %d\n",b,b + 1);
#9.        printf("%d, %d\n",&b,&b + 1);
#10. }
```

程序运行输出如下：

```
1245052,1245056
1245012,1245016
1245012,1245052
```

说明：从上面的输出可以看出,&a 和 b 是整型地址,因为整型占用内存 4 个字节,加 1 的结果实际上是加 4,&b 是数组的地址,因为数组占用内存 40 个字节,加 1 的结果实际上加 40。

5.1.2 一维数组元素的引用

在数组定义之后,就可以进行使用了。C 语言规定,只能引用单个数组元素,而不能一次引用整个数组。数组元素的应用可以使用下标法,也可以使用指针。

1. 下标法引用一维数组元素,形式如下：

数组名[下标]

数组下标从 0 开始,可以是整型的常量、变量或表达式。
例如,若有定义：

```
int i = 0,j = 0;
int a[10];
```

则 a[5]、a[i]、a[j]、a[i+j]、a[i++] 都是合法的数组元素。其中,5,i,j,i+j 称为下标表达式,由于定义时说明了数组的长度为 10,因此下标表达式的取值范围是 0~9 的整数,a[0]

对应数组 a 的第一个元素,a[9]对应数组的最后一个元素。

注意:

(1) 一个数组元素实质上就是一个变量,代表内存中的一个存储单元,与相应类型的变量具有完全相同的性质。

(2) 一个数组不能整体引用。

(3) C 语言编译器并不检查数组元素的下标是否越界,即引用下标值范围以外的元素,如上例的 a[10],编译器不提示出错信息。但在程序运行时可能引起程序运行错误,所以应避免数组操作越界。

【例 5.4】 下标法数组元素使用示例。

```
#1.    # include< stdio.h>
#2.    #define N 10
#3.    void main()
#4.    {
#5.        int i,a[N];
#6.        for(i=0; i<N; i++)
#7.        scanf("%d",&a[i]);
#8.        for(i=0;i<N;i++)
#9.        printf("%d",a[i]);
#10. }
```

程序运行时输入:

1 3 5 7 9 11 13 15 17 19 ↙

输出:

1 3 5 7 9 11 13 15 17 19

此例中,输出数组 10 个元素必须使用循环语句逐个输出各下标变量:

```
for(i=0; i<N; i++)
        printf("%d",a[i]);
```

而不能用一个语句输出整个数组,即不能使用数组名整体输入输出。

下面的写法输出数组首元素的地址:

```
printf("%d",a);
```

2. 指针法引用数组元素,形式如下:

*(数组元素地址)

由于数组元素在内存中存储的连续性,因此可以方便地利用指针法操作数组元素,下面将例 5.4 改用指针法操作。

【例 5.5】 指针法数组元素使用示例。

```
#1.    # include < stdio.h>
#2.    #define N 10
#3.    void main()
#4.    {
```

```
#5.        int i,a[N];
#6.        int * p = a;                          /* 定义指针变量 p,使之指向数组 a 首地址 */
#7.        for(i = 0;i < N;i++)
#8.            scanf("% d",p++);                  /* 注意指针变量 p 的变化 */
#9.        for(i = 0;i < N;i++)
#10.           printf("% d",*(a + i));           /* 输出指针变量 p 指向的数组元素的值 */
#11. }
```

例 5.5 的运行结果和例 5.4 完全相同,请注意两种方法的区别。另外需要注意的是,使用指针操作数组也可以使用下标法,即例 5.5 中的指针也可以使用下面的方法来操作指针指向的元素,即 *(p+i)也可以写成 p[i],将例 5.5 中的 #9、#10 两行改成下面的三行,功能不变:

```
#1.        p = a;
#2.        for(i = 0;i < N;i++)
#3.            printf("% d",p[i]));            /* 输出指针变量 p 指向的数组元素的值 */
```

5.1.3　一维数组的初始化

数组初始化是指在定义数组的同时对数组元素赋初值。数组初始化是在编译阶段进行的,这样将减少运行时间,提高效率。

初始化赋值的一般形式为:

类型标识符 数组名[整型常量表达式] = {初值表};

其中,在{}中的各数据值即为数组各元素的初值,各值之间用逗号间隔,给定初值的顺序即为数组元素在内存中的存放顺序。

【**例 5.6**】　数组初始化示例。

```
#1. # include < stdio.h>
#2. # define N 10
#3. void main()
#4. {
#5.        int i,a[N] = {1,2,3,4,5,6,7,8,9,10};
#6.        for(i = 0;i < N;i++)
#7.            printf("% d",*(a + i));
#8.        printf("\n");
#9. }
```

输出:

```
1 2 3 4 5 6 7 8 9 10
```

下面介绍一维数组的几种初始化情形。

(1) 完全初始化:定义数组的同时给所有的数组元素赋初值。

例如:

```
float s[5] = {98.5,90.1,80.6,78.8,63.2};
int a[5] = {1,2,3,4,5};
```

（2）部分初始化：定义数组的同时只对前面部分数组元素赋初值。

例如：

```
float s[5] = {98.5,90.i,80.6};
int a[5] = {i};
```

该初始化分别等价于：

```
float s[5] = {98.5,90.1,80.6,0.0,0.0};
int a[5] = {1,0,0,0,0};
```

即部分初始化对于没有给出具体初值的数组元素自动补 0 或 0.0。

（3）省略数组长度的完全初始化：即完全初始化数组时可以省略数组长度，这时 C 语言编译系统会根据所给的数组元素初值的个数来确定长度。

例如：

```
float s[ ] = {98.5,90.1,80.6,78.8,63.2}; int a[ ] = {1,2,3,4,5}
```

分别等价于

```
float s[5] = {98.5,90.1,80.6,78.8,63.2}; int a[5] = {1,2,3,4,5};
```

5.1.4 程序举例

【例 5.7】 从键盘上给数组输入 10 个整数，求出该数组的最大值及最大值的下标并输出。

```
#1.    # include < stdio.h >
#2.    # define N 10
#3.    void main()
#4.    {
#5.        int i,max, a[N];
#6.        printf("请输入 10 个整数:");
#7.        for(i = 0;i < N;i++)
#8.            scanf(" % d",&a[i]);
#9.        max = 0;
#10.       for(i = 1;i < N;i++)
#11.           if(a[i]> a[max])
#12.               max = i;
#13.       printf("最大数 = % d,在数组中的下标是: % d\n",a[max],max);
#14. }
```

程序运行时输入：

```
1 - 10 5 - 7 9 21 13 11 - 17 19 ↙
```

输出：

```
最大数 = 21,在数组中的下标是:5
```

说明：本例程序中第一个 for 语句循环 10 次逐个输入 10 个整数到数组 a 中，然后假设 a[0]值最大并保存下标到 max 中。在第二个 for 语句中，从 a[0]到 a[9]逐个与 a[max]的值进行比较，若比 max 的值大，则把该下标存入 max 中，因此 a[max]总是存放已比较过的下标变量中的最大者的下标。比较结束，输出 a[max]的值和 max 值。

【例 5.8】　用冒泡排序法对数组中的元素从小到大进行排序。

```
#1.    # include < stdio. h>
#2.    # include < stdlib. h>
#3.    # define N 10
#4.    void main( )
#5.    {
#6.        int i,j,t,a[N];
#7.        printf("请输入 10 个整数:");
#8.        for(i = 0;i < 10;i++)            /* 用 for 循环给数组输入 10 个数 */
#9.            scanf(" % d",&a[i]);
#10.       for(i = 0;i < N - 1;i++)
#11.       {
#12.           for(j = 0;j < N - i;j++)
#13.               if(a[j]> a[j + 1])
#14.               {
#15.                   t = a[j];
#16.                   a[j] = a[j + 1];
#17.                   a[j + 1] = t;
#18.               }
#19.       }
#20.       for(i = 0;i < 10;i++)            /* 用 for 循环输出排序后的 10 个数组元素 */
#21.           printf(" % d ",a[i]);
#22.       printf("\n");
#23. }
```

程序运行时输入：

9 7 5 3 1 0 2 4 6 8↙

输出：

0 1 2 3 4 5 6 7 8 9

说明：冒泡排序(Bubble Sort)是最常见的一种数据排序方法,它的基本原理是：依次比较相邻的两个数,将小数放在前面,大数放在后面。即在第一趟：首先比较第 1 个和第 2 个数,将小数放前,大数放后。然后比较第 2 个数和第 3 个数,将小数放前,大数放后,如此继续,直至比较最后两个数,将小数放前,大数放后。至此第一趟结束,将最大的数放到了最后。在第二趟：仍从第一对数开始比较(因为可能由于第 2 个数和第 3 个数的交换,使得第 1 个数不再小于第 2 个数),将小数放前,大数放后,一直比较到倒数第二个数(倒数第一的位置上已经是最大的),第二趟结束,在倒数第二的位置上得到一个新的最大数(其实在整个数列中是第二大的数)。如此下去,重复以上过程,直至最终完成排序。由于在排序过程中总是小数往前放,大数往后放,相当于气泡往上升,所以称为冒泡排序。

5.2　多维数组

C 语言中的一维数组中的每个元素不但可以是简单的整型等基本数据类型,也可以是构造类型,如果一个一维数组 a 的每个元素的类型也是一个一维数组,那么这个数组 a 就是一个二维数组；如果一个一维数组 a 的每个元素都是一个二维数组，那么这个数组 a 就是一个三维数组，同样的方法可以构建更多维的数组，所以说，在 C 语言中，从二维到多维数组本质上都是一维数组的扩展。

5.2.1　多维数组的定义

二维数组是最常见的多维数组，一个二维数组是由多个一维数组成的。图 5-2 所示是一个由 5 个元素组成的一维数组。

如果数组 a 中的每一个元素，也是一个由 5 个元素组成的数组，则图 5-2 就可以改成如图 5-3 所示的二维数组。

a[0]	a的元素1
a[1]	a的元素2
a[2]	a的元素3
a[3]	a的元素4
a[4]	a的元素5

内存地址由低到高 →

a[0]	a[0]的元素1	a[0]的元素2	a[0]的元素3	a[0]的元素4	a[0]的元素5
a[1]	a[1]的元素1	a[1]的元素2	a[1]的元素3	a[1]的元素4	a[1]的元素5
a[2]	a[2]的元素1	a[2]的元素2	a[2]的元素3	a[2]的元素4	a[2]的元素5
a[3]	a[3]的元素1	a[3]的元素2	a[3]的元素3	a[3]的元素4	a[3]的元素5
a[4]	a[4]的元素1	a[4]的元素2	a[4]的元素3	a[4]的元素4	a[4]的元素5

内存地址由低到高 →

图 5-2　一维数组　　　　　　　　　　图 5-3　二维数组

多维数组的定义与一维数组的定义相似，一般形式为：

类型标识符 数组名 [整型常量表达式 1] [整型常量表达式 2][…]

其中，整型常量表达式 1 表示第一维包含元素的个数，整型常量表达式 2 表示第一维的每一个元素又包含的元素个数……

【例 5.9】　定义一个由 4 个元素组成，而这 4 个元素又分别是由 3 个整型变量组成的二维数组：

```
int a[4][3];
```

说明：例 5.9 定义了一个二维数组，数组名为 a，a 包含 4 个元素，分别是 a[0]、a[1]、a[2]、a[3]，而 a 的每个数组元素又都是一个由 3 个整型元素构成的一维数组，a[0]、a[1]、a[2]、a[3] 即分别是这 3 个一维数组的数组名，a[0] 包含的 3 个元素分别是 a[0][0]、a[0][1]、a[0][2]，a[1] 包含的 3 个元素分别是 a[1][0]、a[1][1]、a[1][2]，a[2] 包含的 3 个元素分别是 a[2][0]、a[2][1]、a[2][2]，a[3] 包含的 3 个元素分别是 a[3][0]、a[3][1]、a[3][2]。

注意：

（1）二维数组名如果出现在表达式中，它的值及其含义是该数组首个元素的地址，例 5.9 中定义的数组 a，数组名 a 的值即是 a[0] 的地址，而 a[0] 的值又是 a[0][0] 的地址。

（2）数组名+n 的值是数组第 n+1 个元素的地址，例 5.9 中定义的数组 a，数组名 a+1 的值即是 a[1] 的地址，而 a[0]+1 的值又是 a[0][1] 的地址。

（3）对数组名取地址，得到的是整个数组的地址。例 5.9 中定义的数组 a，&a 的值是整个数组的地址，而 &a[0] 的值和含义等价于 a 的值和含义。

【例 5.10】　定义 3 个指针变量 p1、p2、p3，分别保存例 5.9 中定义的 a、a[0]、a[0][0] 的

地址。

```
#1.    # include < stdio.h>
#2.    void main()
#3.    {
#4.        int a[4][3];
#5.        int * p1;
#6.        int ( * p2)[3];
#7.        int ( * p3)[4][3];
#8.        p1 = &a[0][0];              / * 等价于 p3 = a[0] * /
#9.        p2 = &a[0];                 / * 等价于 p2 = a * /
#10.       p3 = &a;
#11.   }
```

说明：#6 行定义了一个指针型变量,该变量可存放一个具有 3 个元素的数组的地址,这数组的 3 个元素都应该是整型。

#7 行定义了一个指针型变量,该变量可存放一个具有 4 个元素的数组的地址,这 4 个元素本身又各是一个数组,且这个数组又是由 3 个元素组成的,这 3 个元素是整型。

#8 行的 &a[0][0]是一个整型变量的地址,与#5 行定义的 p1 类型匹配,所以可以把 &a[0][0]的值赋给 p1;因为 a[0]就是 a[0][0]的地址,所以也可以把 a[0]的值直接赋给 p1。

#9 行的 a[0]是一个具有 3 个整型元素的数组,&a[0]是具有 3 个整型元素的数组的地址,与#6 行定义的 p2 类型匹配,所以可以把 &a[0]的值赋给 p2;因为 a 就是 a[0]的地址,所以也可以把 a 的值直接赋给 p2。

#10 行的 a 是一个具有 4 个元素的数组,且每个元素又是一个有 3 个整型元素的数组,&a 为 a 的地址,与#7 行定义的 p3 类型匹配,所以可以把 &a 的值赋给 p3。

【例 5.11】　求变量 a 和 b 占用内存的大小。

```
#12.   # include < stdio.h>
#13.   # define M 3
#14.   # define N 4
#15.   void main(void)
#16.   {
#17.       int a[M][N];
#18.       printf("% d, % d, % d \n",sizeof(a),sizeof(a[0]),sizeof(a[0][0]));
#19.   }
```

程序运行输出如下：

48,16,4

说明：二维数组 a 占用内存为 48 个字节,a 的元素 a[0]占用内存为 16 个字节,,a[0]的元素 a[0][0]占用内存为 4 个字节。

【例 5.12】　求变量地址的值和加 1 后的值。

```
#1.    # include < stdio.h>
#2.    # define M 3
```

```
#3.    #define N 4
#4.    void main(void)
#5.    {
#6.        int a[M][N];
#7.        printf("%d, %d\n",&a,&a+1);
#8.        printf("%d, %d\n",&a[0],&a[0]+1);
#9.        printf("%d, %d, %d\n",a,a+1,a[1]);
#10.       printf("%d, %d, %d\n",a[0],a[0]+1,&a[0][1]);
#11.       printf("%d, %d\n",&a[0][0],&a[0][0]+1);
#12.   }
```

程序运行输出如下：

```
1245008,1245056
1245008,1245024
1245008,1245024, 1245024
1245008,1245012, 1245012
1245008,1245012
```

说明：#7 行的地址是加 48，因为 &a 是整个数组的地址，而整个二维数组占用内存 48 个字节，加 1 的结果实际上加了 48。

#8 行的地址是加 16，因为 &a[0]取得的是数组 a[0]的地址，而 a[0]占用内存 16 个字节，加 1 的结果实际上加了 16。

#9 行的地址也是加 16，因为 a 即是数组 a[0]的地址，而 a[0]数组占用内存 16 个字节，加 1 的结果实际上加了 16，加 16 后得到的地址也是 a[1]的地址。

#10 行和#11 行输出都是整型地址+1，因为整型占内存 4 个字节，实际上是加 4，得到的地址就是 a[0][1]的地址。

5.2.2 多维数组元素的引用

多维数组的引用方式与一维数组的引用方式基本相同，可以使用指针也可以使用下标，只是多维数组要有多个下标，下面以一个三维数组为例进行说明。

【例 5.13】 多维数组元素的引用。

```
#1.  #include <stdio.h>
#2.  void main(void)
#3.  {
#4.      int a[5][6][7];
#5.      a[2][3][4] = 100;
#6.      printf("%d", *(*(*(a+2)+3)+4));
#7.  }
```

说明：#4 行定义了一个多维数组 a，它的第一维由 5 个元素组成，分别是 a[0]、a[1]、…、a[4]，这 5 个元素中的每一个又由 6 个元素组成，分别是 a[0][0]、a[0][1]、…、a[4][5]，共有 $5 \times 6 = 30$ 个元素，这 30 个元素中的每一个又由 7 个元素组成，分别是 a[0][0][0]、a[0][0][1]、…、a[4][5][6]，共有 $5 \times 6 \times 7 = 210$ 个元素，这 210 个元素都是 int 类型。

#5 行对 a 中 5 个元素中的第 a[2]元素、a[2]中 6 个子元素中的 a[2][3]元素、a[2][3] 中 7 个子元素中的 a[2][3][4]进行赋值 100 的操作。

#6 行 a+2 是 a[2]的地址，*(a+2)即 a[2]元素，#6 可简化为：

printf("%d",*(*(a[2]+3)+4));

a[2]+3 是 a[2][3]的地址，*a[2][3]即 a[2][3]元素、#6 可简化为：

printf("%d",*(a[2][3]+4));

a[2][3]+4 即 a[2][3][4]的地址，*(a[2][3]+4)即 a[2][3][4]元素,所以#6 行的功能是输出 a[2][3][4]这个元素,例 5.13 输出如下：

100

【例 5.14】 下标法输入、输出二维整数组。

```
#1.    #include <stdio.h>
#2.    void main( )
#3.    {
#4.        int i, j,a[4][3];
#5.        for(i= 0;i<4;i++)
#6.            for(j=0;j<3;j++)
#7.                scanf("%d",&a[i][j]);
#8.        for(i=0;i<4;i++)
#9.        {
#10.           for(j = 0;j<3;j++)
#11.               printf(" % -3d", a[i][j]);
#12.           printf ("\n");
#13.       }
#14. }
```

程序运行时输入：

1 2 3 4 5 6 7 8 9 10 11 12↙

输出：

```
1  2  3
4  5  6
7  8  9
10 11 12
```

【例 5.15】 指针法输入、输出二维整数组。

```
#1.    #include <stdio.h>
#2.    void main( )
#3.    {
#4.        int i, j,a[4][3];
#5.        int *p = a[0];
#6.        int (*pp)[3] = a;
#7.        for(i= 0;i<4;i++)
#8.            for(j=0;j<3;j++)
#9.                scanf("%d",p++);
#10.       p = a[0];
#11.       /*下面用指向整型的指针输入二维数组 */
```

```
#12.        for(i = 0;i < 4;i++)
#13.        {
#14.            for(j = 0;j < 3;j++)
#15.                printf(" %3d", p[i * 3 + j]);
#16.            printf ("\n");
#17.        }
#18. /* 下面用指向整型数组的指针输入二维数组 */
#19.        for(i = 0;i < 4;i++)
#20.        {
#21.            for(j = 0;j < 3;j++)
#22.                printf(" %3d", pp[i][j]);
#23.            printf ("\n");
#24.        }
#25. }
```

说明：#5 行中 a[0]将数组首地址赋值给 p,注意不能写成 p=a,因为 a 是 a[0]的地址,a[0]是一个 3 个元素的一维数组,而 p 是整型地址,两者类型不匹配。

#7~#9 行 scanf 语句循环执行,p 初始指向 a 数组首个整型元素的地址,每循环一次,p++使 p 指向内存中下一个整型元素的地址,刚好也就是数组 a 的下一个整型元素的地址,scanf 语句循环执行 12 次,累加了 12 次,整个循环过程刚好读入数组的 12 个元素。

#12~#17 行,使用整型指针 p 加上 0~11 的偏移量,依次得到 12 个整型元素的地址,其中 p[i * 3+j]等价于 *(p+i * 3+j),所以通过 * 或[]的运算得到地址的内容并进行输出。

#16 行的 printf 在#14~#15 行循环完成之后输出一个换行,而每次#14~#15 行循环刚好输出 a 的一个元素,即 3 个整型构成一个一维数组。

#19~#24 行,使用指向数组的指针输出二维数组的元素,pp[i][j]等价于 *(*(pp+i)+j), pp+i 等价于 &pp[i]; *(pp+i)即等价于 pp[i],pp[i]+j 等价于 pp[i] [j]的地址, *(pp[i]+j)等价于 pp[i][j],所以 *(*(pp+i)+j)即 pp 指向的第 i 个元素中的第 j 个元素,请读者体会其中的差别。

【例 5.16】　指针法输入输出二维数组的各元素。

```
#1.    #include "stdio.h"
#2.    void main( )
#3.    {
#4.        int a[3][3] = {1,2,3,4,5,6,7,8,9};
#5.        printf(" %d, ", a) ;
#6.        printf(" %d, ", * a);
#7.        printf(" %d, ",a[0]) ;
#8.        printf(" %d, ", &a[0] ) ;
#9.        printf(" %d\n",&a[0][0]);
#10.        printf(" %d, ",a+1);
#11.        printf(" %d, ", * (a+1));
#12.        printf(" %d, ",a[1]);
#13.        printf(" %d, ", &a[1]) ;
#14.        printf(" %d\n", &a[1][0]) ;
#15.        printf(" %d, ", a+2) ;
#16.        printf(" %d, ", * (a+2));
```

```
#17.        printf(" %d, ",a[2]);
#18.        printf(" %d, ", &a[2]);
#19.        printf(" %d\n", &a[2][0]);
#20.        printf(" %d, ",a[1]+1);
#21.        printf(" %d\n", *(a+1)+1);
#22.        printf(" %d,%d\n", *(a[1]+1), *(*(a+1)+1));
#23. }
```

运行输出：

```
1245020, 1245020, 1245020, 1245020, 1245020
1245032, 1245032, 1245032, 1245032, 1245032
1245044, 1245044, 1245044, 1245044, 1245044
1245036, 1245036
5,5
```

5.2.3 多维数组的初始化

与一维数组相同,多维数组也可以在定义的同时对其进行初始化,即在定义时给各数组元素赋以初值。初始化一般形式为：

类型 数组名[整型常量表达式 1][整型常量表达式 2][整型常量表达式 3]={初值表};

下面以二维数组为例介绍几种多维数组的初始化方法。

1. 完全初始化

定义二维数组的同时对所有的数组元素赋初值。

(1) int a [3][3]={1,2,3,4,5,6,7,8,9};

将数组的所有初值括在一对大括号内部,按照最底层的数组元素 a[0][0]、a[0][1]、a[0][2]、a[1][0]、…、a[2][3]在内存中的存放依次赋值。

(2) int a [3][3]={{1,2,3},{4,5,6},{7,8,9}};

将初值括在一对大括号内部,将 a 的每一个元素 a[0]、a[1]、a[2]的初值再使用嵌套的大括号括起来依次赋值,由于 a 的每一个元素如 a[0]又是由 3 个子元素 a[0][0]、a[0][1]、a[0][2]构成的,所以在每一个嵌套的大括号里面又包含了 3 个整数值来对其依次赋值。

2. 部分初始化

定义数组的同时只对部分数组元素赋初值。

(1) int a[3][3]={{1,2},{3},{4,5,6}};

本方法同完全初始化的方法 2,a[0]中只对 a[0][0]、a[0][1]赋值为{1,2},a[1]中只对 a[1][0]赋值为{3},a[2]中的 3 个元素依次被赋值为{4,5,6},没有赋值的元素都被初始化为 0。

(2) int a[3][3]={{1,2,3},{},{4,5,6}};

本方法同完全初始化的方法 2,a[0]中的 3 个元素一次被赋值为{1,2,3},a[1]中元素没有赋值,a[2]中的 3 个元素都被赋值{4,5,6},没有赋值的元素都被初始化为 0。

(3) int a[3][3]={1,2};

本方法同完全初始化的方法 1,将数组的所有初值括在一对大括号内部,按照最底层的数组元素 a[0][0]、a[0][1]、a[0][2]、a[1][0]、…、a[2][3]在内存中的存放依次赋值。

a[0][0]、a[0][1]被赋值为(1,2),没有赋值的元素都被初始化为0。

3. 省略数组长度的初始化

对于一维数组可以通过所赋值的个数来确定数组的长度,而对于二维数组来说,只可以省略第一维的方括号的常量表达式,第二维的方括号的常量表达式不可以省略。

(1) int a[][3]={{1,2,3},{4},{5,6,7},{8}};

(2) int a[][3]={1,2,3,4,5,6,7,8};

(3) int a[][3]={1,2,3,4,5}

对于第一种情况,每一行初值由一个大括号括起来,行下标的长度由大括号的对数来确定,因此,第一种情况等价于 int arr[4][3]= {{1,2,3},{4},{5,6,7},{8}}; 。

对于第二种、第三种情况,使用公式:初值个数/列标长度,能整除则商就是行下标长度,不能整除则商+1 是行下标长度,因此第二种情况等价于 int arr[3][3]={1,2,3,4,5,6,7,8}。

第三种情况等价于 int arr[2][3]={1,2,3,4,5}; 。

5.2.4 程序举例

【例 5.17】 编程实现矩阵的转置(即行列互换)。

```
#1.   #include <stdio.h>
#2.   #define M 3
#3.   void main()
#4.   {
#5.      int i,j,t,a[M][M];
#6.      for(i=0;i<M;i++)              /*使用二重循环给二维数组输入值*/
#7.         for(j=0;j<M;j++)
#8.            scanf("%d",&a[i][j]);
#9.      for(i=0;i<M;i++)              /*对二维数组转置*/
#10.        for(j=i;j<M;j++)
#11.        {
#12.           t=a[i][j];
#13.           a[i][j]=a[j][i];
#14.           a[j][i]=t;
#15.        }
#16.     for(i=0;i<M;i++)             /*使用二重循环输出二维数组各元素值*/
#17.     {
#18.        for(j=0;j<M;j++)
#19.           printf("%4d",a[i][j]);
#20.        printf("\n");
#21.     }
#22. }
```

程序运行时输入:

1 2 3 ↙
4 5 6 ↙
7 8 9 ↙

输出:

```
1  4  7
2  5  8
3  6  9
```

本例程序中用了 3 个并列的 for 循环,在 2 个 for 循环还各内嵌了一个 for 循环。第一个 for 循环用于输入 9 个元素的初值。第二个 for 循环用于矩阵的转置,每循环一次使矩阵的 i 行元素和 j 列元素进行交换;应注意内层的 for 循环中的循环变量 i 的初值,因为只需要将对角线以上的元素与对角线以下的元素交换,所以每一行的起始元素应始于对角线上的元素,而对角线上的元素坐标为 j＝i,如果 j＝0,将交换两次。最后再使用一个 for 循环将结果输出。

【例 5.18】 编程分别求矩阵的两个对角线上元素值之和。

```
#1.    # include  <stdio.h>
#2.    # define N 3
#3.    void main( )
#4.    {
#5.        int a[N][N];
#6.        int i,j,sum1 = 0, sum2 = 0;
#7.        for(i = 0;i < N;i++)              /* 使用二重循环给二维数组输入值 */
#8.            for(j = 0;j < N;j++)
#9.                scanf("% d",&a[i][j]);
#10.       for(i = 0;i < N;i++)
#11.           for(j = 0;j < N;j++)
#12.           {
#13.               if(i == j)               /* 求二维数组左上到右下对角线之和 */
#14.                   sum1 += a[i][j];
#15.               if(i + j == N - 1)       /* 求二维数组右上到左下对角线之和 */
#16.                   sum2 += a[i][j];
#17.           }
#18.       printf("左上到右下 = % d\n 右上到左下 = % d\n",sum1,sum2);
#19. }
```

程序运行时输入:

```
1 2 3 ↙
3 2 1 ↙
1 1 1 ↙
```

输出:

```
    左上到右下 = 4
右上到左下 = 6
```

本例程序中用了两个并列的 for 循环嵌套语句。第一组 for 语句用于输入 9 个元素的初值。第二组 for 语句用于求两个对角线之和,左上到右下对角线元素的特征:行标与列标相同,右上到左下对角线元素的特征:行标＋列标等于矩阵阶数－1,根据上述特征来解决问题;第二组 for 语句是解决本题的关键。

5.3　字符数组与字符串

5.3.1　字符数组与字符串的关系

在 C 语言中的字符数组是指用于存放字符型数据的数组。字符数组的定义、引用和初始化与前面介绍的数组相关知识相同。由于文字处理在程序设计中的所占比重较大，在 C 语言中专门为方便文字处理的应用而引入了字符串的概念。字符串是一种字符数组，但它有一种特殊的要求，那就是字符串有效字符的末尾要有一个'\0'作为结束符，即字符串就是含有'\0'作为有效字符结束标志的字符数组。用户在 C 程序中以字符串的方式处理文字信息主要有以下好处：

（1）可以知道有效字符的长度。

用户在程序中定义字符数组存放字符，因为数组定义后不能修改大小，所以字符数组要大于等于将要保存的字符数量，结果就是字符数组的大小与实际存储的字符数量不相等，因为有了'\0'作为有效字符的结束标志，用户就可以通过在字符数组中查找'\0'来判断有效字符的实际个数。

（2）有大量的字符串库函数可以使用，提高编程速度。

各 C 语言编译软件都附带了大量的字符串处理函数，用户可以在自己的程序中直接使用，从而简化程序设计，提高编程速度。

（3）赋初值简便。

例如，以下三行字符数组的说明完全相同：

```
char str[9] = {'C','O','M','P','U','T','E','R' }
char str[9] = "COMPUTER";
char str[] = "COMPUTER";
```

以上定义都说明了字符数组 str 有 9 个元素，str[0]='C'、str[1]='O'、str[2]='M'、str[3]='P'、str[4]='U'、str[5]='T'、str[6]='E'、str[7]='R'、str[8]='\0'。

【例 5.19】　输出一个字符数组中每个元素的 ASCII 码。

```
#1.    # include "stdio.h"
#2.    void main()
#3.    {
#4.        char s[] = "COMPUTER";
#5.        int i = 0;
#6.        while(s[i])
#7.        {
#8.            printf(" % d\n",s[i]);
#9.            i++;
#10.       }
#11. }
```

注意：

（1）使用 C 语言本身的字符串功能或 C 库函数提供的字符串处理功能，用户提供的必须也是字符串，即有效字符后面要有'\0'作为结束标志。

（2）使用 C 语言本身的字符串功能或 C 库函数提供的字符串处理功能,返回的结果也都是字符串,即有效字符后面都有'\0'作为结束标志。

（3）用户定义的用来保存字符串的字符数组必须要大于被处理的字符串的长度,使用 C 语言本身的字符串功能或 C 库函数提供的字符串处理功能都不检查字符数组大小与字符串长度是否匹配。

（4）字符串的长度不包括字符串末尾的'\0',所以保存字符串的字符数组中长度要大于等于字符串的长度加1。

5.3.2　字符串的输入输出

可以使用 C 函数库所提供的函数 scanf、printf、gets、puts 实现字符串的输入输出,下面分别阐述它们的用法。

1. 使用 scanf 函数整体输入字符串

函数调用形式为:

scanf("％s",字符地址);

在输入时,输入的一串字符依次存入以字符地址为起始地址的存储单元中,并在输入结束后自动补'\0'。应注意:使用 scanf 函数输入字符串时,回车键和空格键均作为分隔符而不能被输入;就是说不能用 scanf 函数输入带空格的字符串。

【例 5.20】　scanf 读入字符串。

有如下程序段,输入:

ABC DEF XYZ↙

求执行完每个 scanf 后数组 str 内容的变化。

```
#1.   #include <stdio.h>
#2.   #define N 10
#3.   void main()
#4.   {
#5.       char str[N];
#6.       char * p1 = str, * p2 = &str[6];
#7.       scanf("％s",str);
#8.       scanf("％s",p1 + 2);
#9.       scanf("％s",p2);
#10. }
```

用户输入后,由于 scanf 函数把空格当作字符串结束,所以把字符串"ABC"读入到 str 开始的内存中,str 是保存的数组首元素地址,所以依次读入"ABC"并在末尾补'\0',由于数组没有初始化,所以在"ABC"后面的内容无法确定,执行完 scanf("％s",str);后数组内容如图 5-4 所示。

'A'	'B'	'C'	'\0'	?	?	?	?	?	?

图 5-4　数组内容变化(1)

scanf 函数把空格后面的"DFF"读入到 p1＋2 开始的内存中，p1 是保存的数组首元素地址，＋2 后即为 str[2]的地址，依次读入"DEF"后在末尾补'\0'，执行完 scanf("％s",p1＋2); 后数组内容如图 5-5 所示。

'A'	'B'	'D'	'E'	'F'	'\0'	?	?	?	?

图 5-5　数组内容变化(2)

scanf 函数把空格后面的"XYZ"读入到 p2 开始的内存中，p2 是保存的数组 str[6]的地址，依次读入"XYZ"后在末尾补'\0'，执行完 scanf("％s",p2);后数组内容如图 5-6 所示。

'A'	'B'	'D'	'E'	'F'	'\0'	'X'	'Y'	'Z'	'\0'

图 5-6　数组内容变化(3)

2. 使用 printf 函数输出字符串

函数调用形式为：

printf("％s",字符地址);

输出项为准备输出的字符串的首元素地址，功能是从所给地址开始，依次输出各字符直到遇到第一个'\0'结束。

【例 5.21】　printf 输出字符串。

```
#1. #include <stdio.h>
#2. void main( )
#3. {
#4. char str[] = "man";
#5. printf("％s",str);
#6. }
```

输出结果：

man

如果将上例 #4 行改为如下内容：

char str[] = "man\0women";

输出结果仍为：

man

3. 使用 gets 函数输入字符串

函数调用形式为：

gets(字符地址);

进行输入时，仅以回车键作为结束符且不被输入，因而这个函数可以输入带空格的字符串。

【例 5.22】　gets 读入字符串。

```
#1. #include <stdio.h>
```

```
#2. void main( )
#3. {
#4.   char str[10];
#5.   gets(str);
#6. }
```

执行时输入：

ABC DEF↙

则字符数组 str 的内容如图 5-7 所示。

| 'A' | 'B' | 'C' | ' ' | 'D' | 'E' | 'F' | ' ' | '\0' | ? |

图 5-7　数组内容变化(4)

4. 使用 puts 函数输出字符串

使用 puts 函数输出字符串,函数调用形式为：

puts(字符地址);

功能是从所给字符地址开始,依次输出各字符,遇到第一个'\0'结束,并把'\0'转换为'\n',即输出结束后自动换行。

【例 5.23】 puts 输出字符串。

```
#1. #include  <stdio.h>
#2. void main()
#3. {
#4. char str[] = "ABC DEF XYZ";
#5. puts(str);
#6. puts(str + 5);
#7. }
```

输出结果为：

ABC DEF XYZ
EF XYZ

5.3.3　字符串处理函数

由于字符串应用广泛,为方便用户对字符串的处理,C 语言库函数中除了前面用到的库函数 gets()与 puts()之外,还提供了另外一些丰富的字符串处理函数,包括字符串的合并、修改、比较、转换、复制等。使用这些函数可大大减轻编程的负担。其函数原型说明在 string.h 中,在使用前应包含头文件"string.h"。

下面介绍一些最常用的字符串处理函数,这里只介绍这些函数的使用方法,原型说明参见附录。

1. 字符串连接函数 strcat
调用格式：

strcat(字符地址 1, 字符地址 2)

功能：把字符地址 2 开始的字符串 2 连接到字符地址 1 开始的字符串 1 的后面，并覆盖字符串 1 的字符串结束标志'\0'。本函数返回值是字符地址 1。

说明：字符地址 1 必须是确切的内存空间地址，而字符地址 2 可以是字符常量或变量的地址。

注意：字符数组 1 应定义足够的长度，否则全部装入被连接的字符串时产生越界，可能产生不可预知的后果。

【例 5.24】　字符串连接函数 strcat 的使用，本程序把初始化赋值的两个字符串连接起来。

```
#1.    # include "stdio. h"
#2.    # include "string. h"
#3.    void main()
#4.    {
#5.        char str1[30] = "My name is ", str2[] = "John.";
#6.        puts(str1);
#7.        puts(str2);
#8.        strcat(str1,str2);
#9.        puts(str1);
#10.       puts(str2);
#11.   }
```

程序运行时输出：

```
My name is
John.
My name is John.
John.
```

2. 字符串拷贝函数 strcpy

调用格式：

strcpy(字符地址 1,字符地址 2)

功能：把字符串 2 复制到字符串 1 中。字符串结束标志'\0'也同时被复制。

说明：字符串 1 可以是一个字符数组或指向确定地址空间的指针变量，字符串 2 可以是一个字符数组或指向确定地址空间的指针变量，也可以是字符串常量。函数返回值为字符串 1 的首地址。

注意：存放字符串 1 的字符数组必须足够大，能保证存放下字符串 2，包括字符串结束标志'\0'。

【例 5.25】　字符串拷贝函数 strcpy。

```
#1.    # include "stdio. h"
#2.    # include "string. h"
#3.    void main( )
#4.    {
#5.        char str1[30] = "My name is ", str2[] = "John.";
#6.        puts(str1);
#7.        puts(str2);
```

```
#8.        strcpy(str1,str2);
#9.        puts(str1);
#10.       puts(str2);
#11. }
```

程序运行时输出：

```
My name is
John.
John.
John.
```

3. 字符串比较函数 strcmp
调用格式：

strcmp(字符地址 1,字符地址 2)

功能：比较字符串 1 和字符串 2 的大小，字符串的比较规则是按照顺序依次比较两个数组中的对应位置字符的 ASCII 码值，由函数返回比较结果。

字符串 1＝字符串 2,返回值＝0;

字符串 2＞字符串 2,返回值＞0;

字符串 1＜字符串 2,返回值＜0。

说明：字符串 1 和字符串 2 均可以是字符串常量,也可以是一个字符数组或指向确定地址空间的指针变量。

【例 5.26】 字符串比较函数 strcmp 的使用。

```
#1.    # include "stdio. h"
#2.    # include "string. h"
#3.    void main()
#4.    {
#5.        char strl[15],str2[ ] = "hello";
#6.        printf("input a string:");
#7.        gets(strl);
#8.        puts("the string is:");
#9.        puts(strl);
#10.       if(strcmp(strl,str2)> 0)
#11.           printf("strl> str2\n");
#12.       else
#13.           if(strcmp(strl,str2)== 0)
#14.               printf("strl= str2\n");
#15.           else
#16.               printf("strl< str2\n");
#17. }
```

程序运行时输出：

```
input a string:hi
the string is: hi
strl> str2
```

说明：本程序中把输入的字符串和数组 str2 中的字符串比较,根据比较结果,输出相应提示信息。当输入为 hi 时,字符串 1 的第一个字符'h'与字符串 2 第一个字符'h'相等,再用字符串 1 的第二个字符'i'与字符串 2 第二个字符'e'比较,由于'i'的 ASCII 码值大于'e'的 ASCII 码值,故字符串 1 大,输出结果 strl>str2。

4. 求字符串长度函数 strlen

调用格式:

strlen(字符地址)

功能:求字符地址开始的字符串的实际长度(不含字符串结束标志'\0')并作为函数返回值,返回值是无符号整型。

说明:字符串可以是字符数组名,指向字符串的指针变量或字符串常量。

注意:

(1)当用指针变量作 strlen 函数参数时,求得的字符串长度是指针变量当前指向的字符到'\0'之前的所有字符个数。

(2)因为 strlen 返回值为无符号整型,所以 strlen(s1)—strlen(2)>=0 表达式值永远为 1。

【例 5.27】 字符串长度函数 strlen 的使用。

```
#1.    # include "stdio.h"
#2.    # include "string.h"
#3.    void main( )
#4.    {
#5.        char strl[] = "welcome",str2[10] = "to",str3[20] = "hi Beijing!";
#6.        char * pl = strl, * p2 = &str3[3];
#7.        printf("The lenth of const string is % d\n",strlen("welcome")) ;
#8.        printf("The lenthof strl is %d\n",strlen(strl)) ;
#9.        printf("The lenthof strl is %d\n",strlen(pl)) ;
#10.       printf("Thelenthof str2 is %d\n",strlen(str2)) ;
#11.       printf("The lenthof str3 is %d\n",strlen(str3)) ;
#12.       printf("The lenthof strl is %d\n",strlen(p2)) ;
#13. }
```

程序运行时输出结果如下:

```
The lenth of const string is 7
The lenth of strl is 7
The lenth of strl is 7
The lenth of str2 is 2
The lenth of str3 is 11
The lenth of strl is 8
```

5.3.4 程序举例

【例 5.28】 输入一段文章并输出,文章中可能有空格和换行符,以' $ '作为文章结束标志。

```
#1.    # include  < stdio. h >
#2.    # defined N 1024
```

```
#3.   void main()
#4.   {
#5.       char text[N];
#6.       int i = 0;
#7.       while((text[i] = getchar())!= '$')   //使用 getchar 可以读入各种字符
#8.           i++;
#9.       text[i + 1] = 0;
#10.      i = 0;
#11.      while(text[i]!= 0)
#12.          putchar(text[i++]);
#13. }
```

说明：#4 行定义一个字符数组用来保存文章内容。

#7～#8 行循环读入文章内容，直到读入'$'结束循环，完成读入，因为字符是逐个读入的，所以最后读入的字符末尾没有字符串读入标记'\0'。

#9 行在读入内容末尾添加'\0'，作为字符串结束标志。

#10～#12 行输出读入的内容，这三行也可以用 printf("%s",text);取代。

【例 5.29】 输入一个长度小于 100 的字符串，统计该字符串中大写字母、小写字母、数字字符及其他字符的数量。

```
#1.    # include "stdio.h"
#2.    void main()
#3.    {
#4.        char str[100];                        /*定义字符数组 str 来存放字符串*/
#5.        int i,big = 0,small = 0,num = 0,other = 0;
#6.        printf("please input string:");
#7.        gets(str);
#8.        for(i = 0;str[i];i++)                  /*统计字符串 str 中各类字符的个数*/
#9.            if(str[i]>= 'A'&&str[i]<= 'Z')      /*统计大写字母个数*/
#10.               big++;
#11.           else
#12.               if(str[i]>= 'a' && str[i]<= 'z')  /*统计小写字母个数*/
#13.                   small++;
#14.               else
#15.                   if(str[i]>= '0' && str[i]<= '9')    /*统计数字字符个数*/
#16.                       num++;
#17.                   else
#18.                       other++;                /*其他字符个数*/
#19.       printf("big = %d, small = %d,num = %d,other = %d\n", big, small, num, other);
#20. }
```

程序运行时若输入：

Atcv249CmkE1# tG * H < CR>

则输出：

big = 5, small = 6,num = 4, other = 2

说明：本程序首先使用 gets 函数对数组 str 输入长度小于 100 的字符串。然后使用循环查看每一个字符是否满足大写字母条件、小写字母条件、数字字符条件，都不满足则属于其他字符。循环结束条件使用 str[i]（也可以使用 str[i]! = '\0'，因为二者等价）而不是使用字符数组长度。最后输出统计结果 j。

【例 5.30】 输入一个长度小于 100 的字符串，删除该字符串中所有的字符 * 。

```
#1.   #include "stdio.h"
#2.   void main()
#3.   {
#4.      char str[100],i,k = 0;        /*定义字符数组 str 来存放字符串*/
#5.      printf("please input string:");
#6.      gets(str);
#7.      for(i = 0;str[i];i++)          /*使用循环查看字符串的每个字符*/
#8.         if(str[i]!= ' * ')          /*如果不是字符' * '则放回去,否则丢弃*/
#9.            str[k++] = str[i];
#10.     str[k] = '\0';                 /*最后给新字符串加字符串结束标记*/
#11.     printf("new string is % s\n",str);
#12. }
```

程序运行若输入：

A * * * cv249 * * CmkEl # t * * * G * H * * * * * * * * < CR >

则输出：

Acv249CmkEl # tGH

说明：本程序首先使用 gets 函数对数组 str 输入长度小于 100 的字符串。然后使用循环查看每一个字符是否为字符' * '，是则丢弃，不是则保留。循环结束后，新字符串中没有字符串结束标记'\0'，因此要人为加上'\0'。最后输出统计结果。

【例 5.31】 输入一个长度小于 100 的字符串，将字符串中下标为奇数位置上的字母转为大写。

```
#1. #include"stdio.h"
#2. void main()
#3. {
#4.    char str[100],i,k = 0;        /*定义字符数组 str 来存放字符串*/
#5.    printf("please input string:");
#6.    gets(str);
#7.    for(i = 0;str[i];i++)          /*使用循环查看字符串的每个字符*/
#8.       if(i%2==1)                  /*如果下标为奇数则把该字母转化为相应的大写字符*/
#9.          str[i] - = 32;
#10.      printf("new string is % s\n",str);
#11. }
```

程序运行时输入：

abcdefghijkl < CR >

输出：

aBcDeFgHiJkL

说明：本程序首先使用 gets 函数对数组 str 输入长度小于 100 的字符串。然后使用循环查看每一个字符，如果下标为奇数则把该字母转化为对应的大写字符，最后输出结果。关系表达式 i%2==1 还可用算术表达式 i%2 或关系表达式 i%2!=0 代替。

【例 5.32】 输入一个无符号的长整型数，将该数转换为倒序的字符串。

例如，无符号长整型数 123456 转换为字符串"654321"。

```
#1.    #include  <stdio.h>
#2.    void main()
#3.    {
#4.        char str[20];
#5.        unsigned num,k = 0;
#6.        printf("input a num:");
#7.        scanf("%u", &num);
#8.        while(num)                    /* 判断 num 是否等于 0 */
#9.        {
#10.           str[k++] = num%10 + '0'; /* 将 num 当前个位上的数字提取出来并变成数字字符 */
#11.           num/= 10;                 /* 放入字符串中，使 num 缩小 10 倍 */
#12.        }
#13.       str[k] = '\0';
#14.       printf("The result is: %s\n",str);
#15. }
```

程序运行时输入：

1234567 < CR>

输出：

The result is: 7654321

说明：本程序首先输入一个无符号的整型数，使用算术运算符"%"和"/"提取各位上的数字并把数字变成相应的数字字符放入字符数组中，然后加 '\0' 使字符数组中的字符形成字符串，最后利用格式符%s 输出字符串。

5.4　指针数组

5.4.1　指针数组的定义与应用

在 C 语言中的指针数组是指用于存放指针型数据的数组。指针数组的定义、引用和初始化与前面介绍的数组相关知识相同。由于指针本身有一定的复杂性，所以指针数组在操作上比其他类型的数组要复杂一些，本节只针对一维指针数组的使用方法进行讨论，多维指针数组与此类似。

1. 指针数组的定义形式

数据类型 ＊指针数组名[元素个数]

例如,int * pa[2];表示定义了一个指针数组 pa,它由保存 int 型数据地址的 pa[0]和 pa[1]两个元素组成。和普通数组一样,编译系统在处理指针数组定义时,给它在内存中分配一个连续的存储空间,这时指针数组名 pa 就表示该数组的首元素的地址。

注意 int * pa[2];与 int (* pa)[2];的区别:

(1) int * pa[2];

由于[]比 * 优先级高,因此 pa 先与[2]结合,形成 pa[2]形式,这显然是数组形式,它有 2 个元素。然后再与 pa 前面的"*"结合,"*"表示此数组是指针类型的,然后前面还有一个 int,说明数组的每个数组元素(相当于一个指针变量)都可指向一个整型变量。

(2) int (* pa)[2];

由于有(),因此先形成 * pa 形式,这显然是指针形式,它后面有个[2],说明它指向一个有 2 个元素的数组,然后前面还有一个 int,说明数组的每个元素都是整型变量。

2. 指针数组的应用

在程序中指针数组通常用来处理多维数组。

例如,定义一个二维数组和一个指针数组:

int a[2][3], * pa[2];

二维数组 a[2][3]可分解为 a[0]和 a[1]这两个一维数组,它们各有 3 个元素。指针组 pa 由两个指针 pa[0]和 pa[1]组成。可以把一维数组 a[0]和 a[1]的首地址分别赋予指针 pa[0]和 pa[1],例如:

pa[0] = a[0];或 pa[0] = &a[0][0];
pa[1] = a[1];或 pa[1] = &a[1][0];

则两个指针分别保存两个一维数组首元素的地址,如图 5-8 所示,这时通过两个指针就可以对二维数组中的数据进行处理。

【例 5.33】 将多个字符串按字典顺序输出。

图 5-8 指针数组和二维数组

```
#1.   # include < stdio. h >
#2.   # include < string. h >
#3.   void main()
#4.   {
#5.       char * pname, * pstr[] = {"John","Michelle","George","Kim"};
#6.       int n = 4, i, j;
#7.       for(i = 0;i < n;i++)
#8.           for(j = i + 1;j < = n;j++)
#9.               if(strcmp(pstr[i],pstr[j])> 0)
#10.              {
#11.                  pname = pstr[i];
#12.                  pstr[i] = pstr[j];
#13.                  pstr[j] = pname;
#14.              }
#15.      for(i = 0;i < n;i++)
#16.          printf(" % s\n",pstr[i]);
#17. }
```

输出：

```
George
John
Kim
Michelle
```

说明：程序中定义了字符指针数组 pstr，它由 4 个元素组成，分别指向 4 个字符串常量，即初始值分别为 4 个字符串的首地址，如图 5-9 所示。用一个双重循环对字符串进行排序（选择排序法）。在内层循环 if 语句的表达式中调用了字符串比较函数 strcmp，其中，pstr[i]、pstr[j]是要比较的两个字符串的指针。当字符串 pstr[i]大于、等于或小于字符串 pstr[j]时，函数返回值分别为正数、零和负数。最后使用一个单循环将字符串以"％s"格式按字典顺序输出。

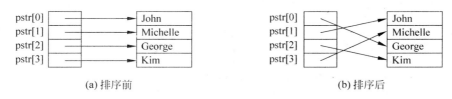

(a) 排序前　　　　　　　　　　　　(b) 排序后

图 5-9　将多个字符串按字典顺序输出

当然，指针数组不仅仅可以存放多个字符串，也可以存放其他类型变量的地址。

例如：

```
int * p[4];
```

表示 p 是一个指针数组名，该数组有 4 个数组元素，每个数组元素都是一个指针，指向整型变量。

【例 5.34】　用指针数组处理二维数组。

```
#1.   # include < stdio. h>
#2.   void main( )
#3.   {
#4.       int a[2][3], * pa[2];
#5.       int i,j;
#6.       pa[0] = a[0];
#7.       pa[1] = a[1];
#8.       for(i = 0;i < 2;i++)
#9.         for(j = 0;j < 3;j++)
#10.            a[i][j] = (i + 1) * (j + 1);
#11.      for(i = 0;i < 2;i++)
#12.        for(j = 0;j < 3;j++)
#13.        {
#14.            printf("a[ % d][ % d]: % 3d\n",i, j, * pa[i]);
#15.            pa[i]++;
#16.        }
#17. }
```

程序的运行结果如下：

```
a[0][0]: 1
a[0][1]: 2
a[0][2]: 3
a[1][0]: 2
a[1][1]: 4
a[1][2]: 6
```

【例 5.35】 通常可用一个指针数组来指向一个二维数组。指针数组中的每个元素被赋予二维数组每一行的首地址,因此也可理解为指向一个一维数组。

```
#1.    # include "stdio.h"
#2.    void main( )
#3.    {
#4.        int a[3][3] = {1,2,3,4,5,6,7,8,9};
#5.        int * pa[3] = {a[0],a[1],a[2]};
#6.        int * p = a[0],i;
#7.        for(i = 0;i < 3;i++)
#8.            printf(" % d, % d, % d\n",a[i][2 - i], * a[i], * ( * (a + i) + i)) ;
#9.        for(i = 0;i < 3;i++)
#10.            printf(" % d, % d, % d\n", * pa[i],p[i], * (p + i)) ;
#11. }
```

程序运行时输出:

```
3, 1, 1
5, 4, 5
7, 7, 9
1, 1, 1
4, 2, 2
7, 3, 3
```

说明:本例程序中,pa 是一个指针数组,3 个元素分别指向二维数组 a 的各行。然后用循环语句输出指定的数组元素。其中,* a[i]表示 i 行 0 列元素值;* (* (a+i)+i)表示 i 行 i 列的元素值;* pa[i]表示 i 行 0 列元素值;由于 p 与 a[0]相同,故 p[i]表示 0 行 i 列的值;* (p+i)表示 0 行 i 列的值。读者可仔细领会元素值的各种不同的表示方法。

在程序中也经常使用字符指针数组来处理多个字符串,见 5.4.2 节。

3. 指针数组和数组指针变量的区别

这两者虽然都可用来表示二维数组,但是其表示方法和意义是不同的。

数组指针变量是单个的变量,其一般形式中(* 指针变量名)两边的括号不可少。而指针数组类型表示的是多个指针(一组有序指针),在一般形式中"* 指针数组名"两边不能有括号。

例如:

```
int( * p)[3];
```

表示一个指向二维数组的指针变量。该二维数组的列数为 3 或分解后一维数组长度为 3。

```
int * p[3];
```

表示 p 是一个指针数组,有 3 个数组元素 p[0]、p[1]、p[2],而且均为指针变量。

5.4.2 指向指针的指针

指针变量不但可以用于保存非指针类型的变量地址,也可以用于保存指针类型变量的地址。在 C 语言中,如果一个指针变量存放的是另一个指针变量的地址,那么这个指针变量被称为指向指针的指针变量或被称为多级指针变量。

通过指针访问变量称为间接访问。如果通过指针变量直接访问非指针的变量,称为"单级间址"。如果通过指向指针的指针变量来通过它指向的指针访问非指针的变量,则被称为"二级间址"。从理论上说,间址方法可以延伸到更多的级。但实际上在程序中很少有超过二级间址的。因为级数愈多,愈难理解,容易产生混乱,出错机会也多。

如果有一个整型变量 x,如下:

```
int x;
```

可以保存 x 地址的指针 p 称为一级指针,定义如下:

```
int * p1;
```

可以保存 p 地址的指针 p2 称为二级指针,定义如下:

```
int ** p2;
```

可以保存 p2 地址的指针 p3 称为三级指针,定义如下:

```
int *** p3;
```

按照上面的方式可以定义更多级的指针,下面给出一个简单的多级指针应用例子。

【例 5.36】 多级指针应用例子。

```
#1.    # include "stdio.h"
#2.    void main( )
#3.    {
#4.        int x = 100;
#5.        int * p1 = &x;
#6.        int ** p2 = &p1;
#7.        int *** p3 = &p2;
#8.        printf(" % d\n", * p1);
#9.        printf(" % d\n", ** p2);
#10.       printf(" % d\n", *** p3);
#11. }
```

输出:

```
100
100
100
```

说明: #6 行的 int ** p2 等价于 int *(* p2),可以分解为(* p2),说明 p2 是一个指针,然后它前面还有一个" * ",说明 p2 保存的是一个指针型的地址,然后前面还有一个"int",说明 p2 保存的地址对应的变量是指向 int 型的指针。#7 行与此类似,只不过又加了一层。

♯9 行的 ∗∗ p2 等价于 ∗(∗ p2),可以分解为(∗ p2),即 p2 指向的内容,就是 p1,然后它前面还有一个 ∗ 号,即等价与 ∗ p1,而 ∗ p1 即变量 x,♯10 行与此类似,只不过又加了一层。

【例 5.37】 使用指向指针的指针处理指针数组。

```
#12.  # include "stdio. h"
#13.  void main( )
#14.  {
#15.      char ** p, * name[ ] = {"China", "Russia", "France", "America", "Canada", "Brazil"} ;
#16.      int i;
#17.      p = name;
#18.      for(i = 0;i < = 5;i++)
#19.      {
#20.          printf(" % s,", * p++) ;
#21.      }
#22.  }
```

输出:

China, Russia, France, America, Canada, Brazil

用指向指针的指针操作指针数组与用指向整型的指针操作整型数组原理上是相同的。

【例 5.38】 一个指针数组的元素指向数据的简单例子。

```
#1.   # include "stdio. h"
#2.   void main()
#3.   {
#4.       int a[5] = {1,3,5,7,9};
#5.       int * num[5] = {&a[0],&a[1],&a[2],&a[3],&a[4]};
#6.       int ** p, i;
#7.       p = num;
#8.       for(i = 0;i < 5;i++)
#9.       {
#10.          printf(" % d ",** p);
#11.          p++;
#12.      }
#13.  }
```

程序运行时输出:

1 3 5 7 9

5.5   习题

1. 编写程序,用筛选法求 100 之内的素数。

2. 输入一整数,并能逐位正序或反序输出。

3. 对一个 4×4 矩阵逆时针旋转 90°。

4. 将一个数组中的数据奇数放到前面,偶数放到后面。

5. 输入一个 4×4 的矩阵,求四个边上元素的和。

6. 输入 9 个 10 以内的自然数,将它们组成两个整数,求如何组合得到两个数的乘积最大或最小。

7. 输入一个数组,输出它的区间范围,例如输入 1,2,3,4,5,6,7,8,20,21,22,23,输出 1-8,20-30。

8. 输入一个区间范围,输出数组,例如输入 1-8,20-23,输出 1,2,3,4,5,6,7,8,20,21,22,23。

9. 不用 string.h 中的函数,自己写程序实现 strcpy、strcmp、strlen、strcat 的功能。

10. 输入一篇文章,该文章小于 1000 字符,统计单词的个数,单词是连续的大小写字母组成。

11. 输入一篇文章,该文章小于 1000 字符,对文中内容进行加密,加密方法是 A—>Z, B—>Y…Z—>A,a—>z…z—>a。

12. 编写一个程序,判断输入的数字是否在指定范围内,范围也由用户输入,例如"100-100000,220000,250000,300000-600000"。

13. 编写一个程序,输入一篇文章,该文章小于 1000 字符,从中将指定字符串换成另外一个。

14. 读入一个字符串,判断它是否是回文,所谓回文即正序和逆序内容相同的字符串。

15. 编写一个程序,输入一篇文章,该文章小于 1000 字符,从中找出出现频率最高的单词。

第 6 章

其他数据类型

C 语言中包含的基本数据类型有整型、实型、指针型，可以使用这些基本数据类型创建出多种用户自己定义的数据类型。第 5 章介绍的数组就是一种使用这些基本类型组合成的自定义数据类型。本章将讲述 C 语言提供的更多的自定义数据类型。

6.1　结构体类型的定义

数组要求组成它的所有元素必须具有相同的数据类型，但在解决实际问题过程中，使用到的数据往往具有不同的数据类型。例如，在处理学生信息的程序中，一个学生的信息包括姓名、学号、年龄、性别、成绩等信息，姓名的数据类型为字符数组；学号的数据类型为整型；年龄的数据类型为整型；性别的数据类型为整型(用 0、1 代表不同性别)；成绩的数据类型为实型。显然不能用一个数组来存放一个学生的信息。为了将这组具有不同数据类型，但相互关联的学生信息数据组合成一个整体进行使用，C 语言中提供了另一种构造数据类型——结构体类型(structure)。

结构体由若干成员组成，各成员可具有不同的数据类型。在程序中要使用结构体类型，必须先对结构体的组成进行定义。结构体类型的定义形式如下：

```
struct 结构体名
{
    成员表列;
};
```

说明：

(1) struct 是定义结构体类型的关键字，不能省略；结构体类型名属于 C 语言的标识符，命名规则按照标识符的规定命名，"struct 结构体名"为结构体类型名。

(2) 成员表列由若干个成员组成，对每个成员都必须做出类型说明，其格式与说明一个变量的一般格式相同，即"类型名 成员名；"。

(3) 结构体类型定义最后的分号不能省略。

【例 6.1】　已知一个学生的基本信息包括学号、姓名、性别、年龄、成绩，类型分别是 int、char[20]、int、float 类型，定义一个结构体类型包含以上学生信息。

```
struct student
```

```
{
    int num;                        / * 学号 * /
    char name[20];                  / * 姓名 * /
    int sex;                        / * 性别 * /
    int age;                        / * 年龄 * /
    float score;                    / * 成绩 * /
};
```

说明：例6.1建立了一个用户自定义的结构体类型 struct student，它由 num、name、sex、age、score 这5个成员组成。struct student 是这个自定义类型的类型名，它和系统提供的其他数据类型（如 int、char、float 等）具有相同的功能，都可以用来定义变量。

结构体类型的定义可以嵌套，即一个结构体类型中的某些成员也可以是其他结构体类型，但是这种嵌套不能包含自身，即该结构体类型的成员又是该结构体类型的。

【**例6.2**】　利用例6.1中定义的 struct student 类型，定义一个扩展的学生信息结构体类型，除了例6.1中基本的学生信息外，还包括学生的家庭地址、电话号码，该扩展的学生信息结构体定义如下：

```
struct StudentEx
{
struct student Base;
char Addr[40];
char Phone[20];
};
```

说明：例6.2建立了一个用户自定义的结构体类型 struct StudentEx，它由 Base、Addr、Phone 这3个成员组成。而 Base 成员又是 struct student 类型的，Base 成员又包括了 num、name、sex、age、score 这5个成员。

注意：用户自定义的结构体类型只是关于一个数据类型的描述和设计，本身不占内存空间，只有根据结构体类型定义了变量，程序在执行时系统才依照结构体类型的描述分配实际的存储单元给这个结构体类型变量。

在程序中，可以在函数的内部定义结构体类型，也可以在函数的外部定义结构体类型，在函数内部定义的结构体，仅在该函数内部有效，即只能在该函数内使用该结构体类型，而定义在外部的结构体类型，在所有函数中都可以使用该结构体类型。

6.2　结构体类型变量

6.2.1　结构体变量的定义

结构体类型在定义完成之后，即可使用它来定义变量。定义结构体类型的变量，有以下三种方式。

1. 先定义结构体类型再定义结构体变量

它的一般形式为：

struct 结构体名 变量名表列；

【例 6.3】　使用例 6.1 中定义的结构体类型 struct student 定义结构体类型变量：

struct student st1, st2;

说明：上述语句定义了两个 struct student 类型的变量 st1、st2，它们具有 struct student 类型的结构，如图 6-1 所示。

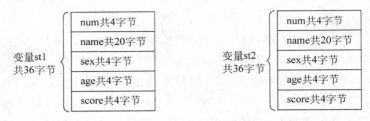

图 6-1　st1 与 st2 内存存储形式

程序运行时，结构体变量按照结构体的成员组成来分配存储单元。一个结构体变量的所有成员在内存中占用连续的存储区域，所占内存大小为结构体中各个成员的所占内存之和。

注意：很多编译程序在编译时为了提高程序的执行效率，可能改变一些结构体类型变量的部分成员的内存起始地址，使得一些成员间出现内存间隔，造成一些结构体变量占用的内存空间大于该结构体类型定义时各个成员所占内存之和。但编译程序不会改变结构体各成员的存储顺序，用户也可以通过对编译程序进行设置修改编译程序的这种优化功能。

2. 在定义结构体类型的同时定义结构体变量

它的一般形式为：

struct 结构体名
{
　成员表列
}变量名表列;

【例 6.4】　定义结构体类型的同时定义结构体变量。

```
struct student
{
    int num;
    char name[ 20 ] ;
    int sex;                    / * 0 代表女、1 代表男 * /
    int age;
    float score;
}st1,st2;
```

说明：它的作用与第一种定义结构体变量的方式相同，同样定义了两个 struct student 类型的变量 st1 和 st2。

3. 直接定义结构体类型变量

它的一般形式为：

```
struct
{
    成员表列
}变量名表列;
```

第 3 种方法与第 2 种方法的区别在于,第 3 种方法中省去了结构体名,而直接定义结构体变量。这种定义结构体变量的形式虽然简单,但是无结构体名的结构体类型是无法重复使用的,也就是说,后面的程序中不能再利用该结构体类型定义此类型的变量和指向此类型的指针。

说明:

(1) 结构体类型与结构体变量是不同的概念。对结构体变量来说,要先有结构体类型,然后才能定义该类型的变量。只能对变量赋值、存取或运算,而不能对一个类型赋值、存取或运算。在编译时,对类型是不分配存储空间的,只对变量分配存储空间。

(2) 对结构体变量中的每个成员,可以单独使用,它的作用与地位相当于普通变量。

(3) 结构体中的成员名可以与程序中的其他变量名相同,两者不代表同一对象。例如,程序中可以另外定义一个变量 num,它与 struct student 的 num 是两回事,互不干扰。

6.2.2 结构体变量的引用

结构体作为若干成员的集合是一个整体,但在使用结构体变量时,不仅要对结构体变量整体进行操作,更多的是对结构体变量中的每个成员进行操作。

1. 引用结构体成员的一般形式

结构体变量.成员名

"."是结构体成员运算符,它的操作的优先级是最高级的,其结合性为从左到右,功能是根据结构体变量名得到该结构体变量的某个成员。

【例 6.5】 输入两个同学的信息,输出成绩高的同学的学号和姓名。

```
#1.   # include "stdio.h"
#2.   struct student
#3.   {
#4.       int num;
#5.       char name[ 20 ];
#6.       int sex;                  /*0代表女、1代表男*/
#7.       int age;
#8.       float score;
#9.   };
#10.  void main()
#11.  {
#12.      struct student st1,st2;
#13.      printf("请输入第一个同学的学号 姓名 性别 年龄 成绩:");
#14.      scanf("%d %s %d %d %f",&st1.num,st1.name,&st1.sex,&st1.age,&st1.score);
#15.      printf("请输入第二个同学的学号 姓名 性别 年龄 成绩:");
#16.      scanf("%d %s %d %d %f",&st2.num,st2.name,&st2.sex,&st2.age,&st2.score);
#17.      if(st1.score > st2.score)
#18.          printf("学号: %d,姓名: %s\n",st1.num,st1.name);
```

```
#19.      else
#20.          printf("学号: %d,姓名: %s\n",st2.num,st2.name);
#21. }
```

程序运行输入:

1 张三 0 19 77 ↙
2 李四 1 20 87 ↙

程序运行输出:

学号: 2 ,姓名: 李四

说明: #2行到#9行定义了一个结构体类型 student,#12行在 main 函数内定义了该结构体类型的两个变量 st1、st2。

#14行与#16行读入 st1、st2 两个结构体变量的值,对结构体变量进行输入输出时,只能对结构体变量的成员进行输入输出,不能对结构体变量进行整体的输入输出。

#17行中对两个结构体变量的 score 成员进行了大小的比较。结构体变量的成员可以参加它所属数据类型的各种运算,而作为多个成员构成的结构体变量一般只能参加以下两种运算:

① 结构体变量整体赋值,此时必须是同类型的结构体变量。如:

```
st2 = st1;
```

该赋值语句将把 st1 变量中各成员的值,对应赋值给 st2 变量的同名成员,从而使 st2 具有与 st1 完全相同的值。

② 取结构体变量的地址。如:

```
struct student st1, * p;
p = &st1;
```

2. 嵌套型结构体成员的引用

结构体变量.成员名.成员名

如果结构体成员本身又属一个结构体类型,则需要用若干个成员运算符,一级一级地找到最低的一级的成员,只能对最低级的成员进行赋值或存取以及运算。

【例 6.6】 输入两个同学的信息,输出成绩高的同学的学号和姓名。

```
#1.  # include "stdio.h"
#2.  struct student
#3.  {
#4.      int num;
#5.      char name[ 20 ];
#6.      int sex;
#7.      int age;
#8.      float score;
#9.  };
#10. struct studentEx
#11. {
```

```
#12.        struct student base;
#13.        char addr[40];
#14.        char phone[20];
#15.    };
#16. void main()
#17. {
#18.        struct studentEx st1,st2;
#19.        printf("请输入第一个同学的学号 姓名 性别 年龄 成绩 家庭住址 联系电话:");
#20.        scanf("%d %s %d %d %f %s %s",&st1.base.num,st1.base.name,&st1.base.sex,
#21.            &st1.base.age,&st1.base.score,st1.addr,st1.phone);
#22.        printf("请输入第二个同学的学号 姓名 性别 年龄 成绩 家庭住址 联系电话:");
#23.        scanf("%d %s %d %d %f %s %s",&st2.base.num,st2.base.name,&st2.base.sex,
#24.            &st2.base.age,&st2.base.score,st2.addr,st2.phone);
#25.        if(st1.base.score > st2.base.score)
#26.            printf("学号: %d,姓名: %s\n",st1.base.num,st1.base.name);
#27.        else
#28.            printf("学号: %d,姓名: %s\n",st2.base.num,st2.base.name);
#29. }
```

3. 使用指针引用结构体变量的成员

结构体变量地址 -> 成员名

或

(* 结构体变量地址). 成员名

"—>"是结构体成员运算符,它的操作的优先级与"."相同,其结合性为从左到右,功能是根据结构体变量或结构体变量的地址得到该结构体变量的某个成员。

"(* 结构体变量地址). 成员名"中的括号是必需的,因为运算符" * "的优先级低于运算符".",如去掉括号写作" * 结构体变量地址. 成员名"则等价于" * (结构体变量地址. 成员名)",而"结构体变量地址. 成员名"是错误的表达式。

【例 6.7】 使用结构指针输入两个同学的信息,输出成绩高的同学的学号和姓名。

对例 6.6 进行改造,前 15 行结构体类型的定义相同,下面程序从 #16 开始:

```
#16. void main()
#17. {
#18.        struct studentEx st1,st2;
#19.        struct studentEx * p = &st1;
#20.        printf("请输入第一个同学的学号 姓名 性别 年龄 成绩 家庭住址 联系电话:");
#21.        scanf("%d %s %d %d %f %s %s",&p->base.num,p->base.name,&p->base.sex,
#22.            &p->base.age,&p->base.score,p->addr,p->phone);
#23.        printf("请输入第二个同学的学号 姓名 性别 年龄 成绩 家庭住址 联系电话:");
#24.        p = &st2;
#25.        scanf("%d %s %d %d %f %s %s",&p->base.num,p->base.name,&p->base.sex,
#26.            &p->base.age,&p->base.score,p->addr,p->phone);
#27.        if(st1.base.score > st2.base.score)
#28.            p = &st1;
#29.        else
#30.            p = &st2;
#31.        printf("学号: %d,姓名: %s\n",( * p).base.num, ( * p).base.name);
#32. }
```

说明：#19 行定义了一个指向 struct student Ex 结构体类型的指针 p,并初始化为结构体变量 st1 的地址,其方法和过程与定义和初始化其他类型指针变量并无区别。

#21、#22、#25、#26 行演示了使用结构体类型指针操作结构体类型变量成员的方法。

#24、#28、#30 行将不同构体类型变量的地址赋值给指针变量 p。

#31 行演示了另外一种使用指针操作结构体类型变量成员的方法。

上例演示了使用结构体变量的指针可以操作结构体变量的成员,其实也可以直接使用结构体变量成员的指针操作结构体变量的成员,要求是该指针必须与结构体变量成员的类型相一致。

【例 6.8】 使用指针直接操作结构体变量的成员。

对例 6.6 进行修改,前 15 行结构体类型的定义相同,下面程序从#16 开始:

```
#16. void main()
#17. {    struct studentEx st1,st2;
#18.      struct student * p = &st1.base;
#19.      int * p1 = &st1.base.num;
#20.      char * p2 = st1.addr;
#21.      printf("请输入第一个同学的学号 姓名 性别 年龄 成绩 家庭住址 联系电话:");
#22.      scanf("%d %s %d %d %f %s %s",p1,p->name,&p->sex,&p->age,&p->score,
          p2,&st1.phone);
#23.      printf("请输入第二个同学的学号 姓名 性别 年龄 成绩 家庭住址 联系电话:");
#24.      p = &st2.base;
#25.      p1 = &st2.base.num;
#26.      p2 = st2.addr;
#27.      scanf("%d %s %d %d %f %s %s",p1,p->name,&p->sex,&p->age,&p->score,
          p2,&st2.phone);
#28.      if(st1.base.score > st2.base.score)
#29.          printf("学号: %d,姓名: %s\n",st1.base.num,st1.base.name);
#30.      else
#31.          printf("学号: %d,姓名: %s\n",st2.base.num,st2.base.name);
#32. }
```

说明：#18 行定义了一个指向 struct student 结构体类型的指针 p,并初始化为结构体变量 st1 的 struct student 结构体类型的成员 base 的地址。

#19 行定义了一个整型指针 p1,并初始化为结构体变量 st1 的 st1.base.num 成员的地址。

#20 行定义了一个字符指针 p2,并初始化为结构体变量 st1 的 st1.base.name 成员的地址。

#22、#27 行演示了使用不同类型指针操作结构体类型变量成员的方法。

6.2.3 结构体变量的初始化

所谓结构体变量的初始化,就是在定义结构体变量的同时,对其成员赋初值。在初始化时,按照所定义的结构体类型的数据结构,依次写出各初始值,在编译时就将它们赋给此变量中的各成员。

【例6.9】 对结构体变量初始化。

对例6.6进行修改,前15行结构体类型的定义相同,下面程序从♯16开始:

```
♯16.    void main()
♯17.  {
♯18.      struct student st1 = {1,"张三",1,19,78.5};
♯19.      struct studentEx st2 = {1,"张三",1,19,78.5,"北京市朝阳区","01012345678"};
♯20.      printf("%d,%s,%s,%.1f\n",st1.num,st1.name,st1.sex?"男":"女",st1.score);
♯21.      printf("%d,%s,%s,%.1f,%s,%s\n",st2.base.num,st2.base.name,st2.base.sex?
              "男":"女",st2.base.score,st2.addr,st2.phone);
♯22. }
```

程序运行结果:

1,张三,男,78.5
1,张三,男,78.5,北京市朝阳区,01012345678

说明:♯20、♯21行的问号表达式将结构体变量中的 sex 成员的整数性别编码转换成代表的性别名称字符串进行输出。

在对结构体变量初始化时,如果不指定全部成员的值,后面未指定的成员存储单元全部被赋值为0。

【例6.10】 对结构体变量初始化。

对例6.6进行修改,前15行结构体类型的定义相同,下面程序从♯16开始:

```
♯16. void main()
♯17. {
♯18.      struct student st1 = {1,"张三"};
♯19.      struct studentEx st2 = {{1,"张三"},"北京市朝阳区"};
♯20.      printf("%d,%s,%s,%.1f\n",st1.num,st1.name,st1.sex?"男":"女",st1.score);
♯21.      printf("%d,%s,%s,%.1f,%s,%s\n",st2.base.num,st2.base.name,st2.base.sex?
              "男":"女",st2.base.score,st2.addr,st2.phone);
♯22. }
```

程序运行结果:

1,张三,女,0.0
1,张三,女,0.0,北京市朝阳区,

6.3 结构体类型数组

一个结构体变量中可以存放一个学生的多种信息。如果有10个学生的数据需要处理,并且这10个学生的数据具有相同的结构体类型,就可以用该结构体类型定义一个数组。这种使用结构体类型作为元素类型的数组就是结构体数组。结构体数组与以前介绍过的数值型数组的处理并无差别。

6.3.1 结构体数组的定义

结构体数组定义的一般形式如下：

类型标识符 数组名[整型常量表达式];

【例6.11】 定义结构体数组的一般形式。

```
struct student
{
int num;                    /*学号*/
char name[20];              /*姓名*/
int sex;                    /*性别*/
int age;                    /*年龄*/
float score;                /*成绩*/
};
struct student st[3];
```

【例6.12】 定义结构体类型的同时定义结构体数组。

```
struct student
{
int num;                    /*学号*/
char name[20];              /*姓名*/
int sex;                    /*性别*/
int age;                    /*年龄*/
float score;                /*成绩*/
} st[3];
```

【例6.13】 定义无结构体名称的结构体数组。

```
struct
{
int num;                    /*学号*/
char name[20];              /*姓名*/
int sex;                    /*性别*/
int age;                    /*年龄*/
float score;                /*成绩*/
} st[3];
```

以上3例同样定义了一个数组 st，数组有3个元素，均为 struct student 类型数据，数组各元素在内存中连续存放，如图6-2所示。

6.3.2 结构体数组的初始化

在对结构体数组初始化时，要将每个元素的数据分别用大括号括起来。例如：

【例6.14】 对结构体变量初始化。

```
struct student st[3] = {{1,"张三",1,73.0},
                        {2,"李四",1,90.5},
                        {3,"王五",1,85.5}};
```

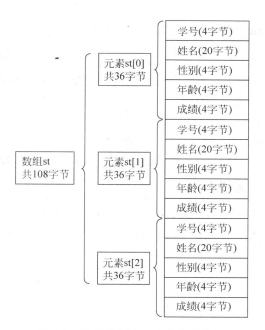

图 6-2 数组体元素在内存中的存放

说明：编译程序在编译时将嵌套的第一对大括号中的数据赋给数组的第一个元素 st[0]，将嵌套的第二个花括号中的数据送给 st[1]，…。

【例 6.15】 对结构体变量初始化。

```
struct student st[3] = {{1,"张三",1,73.0},
                 {2,"李四",1,90.5}};
```

说明：编译程序在编译时将嵌套的第一对大括号中的数据赋给数组的第一个元素 st[0]，将嵌套的第二个花括号中的数据送给 st[1]，st[2]所有元素的内存值为 0。

【例 6.16】 对结构体变量初始化。

```
struct student st[3] = {{1,"张三",1,73.0},
                 {0},
                 {3,"王五",1,85.5}};
```

说明：编译程序在编译时将嵌套的第一对大括号中的数据赋给数组的第一个元素 st[0]，st[1]所有元素的内存值为 0，将嵌套的第三个花括号中的数据送给 st[2]。

【例 6.17】 对结构体变量初始化。

```
struct student st[ ] = {{1,"张三",1,73.0},
                 {2,"李四",1,90.5},
                 {3,"王五",1,85.5}};
```

这和前面有关章节介绍的数组初始化相类似。此时系统会根据初始化时提供的数据组的个数自动确定数组的大小，例 6.17 的结构体数组定义等同于例 6.14 的结构体数组的定义。

6.3.3　结构体数组的引用

一个结构体数组的元素相当于一个结构体变量。引用结构体数组元素的方法是将第 5 章引用数组元素的方法和本章 6.3.3 节引用结构体变量的方法进行综合。

1. 引用结构体数组元素成员

引用结构体数组元素成员首先要取得数组元素，取得数组元素的方法是"数组名[下标]"，数组名[下标]是数组元素，也代表一个结构体变量，而引用结构体变量成员的一般形式是"结构体变量. 成员名"，所以两者合并得到如下的引用结构体数组元素成员的形式：

结构体数组名 [下标]. 成员名

【例 6.18】　输入两个同学的信息，输出成绩高的同学的学号和姓名。

对例 6.8 进行修改，前 15 行结构体类型的定义相同，下面程序从 ♯16 开始：

```
♯16. void main()
♯17. {
♯18.        struct studentEx st[2];
♯19.        int i;
♯20.        for(i = 0;i < 2;i++)
♯21.        {
♯22.              printf("输入第 % d 个同学的学号 姓名 性别 年龄 成绩 家庭住址 联系电话:",i + 1);
♯23.              scanf(" % d % s % d % d % f % s % s",&st[i]. base. num,st[i]. base. name,&st[i].
                  base. sex,
♯24.                   &st[i]. base. age,&st[i]. base. score,st[i]. addr,st[i]. phone);
♯25.        }
♯26. }
```

说明：♯18 行定义了一个结构体数组 st，它由两个 struct studentEx 元素组成。
♯23、♯24 行读入结构体数组的元素。

2. 使用指针引用结构体数组元素成员

当一个指针指向一个结构体数组元素时，等价于使用该指针指向一个结构体变量，所以使用指针引用结构体数组元素成员与使用指针引用结构体变量成员形式完全一样：

结构体数组元素地址 ->成员名

或

(∗结构体数组元素地址). 成员名

【例 6.19】　输入 5 个同学的信息，按成绩由高到低排序输出所输入的同学信息。

对例 6.6 进行修改，前 15 行结构体类型的定义相同，下面程序从 ♯16 开始：

```
♯16. void main()
♯17. {
♯18.        struct studentEx st[5],t;
♯19.        struct studentEx ∗ p = st;
♯20.        int i,j;
♯21.        for(i = 0;i < 5;i++)
♯22.        {
♯23.              printf("输入第 % d 个同学的学号 姓名 性别 年龄 成绩 家庭住址 联系电话:",i + 1);
```

```
#24.            scanf("%d %s %d %d %f %s %s",&st[i].base.num,st[i].base.name,&st[i].
                base.sex,
#25.                    &st[i].base.age,&st[i].base.score,st[i].addr,st[i].phone);
#26.        }
#27.        for(i = 0;i < 4;i++)
#28.            for(j = 0;j < 4 - i;j++)
#29.                if(st[j].base.score < st[j + 1].base.score)
#30.                {
#31.                    t = st[j];
#32.                    st[j] = st[j + 1];
#33.                    st[j + 1] = t;
#34.                }
#35.        for(i = 0;i < 5;i++)
#36.            printf("%d, %s, %s, %.1f, %s, %s\n",
#37.                st[i].base.num,
#38.                (st + i) - > base.name,
#39.                (p + i) - > base.sex?"男":"女",
#40.                ( * (p + i)).base.score,
#41.                p[i].addr,
#42.                ( * (st + i)).phone);
#43. }
```

说明：♯18 行定义了一个 5 个元素的结构体数组 st，又定义了一个结构体变量 t，t 是用于数据交换的临时变量。

♯21～♯26 行的循环读入 5 个学生信息到结构体数组。

♯27～♯34 行是用冒泡法对结构体数组进行排序，其中♯31～♯33 行使用临时变量 t 实现数组元素的数据交换。

♯35～♯42 行循环输出数组的 5 个元素，在这里展示了 6 种引用结构体数组元素成员的方法。

♯37 行使用最一般的数组下标的方法输出结构体数组元素成员。

♯38 行将数组名作为数组首元素的地址，加上偏移量得到欲引用元素的地址，使用"-＞"运算符得到结构体数组元素的成员。

♯39 行将指针变量"p"保存的数组首地址加上元素偏移量得到欲引用元素的地址，使用"-＞"运算符得到结构体数组元素的成员。

♯40 行首先使用"p+i"得到欲引用元素的地址，然后用前面的"＊"运算符得到地址内的变量即数组元素，然后用"."运算符得到元素的成员。本行需要注意的是运算符的优先级，两个括号都不能省略。

♯41 行的"p[i]"表达式等价于"＊(p+i)"表达式。

♯42 行将数组名作为数组首元素的地址，使用与♯40 行相同的方式得到欲引用结构体数组元素的成员。

6.4　位段类型

一个结构体由若干成员组成，通过指定各成员的不同数据类型，可以为每个成员分配不同的内存空间。在 C 语言中占据内存最小的数据类型是 char 类型，采用这种方式结构体中能够分配和使用的最小内存单位是字节。

　　C语言中还可以对结构体中的内存进行更小的划分,方法就是使用位段(在有些书也称为位域)。例如通过位段可以指定一个成员占多少二进制位。这样不但可以最大限度地减少内存的浪费,还可以更方便地与计算机底层硬件进行通信。

6.4.1　位段成员的定义

　　位段类型即把一个字节中的二进位划分为几个不同的区域,并说明每个区域的位数。每个域有一个名称,允许在程序中按名称进行操作,这样就可以把几个不同的成员用一个字节来保存。

　　位域的定义和位域成员的说明与结构体其他成员的定义相仿,其形式为:

```
struct 结构体名
{
    类型名 成员名: 位数;
};
```

说明:

(1) 含位段的结构体类型的定义与不含位段的结构体类型的定义相同。

(2) 结构体类型的成员可以同时包含有位段设定的位段成员和普通非位段类型的成员。

(3) 位段成员的定义方式是

类型名 成员名: 占位数;

(4) 含位段的结构体类型变量的说明与不含位段的结构体类型变量的说明相同。

【例6.20】　下面的代码定义一个含位段类型成员的结构体类型。

```
struct Ex
{
   int a;
   int b:5;
   int c:9;
   int d:15;
}
struct Ex x;
```

　　说明:例6.20建立了一个用户自定义的含位段类型成员的结构体类型 struct Ex,并用该结构体类型定义了一个变量 x。x变量由 a、b、c、d 这4个成员组成。a 为占内存4个字节的整型,b、c、d 分别为占内存5、9、15 位的整型,如图6-3所示。

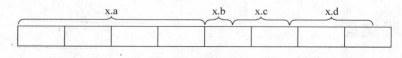

图 6-3　位段类型变量的内存使用

6.4.2 位段成员的使用

1. 位段的长度与结构体变量的长度

虽然在定义结构体类型时可以指定位段的类型,但该类型主要用于说明在多大的内存空间范围分配此位段,该类型影响结构体变量占据空间的大小,如例 6.21 所示。

【例 6.21】 求结构体类型占内存空间大小。

```
#1.    # include < stdio.h>
#2.    struct Ex1
#3.    {
#4.        short x:5;
#5.    };
#6.    struct Ex2
#7.    {
#8.        char x:5;
#9.    };
#10.   void main( )
#11.   {
#12.       printf(" % d\n",sizeof(struct Ex1));
#13.       printf(" % d\n",sizeof(struct Ex2));
#14.   }
```

程序输出:

```
2
1
```

说明:以上输出说明 struct Ex1 与 struct Ex1 虽然包含的位段成员都占 5 位,但因为前面说明的类型不同,占用的空间也不同。

2. 位段的符号

虽然在定义结构体类型时指定位段的类型通常并不影响位段占用空间的多少,但该类型决定位段是否有符号,如例 6.22 所示。

【例 6.22】 位段成员的符号与溢出。

```
#1.    # include < stdio.h>
#2.    struct Ex1
#3.    {
#4.        short x:5;
#5.        unsigned short y:5;
#6.    };
#7.    void main( )
#8.    {
#9.        struct Ex1 x;
#10.       x.x = 30;
#11.       x.y = 30;
#12.       printf(" % d\n",x.x);
#13.       printf(" % d\n",x.y);
#14.   }
```

程序输出：

　－2
　30

说明：♯10 行将 30 赋值给 struct Ex 类型变量 x 的位段成员 x. x。30 的二进制形式为 11110,但 x. x 的最高位为符号位,11110 被系统识别为负数,由补码求源码得到十进制的 －2。

♯11 行将 30 赋值给 struct Ex 类型变量 x 的位段成员 x. y。30 的二进制形式为 11110, x. y 为无符号整型,全部 5 位都可以存放数据,可以正确保存 11110。

3. 无名位段

在结构体中可以指定无名的位段成员,无名的位段成员只起到间隔相邻位段成员的功能,使指定位段成员从某些指定位开始。

【例 6.23】　无名的位段成员。

```
♯1. struct Ex1
♯2. {
♯3.     short :3;
♯4.     short x:5;
♯5.     short :3;
♯6.     short y:5;
♯7. };
```

说明：例 6.23 定义的位段结构体类型说明其 x 成员从第 3 位开始到第 7 位,y 成员从第 11 位开始到第 15 位,而第 0 位到第 2 位及第 8 位到第 10 位的内容被忽略。

4. 位段长度的限制

连续的位段默认是在内存空间中连续分配,但如果连续两个位段的长度超过了位段前面指定类型分配内存的长度,两个位段将不再连续分配,而是分别在两个指定类型分配的内存上进行分配。

【例 6.24】　位段成员的内存分配。

```
♯1.　♯include < stdio. h>
♯2.　struct Ex1
♯3.　{
♯4.　　　short x:9;
♯5.　　　short y:9;
♯6.　　　short z:9;
♯7.　};
♯8.　struct Ex2
♯9.　{
♯10.　　int x:9;
♯11.　　int y:9;
♯12.　　int z:9;
♯13.　};
♯14.　struct Ex3
♯15.　{
```

```
#16.        int x:9;
#17.        int :0;
#18.        int z:9;
#19.    };
#20.    void main( )
#21.    {
#22.        printf(" % d\n",sizeof(struct Ex1));
#23.        printf(" % d\n",sizeof(struct Ex2));
#24.        printf(" % d\n",sizeof(struct Ex3));
#25.    }
```

程序输出：

```
6
4
8
```

说明：struct Ex1 的 3 个位段占用内存均为 9 位，任何 2 个如果连续存放都超过了 short 类型的 16 位，所以它们不能连续分配，应分别占据一个 short 类型的空间，所以该 struct Ex1 类型共需要 3 个 short 类型的空间 6 个字节。

struct Ex2 的 3 个位段占用内存均为 9 位，3 个如果连续存放共有 27 位，没有超过 int 类型分配的空间，所以它们可以连续分配，所以该 struct Ex2 类型需要 1 个 int 类型的空间 4 个字节。

struct Ex3 的 2 个位段占用内存均为 9 位，但因为在 2 个位段间指定一个占 0 位的无名位段，所以第二个位段被强行分配到下一个存储单元，所以该 struct Ex3 类型需要 2 个 int 类型的空间 8 个字节。

5. 不能对位段成员求地址

一位结构体位段成员的内存地址起始于某个字节的某一二进制位，而 C 语言取地址只能取到一个字节的地址，不能取到字节内的某一位，所以不允许对位段成员求地址。

6.5 共用体类型

共用体类型在某些书中也被称为联合类型。共用体类型是结构体类型的一种变形，它与结构体类型相同的地方是：共用体类型由若干成员组成，各成员可有不同的类型；它与结构体类型不同的地方是：共用体类型的所有成员使用同一段内存空间，它们的起始地址相同。因为共用体类型数据的不同类型成员共享同一个内存空间，使该空间内的数据可以以不同数据类型的方式进行使用。

6.5.1 共用体类型的定义

共用体类型的定义形式与结构体类型的定义形式相同，只是其类型关键字不同，共用体的关键字为 union。结构体类型的定义形式如下：

union 结构体名

```
{
成员表列;
};
```

说明：

（1）union 是定义共用体类型的关键字，不能省略；共用体名属于 C 语言的标识符，命名规则按照标识符的规定命名，"union 共用体名"为共用体类型名。

（2）成员表列由若干个成员组成，对每个成员也必须做类型说明，其格式与说明一个变量的一般格式相同，即"类型名 成员名"。

（3）共用体类型定义除了 union 关键字与结构体定义方法一致。

【例 6.25】 下面的代码定义一个 union 类型。

```
union numbers
{
  int   a;                        /* int 型成员 a */
  short b;                        /* short 型成员 b */
  char c[6];                      /* char 数组 c */
};
```

说明：例 6.25 建立了一个用户自定义的共用体类型 union numbers，它由 a、b、c 这 3 个成员组成。"union numbers"是这个自定义类型的类型名，它和系统提供的其他数据类型（如 int、char、float 等）具有相同的功能，都可以用来定义变量。

共用体类型的定义可以嵌套，即一个共用体类型中的某些成员也可以是其他共用体类型，但是这种嵌套不能包含自身，即该共用体类型的成员又是该共用体类型的。

【例 6.26】 使用 union numbers 类型作为成员，定义一个新的 union 类型。

```
union numbersEx
{
union numbers Base;
char d[8];
};
```

说明：共用体类型的定义也可以和结构体类型嵌套，即一个共用体类型中的某些成员也可以是结构体类型，一个结构体类型的成员也可以是共用体。

【例 6.27】 一个包含结构体类型成员的共用体类型。

```
struct A
{
    int num;
};
union B
{
  struct A a;
  int y;
};
```

【例 6.28】 一个包含共用体成员的结构体类型。

```
union A
```

```
{
    int num;
};
struct B
{
  union A a;
  int y;
};
```

注意：用户自定义的共用体型只是关于一个数据类型的描述和设计，本身不占内存空间，只有根据共用体类型定义了变量，程序在执行时系统才依照共用体类型的描述分配实际的存储单元给这个共用体类型变量。

在程序中，可以在函数的内部定义共用体类型，也可以在函数外部定义共用体类型，在函数内部定义的共用体，仅在该函数内部有效，即只能在该函数内使用该共用类型，而定义在外部的共用体类型，在所有函数中都可以定义使用该共用体类型。

6.5.2 共用体变量的定义

共用体类型在定义之后，即可使用该共用体类型来定义变量。定义共用体类型的变量，有以下三种方法。

1. 先定义共用体类型再定义共用体变量

它的一般形式为：

union 共用体名 变量名表列；

【例6.29】 定义共用体类型 union numbers，用 union numbers 定义共用体变量。

```
union numbers
{
  int     a;              /* int 型成员 a */
  short b;                /* short 型成员 b */
  char c[6];              /* char 数组 c */
};
union numbers x, y;
```

说明：上述语句定义了两个 union numbers 类型的变量 x、y，它们具有 union numbers 类型的结构，如图 6-4 所示。

图 6-4 共用体变量 x 各成员的存储形式

　　系统为所定义的共用体变量按照其包含的最大的成员需要的内存大小分配内存。共用体变量的其他成员共同使用该内存区域,这些共用体成员具有相同的内存起始地址。

2. 在定义共用体类型的同时定义共用体变量

它的一般形式为:

```
union 共用体名
{
    成员表列
}变量名表列;
```

【例6.30】 定义共用体类型的同时定义共用体变量。

```
union numbers
{
    int     a;              /* int 型成员 a */
    short b;                /* short 型成员 b */
    char c[6];              /* char 数组 c */
} x;
```

说明:第2种方法的作用与第1种方法相同,即定义了一个 union numbers 类型的变量 x。

3. 直接定义共用体类型变量

它的一般形式为:

```
union
{
    成员表列
}变量名表列;
```

第3种方法与第2种方法的区别在于,第3种方法中省去了共用体名,而直接定义共用体变量。这种形式虽然简单,但是无共用体名的共用体类型是无法重复使用的,也就是说,后面的程序中不能再定义此类型的变量和指向此类型的指针。

说明:

(1) 结构体类型变量和共用体类型变量所占内存长度的计算方法是不相同的,结构体变量所占内存长度是各成员所占的内存长度之和,每个成员分别占有自己的存储单元。而共用体变量所占的内存的长度等于其最长的成员的长度。例如,上面定义的共用体变量的 a、b、c 三个成员分别占4字节、2字节、6字节,则共用体变量占的内存的长度等于最长的成员的长度,即占用6个字节。

(2) 共用体变量中的各个成员共占内存中同一段空间,如图6-4所示,a、b、c 三个成员都从同一地址开始存储,所以共用体中某一成员的数据被改变,即向其中一个成员赋值的时候,共用体中其他成员的值也可能会随之发生改变。

6.5.3　共用体变量的引用

共用体变量的引用形式与结构体变量的引用形式完全相同,形式如下:

```
共用体变量.成员名
共用体变量.成员名.成员名
共用体变量地址 ->成员名
```

(* 共用体变量地址).成员名

因为共用体变量的各成员共享内存,所以共用体变量的引用形式与结构体变量的引用形式虽然相同,但效果却完全不同。

【例6.31】 共用体类型变量的引用。

```
#1.   # include "stdio.h"
#2.   struct A
#3.   {
#4.       int x;
#5.       int y;
#6.   };
#7.   union B
#8.   {
#9.       struct A a;
#10.      int x;
#11.      char s[6];
#12.  };
#13.  void main()
#14.  {
#15.      union B x;
#16.      union B * p = &x;
#17.
#18.      x.x = 0x12345678;
#19.      x.a.x = 0x99;
#20.      p->s[2] = 0x77;
#21.      printf("共用体变量 x 的 x 成员的值: %x\n",( * p).x);
#22.  }
```

程序运行输出为:

770099

说明:#2～#6行定义了一个结构体类型A,A有两个int型成员x和y分别需要4个字节内存,结构体类型A共需要8个字节的内存。

#7～#12行定义了一个共用体类型B,共用体类型B的一个成员a是结构体类型A、一个成员x是int类型,还有一个成员s是字符数组。

#15行定义了一个变量x,x的类型为共用体类型B。

- 共用体类型B的成员a为结构体类型A,结构体类型A有两个成员共占用8个字节内存。
- 共用体类型B的成员x占用4个字节内存。
- 共用体类型B的成员s占用6个字节内存。

所以变量x占用8个字节内存,如图6-5所示。

#16行定义了一个指针型变量,该指针指向类型为共用体类型A。

#18行对 x.x 赋值 0x12345678,则内存变化如图6-6所示。

#19行对 x.a.x 赋值 0x99,则内存变化如图6-7所示。

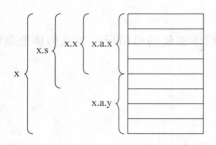

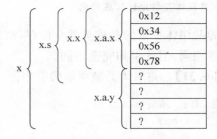

图 6-5　共用体变量 x 各成员的存储形式　　　图 6-6　共用体变量 x 各成员的存储形式

♯20 行对 p—>s[2] 赋值 0x77,因为 p 中的地址即为变量 x 的地址,所以 p—>s[2] 等价于 x.s[2],则 p—>s[2]＝0x77 等价于 x.s[2]＝0x77,赋值后内存变化如图 6-8 所示。

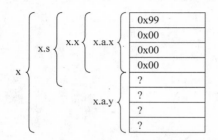

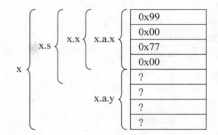

图 6-7　共用体变量 x 各成员的存储形式　　　图 6-8　共用体变量 x 各成员的存储形式

♯21 行以十六进制的方式输出 x.x 的值,而 x.x 的值为 0x770099。

6.5.4　共用体变量的初始化

对共用体变量进行初始化与结构体变量不同,因为共用体变量的多个成员共享内存,一个成员的值改变了可能会影响到另外一个成员,所以对不同成员的初始化可能造成冲突。为了避免这些冲突,共用体变量通常只能允许对它的第一个成员进行初始化。

【例 6.32】　共用体类型变量赋初值。

```
#1.   # include "stdio.h"
#2.   union A
#3.   {
#4.       int x;
#5.       char s[8];
#6.   };
#7.   void main()
#8.   {
#9.       union A x = {'A'};
#10.      printf("x.x 的值: % x,",x.x);
#11.      printf("x.s 的值: % s\n",x.s);
#12.  }
```

程序输出:

41,A

说明：#9行定义了一个共用体变量 x，并对 x.x 赋初值为'A'，即字符 A 的 ASCII 码 0x41，因为 x.s 与 x.x 共享内存，所以该值也被赋予 x.s。因为 x.s 占内存 8 个字节，而 x.x 占内存 4 个字节，x.s 多出的 4 个字节被清 0。

#10行以十六进制方式输出 x.x 的值，即 0x41。

#11行以字符串的方式输出 x.s 的值，即 A。

【例 6.33】 共用体类型变量赋初值。

```
#1.   # include "stdio.h"
#2.   struct A
#3.   {
#4.       int x;
#5.       int y;
#6.   };
#7.   union B
#8.   {
#9.       struct A a;
#10.      int x;
#11.      char s[8];
#12.  };
#13. void main()
#14. {
#15.     union B x = {0x10,0x20};
#16.     union B y = x;
#17.     printf("y.a.x 的值: % x\n",y.a.x);
#18.     printf("y.x 的值: % x\n",y.x);
#19. }
```

程序输出：

41,A

说明：#15行定义了一个共用体变量 x，并对 x.a.x 赋初值为 0x10，对 x.a.y 赋初值为 0x20。

#16行定义了一个共用体变量 y，并将 x 的值作为初值赋给 y，这样 y 变量和 x 变量具有相同的值。

#18、#19行以十六进制方式输出 y.a.x 与 y.x。

6.5.5 共用体变量的应用

从前面的介绍可知，共用体虽然可以有多个成员，但在某一时刻只能使用其中的一个成员。共用体一般不单独使用，通常作为结构体的成员，这样结构体可根据不同情况放入不同类型的数据。

【例 6.34】 编写程序输入、输出学生的各项体育成绩，男同学有学号、姓名、性别、跑步、跳远、铅球六项信息，女同学有学号、姓名、性别、跳绳、仰卧起坐五项信息。

```
#1.    # include "stdio. h"
#2.    struct BOY
#3.    {
#4.        int Run;              /* 跑步 */
#5.        int Longjump;         /* 跳远 */
#6.        int Shot;             /* 铅球 */
#7.    };
#8.    struct GIRL
#9.    {
#10.       int Skip;             /* 跳绳 */
#11.       int Situps;           /* 仰卧起坐 */
#12.   };
#13.   struct STUDENT
#14.   {
#15.       int num;
#16.       char name[16];
#17.       int sex;
#18.       union
#19.       {
#20.           struct GIRL girl;
#21.           struct BOY boy;
#22.       } score;
#23.   };
#24.   void main()
#25.   {
#26.       struct STUDENT xs[3];
#27.       int i;
#28.       for(i = 0;i < 3;i++)
#29.       {
#30.           scanf(" % d % s % d",&xs[i]. num,xs[i]. name,&xs[i]. sex);
#31.           if(xs[i]. sex)
#32.               scanf(" % d % d % d",&xs[i]. score. boy. Longjump,&xs[i]. score. boy. Run,&xs
                    [i]. score. boy. Shot);
#33.           else
#34.               scanf(" % d % d",&xs[i]. score. girl. Situps,&xs[i]. score. girl. Skip);
#35.       }
#36.       for(i = 0;i < 3;i++)
#37.       {
#38.           if(xs[i]. sex)
#39.               printf(" % d, % d, % d, % d\n",xs[i]. num,xs[i]. score. boy. Longjump, xs[i].
                    score. boy. Run, xs[i]. score. boy. Shot);
#40.           else
#41.               printf(" % d, % d, % d\n",xs[i]. num,xs[i]. score. girl. Situps,xs[i]. score.
                    girl. Skip);
#42.       }
#43.   }
```

程序运行输入：

1 李明 1 88 79 ↙
2 王霞 0 88 87 ↙

3 张三 1 75 86↙

程序运行输出：

1,88,79,90
2,88,87
3,75,86,95

6.6 枚举类型

在实际问题中,有些量的取值可能只有若干种可能。例如,判断题的答案只有正确、错误两种可能;按月份记录日期则只有一月、二月直到十二月的 12 种可能。把这些量可以说明为整型类型,但在程序设计过程中不能对这些量的取值进行限定,可能导致出现无意义的值。例如保存月份的变量中出现了 13 这样无意义的值。为了减少出现这种情况,C 语言允许用户在定义变量时声明这些变量都可以取哪些值,其方法就是定义枚举类型。

6.6.1 枚举类型的定义

枚举类型是一种自定义类型,但它不是组合数据类型,在定义该类型时要列举出该类型数据的所有可能的取值,枚举类型变量的取值应该在列举的值集合中取值。枚举类型定义的一般形式为:

enum 枚举类型名{枚举值列表};

说明:

(1) 在定义枚举类型时要在枚举值列表中列出该类型数据所有可用的值,这些值称为枚举元素,枚举元素的命名要符合标识符的命名规则。

(2) 枚举类型被定义之后,枚举元素可以当成符号常量进行使用,用来对该枚举类型的变量进行赋值或与该枚举类型的变量进行比较。

【例 6.35】 定义一个保存星期信息的枚举类型。

enum WEEKDAY{ SUN,MON,TUE,WED,THU,FRI,SAT };

说明:例 6.35 建立了一个用户自定义的枚举类型 enum WEEKDAY,所有该类型的变量都应该在 SUN,MON,TUE,WED,THU,FRI,SAT 这 7 个枚举元素的范围内进行取值。枚举元素是一个符号常量,它在内存中以整型数据的方式保存。

【例 6.36】 定义一个保存星期信息的枚举类型。

```
#1. #include "stdio.h"
#2. enum WEEKDAY{ SUN,MON,TUE,WED,THU,FRI,SAT };
#3. void main()
#4. {
#5.     printf("%d,%d,%d",sizeof(SUN),SUN,MON);
#6. }
```

程序输出:

4,0,1

说明：例 6.36 运行输出 4,说明 SUN 占 4 个字节内存,输出 0 说明 SUN 的值就是 0,输出 1 说明 MON 的值就是 1。在默认情况下,用户在定义枚举类型时,排在最前面的枚举元素的值为 0,后面的枚举元素的值顺序递增。

用户在定义枚举类型时,可以为枚举元素指定不同的整数值,指定方法如例 6.36 所示。

【例 6.37】 定义一个保存星期信息的枚举类型,并为枚举元素指定不同的整数值。

```
#1. # include "stdio.h"
#2. enum WEEKDAY{ SUN = -5,MON,TUE,WED = 100,THU,FRI = -6,SAT };
#3. void main()
#4. {
#5.     printf("%d,%d,%d,%d,%d,%d,%d\n",SUN,MON,TUE,WED,THU,FRI,SAT);
#6. }
```

程序输出:

```
-5,-4,-3,100,101,-6,-5
```

说明：例 6.37 为枚举类型的部分枚举元素指定了整型值,未被指定值的枚举元素,它的值为定义时排列在它前面的枚举元素的值加 1,枚举元素的值可以出现相同的整数值。

6.6.2 枚举类型变量的定义与引用

枚举类型在定义之后,即可使用该枚举类型来定义变量。定义枚举类型的变量与定义其他自定义类型的变量方法相同,也有以下三种方法。

（1）先定义枚举类型,再定义枚举类型变量,例如:

```
enum WEEKDAY{ SUN = -5,MON,TUE,WED = 100,THU,FRI = -6,SAT };
enum WEEKDAY x;
```

（2）定义枚举类型的同时定义枚举类型变量,例如:

```
enum WEEKDAY{ SUN = -5,MON,TUE,WED = 100,THU,FRI = -6,SAT } x;
```

（3）直接定义枚举类型变量,例如:

```
enum { SUN = -5,MON,TUE,WED = 100,THU,FRI = -6,SAT } x;
```

【例 6.38】 输入 0~6 代表今天是星期几,并保存到枚举类型变量中。

```
#1.  # include < stdio.h >
#2.  enum WEEKDAY{ SUN,MON,TUE,WED,THU,FRI,SAT };
#3.  void main( )
#4.  {
#5.      enum WEEKDAY x;
#6.      int i;
#7.      while(1)
#8.      {
#9.          printf( "请输入今天是星期几(0~6):") ;
#10.         scanf(" %d", &i);
```

```
#11.            if(i>=0 && i<=6)
#12.                break;
#13.            printf("输入错误!\n");
#14.        }
#15.        switch(i)
#16.        {
#17.        case 0:
#18.            x = SUN;
#19.            break;
#20.        case 1:
#21.            x = MON;
#22.            break;
#23.        case 2:
#24.            x = TUE;
#25.            break;
#26.        case 3:
#27.            x = WED;
#28.            break;
#29.        case 4:
#30.            x = THU;
#31.            break;
#32.        case 5:
#33.            x = FRI;
#34.            break;
#35.        case 6:
#36.            x = SAT;
#37.            break;
#38.        }
#39. }
```

说明：#7～#14 行的循环是为了保证用户输入正确的数据，如果用户输入的数据符合要求，#12 行 break 跳出循环向下执行。

#15～#36 行的 switch 语句用来对枚举变量进行赋值。

注意：在 C 语言程序中，C 语言宽松的语法使得枚举类型数据可以参加各种整型数据的运算，也可以赋予任意整型数值，但在用户程序中，枚举类型数据通常只应参加赋值运算和比较运算，也不应该对枚举类型变量赋予枚举元素之外的值，否则就失去了使用枚举类型的意义。

6.7　typedef 自定义类型

typedef 的功能是以现有数据类型为基础，创建一个新的数据类型名。现有数据类型包括 C 语言提供的标准类型，如整型、浮点型、指针型和用户自己定义的结构体类型、共用体类型、枚举类型等。合理使用 typedef 可以使 C 语言源程序的可读性和可移植性提高。

6.7.1 typedef 定义类型

使用 typedef 定义类型的方法与定义变量的方法相似,常用形式如下:

typedef 现有类型名 自定义类型名

说明:typedef 是定义自定义类型的关键字,不能省略;自定义类型名属于 C 语言的标识符,命名规则按照标识符的规定命名,"自定义类型名"为新的类型名。

【例 6.39】 typedef 定义自定义类型。

```
# 1. typedef int INT;
# 2. typedef int * PINT;
# 3. typedef int A[10];
# 4. typedef int ( * PA)[10];
# 5. typedef struct student ST;
```

说明:例 6.39 定义了 4 个数据类型,分别是 INT、PINT、A、PA,从#1~#4 行可以看出,这 4 个新类型的定义跟定义变量很相似,只是在前面多了一个 typedef 关键字,有了 typedef 关键字定义的就不是变量而是类型。

用 typedef 定义的自定义类型,和去掉 typedef 定义的变量的类型具有相同的类型含义。

#1 行的"typedef int 类型名"与"int 变量名"比较,变量是 int 型的,所以自定义类型 INT 就等价于 int 型,即:

INT x; 中的 x 的类型等价于 int x;

#2 行的"typedef int * 类型名"与"int * 变量名"比较,变量是指向 int 型的指针,所以自定义类型 PINT 就等价于指向 int 型的指针类型,即:

PINT x; 中的 x 的类型等价于 int * x;

#3 行的"typedef int 类型名[10]"与"int 变量名[10]"比较,变量是指向 int 型的有 10 个元素数组,所以自定义类型 A 就等价于有 10 个元素的 int 型数组类型,即:

A x; 中的 x 的类型等价于 int x[10];

#4 行的"typedef (* 类型名)[10]"与"int (* 变量名)[10]"比较,变量是一个数组指针,指向由 10 个 int 型组成的数组,所以自定义类型 PA 就等价于指向有 10 个元素的 int 型数组的指针类型,即:

PA x; 中的 x 的类型等价于 int (* x)[10];

#5 行使用了本章 6.1 节中定义的 struct student 类型,"typedef struct student 类型名"与"struct student 变量名"比较,变量是一个 struct student 类型的变量,所以自定义类型 ST 就等价 struct student 类型,即:

ST x;中的 x 的类型等价于 struct student x;

6.7.2 typedef 应用举例

1. 定义一种类型的别名

【例 6.40】 使用. ht 定义自定义类型。

```
#1.    # include < stdio. h>
#2.    typedef int INT;
#3.    typedef int * PINT;
#4.    void main( )
#5.    {
#6.        int a = 10;
#7.        INT b = 10;
#8.        PINT p;
#9.        p = &a;
#10.       * p + = b;
#11.       printf(" % d\n",a);
#12.   }
```

程序输出：

20

2. 定义一个类型名代表一个自定义类型

【例 6.41】 使用自定义类型定义自定义类型。

```
#1.    # include < stdio. h>
#2.    struct student
#3.    {
#4.    int num;              / * 学号 * /
#5.    char name[20];        / * 姓名 * /
#6.    int sex;              / * 性别 * /
#7.    int age;              / * 年龄 * /
#8.    float score;          / * 成绩 * /
#9.    };
#10.   typedef struct student ST;
#11.   void main( )
#12.   {
#13.       ST xs1;
#14.       scanf(" % d % s % d % d % f",&xs1.num,xs1.name,&xs1.sex,&xs1.age,&xs1.score);
#15.       printf(" % d, % s, % d, % d, % f",xs1.num,xs1.name,xs1.sex,xs1.age,xs1.score);
#16.   }
```

3. 定义平台无关数据类型

在 C 语言中对于一些数据类型所占内存数量没有严格定义,例如 int 型,在不同平台或编译程序下,所占内存的多少可能是不一致的。为了保证一个 C 程序在不同平台下得到相同的运行结果,可以用 typedef 定义一些平台无关的自定义类型,例如在 TC 环境下 int 类型为 2 个字节,而 VC 环境下 int 类型为 4 个字节,为了保证一个 C 程序在以上两个编译环境下得到相同的结果,可以用 typedef 定义如下自定义整型数据类型：

```
typedef char INT8
typedef short INT16
typedef long INT32
```

4. 简化复杂数据类型的定义

在 C 语言中有些复杂类型的变量是很难定义的，不但过程复杂而且难于理解，使用 typedef 可以解决该问题。例如要定义一个指针变量，该指针变量指向一个 10 个元素的指针数组，而这 10 个元素的指针数组中的每一个元素又都是指向一个 20 个元素的指针数组的指针，该 20 个元素的指针数组的每个元素指向一个整型指针变量。如果不用 typedef，这个变量的定义会很复杂：

```
int ** ( * ( * p)[10])[20];
```

下面给出 typedef 的解决方案。

采用从底层到高层的定义方法：

（1）定义一个指针类型指向一个整型：

```
typedef int * T0;
```

（2）定义一个 20 个元素的数组类型 T1，每个元素都是一个指向 T0 类型的指针：

```
typedef T0 * T1[20];
```

（3）定义一个 10 个元素的数组类型 T2，每个元素都是一个指向 T1 类型的指针：

```
typedef T1 * T2[10];
```

（4）定义一个指针类型 T3，为指向 T2 类型的指针：

```
typedef T2 * T3;
```

程序代码如下：

```
#1.   # include < stdio. h>
#2.   typedef int * T0;
#3.   typedef T0 * T1[20];
#4.   typedef T1 * T2[10];
#5.   typedef T2 * T3;
#6.   void main( )
#7.   {
#8.       int x = 100;          /* x int 型变量 */
#9.       T0 a;                 /* a 为 int 型指针 */
#10.      T1 b;                 /* b 为 20 个元素的指针数组,每一个指向一个整型变量 */
#11.      T2 c;                 /* c 为 10 个元素的指针数组 */
#12.      T3 d;                 /* d 指向 10 个元素的数组 */
#13.      a = &x;               /* x 中保存整型变量 x 的地址 */
#14.      b[0] = &a;            /* 数组 b 的元素 b[0] 中保存指针变量 a 的地址 */
#15.      c[0] = &b;            /* 数组 a 的元素 a[0] 中保存指针数组 b 的地址 */
#16.      d = &c;               /* 指针变量 d 中保存指针数组 c 的地址 */
#17.      printf(" % d", ****** d);
#18.  }
```

程序输出：

100

6.8 习题

1. 定义结构体类型描述下面的数据格式：

(1) 货品清单：编号、品名、规格、产地、单位、单价、数量。

(2) 工资清单：工号、姓名、基本工资、补贴、劳动保险、公积金、医疗保险。

(3) 围棋棋谱的一个落子。

(4) 象棋棋谱的一个子。

2. 使用 typedef 语句，声明一个至少含有 10 个枚举值的枚举类型，并定义一个该类型变量，并对它赋值。

3. 定义一个描述三原色(红色、绿色、蓝色)的枚举类型，然后通过该枚举类型变量输出这三种颜色的全排列结果。

4. 使用结构体数组为全班同学建立一个通讯录，完成数据的输入、输出和根据学号、姓名的查询功能。

5. 定义两个结构体变量，包括年、月、日，输入两个日期到这两个变量，求这两个日期间隔多少天。

6. 用结构体类型数组编程实现输入 5 个学生的学号、姓名、平时成绩、期中成绩和期末成绩，然后输出每位同学的学期成绩(平时成绩占 10%、期中成绩占 20%、期末成绩占 70%)。

7. 修改题目 6，使用含有位段的结构体类型数组，尽量减少内存占用，编程实现输入 5 个学生的学号、姓名、平时成绩、期中成绩和期末成绩，然后输出每位同学的学期成绩(平时成绩占 10%、期中成绩占 20%、期末成绩占 70%)。

8. 声明一个结构体类型，该结构的成员包括客户姓名、地址、邮政编码，输入 10 名客户的信息，然后根据地址排序输出。

9. 写一个程序，该程序首先提示用户选择几何图形。然后提示用户输入适当的图形参数，最后根据不同类型的图形分别输出其平均面积。

注意：

(1) 几何图形有三角形、长方形、圆等，用枚举类型表示。

(2) 用不同的结构体数组保存不同类型的图形数据。

10. 修改题目 9，将各类图形统一保存在一个共用体数组中，最后根据不同类型的图形的分别输出其平均面积。

11. 定义一个结构体数组，输入一个图形 4 个顶点的坐标，在程序中判断它是正方形、长方形、梯形或其他图形。

12. 定义一个结构体数组，输入任意一个多边形顶点的坐标，输出它的周长。

## 第 7 章

函　　数

在第 1 章已经介绍过,一个 C 程序可以由若干个函数组成的,每个函数可以实现一个简单功能,多个功能简单的 C 语言函数就可以组成一个功能复杂的 C 语言程序。

7.1　函数的定义和调用

7.1.1　函数概述

一个具有实用价值的程序往往由许多复杂的功能组成,包含的程序代码也有成千上万行之多。面对这么复杂的任务,人们首先想到的就是任务的分解:

(1) 先把复杂的功能分解成若干个相对简单的子功能。

(2) 如果有的子功能还是比较复杂,那就再对该子功能进一步分解,直到每个子功能都变得比较简单,比较容易编程实现。

(3) 为每一个子功能编写程序,对应每个子功能的程序段被称为子程序。

(4) 把完成各项子功能的子程序组合到一起,合成一个完成复杂任务的大程序。

这种自顶向下、逐步分解复杂功能的方法就是程序设计中经常采用的模块化程序设计方法,该方法解决了人类思维能力的局限性和所需处理问题的复杂性之间的矛盾。

除了任务分解之后,需要为每个子功能编写子程序之外,在程序中可能还会有一些需要反复使用的功能,例如输入功能、输出功能等,为了减少重复的劳动,也可以把这些功能写成子程序,在需要的时候直接去执行这段子程序即可。

在 C 语言中可以把每个子程序写成一个函数。用户可以把任务细化后的子功能和需要反复使用的子功能都写成 C 语言的函数,然后使用这些函数组成一个完整的程序。

C 语言中的函数分为库函数和用户自定义函数两种。

1. 库函数

由 C 编译程序提供,用户无须定义,只须在程序前包含有该函数原型的头文件即可在程序中直接调用。C 语言的库函数提供了一些常用的功能,如在前面各章中反复用到 printf、scanf、getchar、putchar、gets、puts、strlen、strcat 等函数均为 C 语言提供的库函数,有了它们,用户不再需要为实现这些功能重新编写代码,可减少重复劳动、提高程序开发效率。

2. 用户自定义函数

由用户根据需要编写的函数,这些函数可以是程序细化后的子功能函数,也可以是需要反复使用的子功能函数。

7.1.2 函数的定义

前面各章一直使用的 main 函数就是一个用户自定义函数。下面是用户自定义函数的基本形式：

```
类型标识符 函数名(参数列表)
{
    声明部分
    语句
    …
}
```

类型标识符用于说明函数执行结果的类型；函数名是标识符，是函数在程序中的标识；函数名后面必须有一对小括号，小括号内的参数列表用来接收传递给本函数的数据；大括号内为函数体，声明部分用来定义函数内部使用的数据类型或变量(这部分可以没有)，语句部分用于实现函数的具体功能。

【例 7.1】 编写一个函数求两个整数中最大的一个。

```
#1. int f(int x,int y)
#2. {
#3.     int t;
#4.     if(x > y)
#5.         t = x;
#6.     else
#7.         t = y;
#8.     return t;
#9. }
```

说明：#1 行类型标识符 int 说明函数的执行结果的类型是 int 类型，函数的名称是 f，函数在执行时接受两个整型数据并保存在整型变量 x、y 中。

#2 行与 #9 行的一对大括号代表函数体的开始和结束。

#3 行定义了一个函数内部变量 t。

#4～#7 行的语句把变量 x、y 中的最大值保存到变量 t 中。

#8 行 return 是一条控制语句，它在结束函数的执行同时，把变量 t 的值作为函数的执行结果返回给调用这个函数的表达式。

7.1.3 函数的调用

函数的调用即执行函数。在标准 C 语言程序中，除了 main 函数是被系统自动调用的，其他所有函数，包括自定义函数和库函数都要在用户编写的程序中被调用的时候才能执行，在函数执行完成后，都要返回到调用这个函数的位置继续执行。

调用函数的一般形式为：

函数名(参数列表)

一个程序中可以包含很多函数,函数名可用来指定要调用的是哪一个函数;函数名后面必须有一对小括号,小括号内的参数列表用来传递数据给被调用函数;当被调用函数有返回的数值时,函数调用就是一个表达式,该表达式的值就是被调用函数返回的数值,该表达式可以出现在所有表达式可以出现的地方,如果被调用函数没有返回的数值,可以在"函数名(参数列表)"后面加一个";",构成一个函数调用语句。

【例 7.2】 编写一个程序调用例 7.1 中的 f 函数,输出两个整数中最大的一个。

```
#1.    # include < stdio. h>
#2.    int f(int x, int y)
#3.    {
#4.        int t;
#5.        if(x > y)
#6.            t = x;
#7.        else
#8.            t = y;
#9.        return t;
#10. }
#11. void main( )
#12. {
#13.     int x = 10, y = 20, z;
#14.     z = f(x, y);
#15.     printf(" % d\n", z);
#16. }
```

程序输出:

20

说明:#14 行 f(x,y)是一个函数调用表达式,该表达式把 main 函数中的变量 x、y 的值传递给函数 f,然后转到函数 f 执行。

#2 行 f 函数中创建两个变量 x 和 y,并接受#14 行函数调用表达式传递过来的两个值作为 f 函数中变量 x 和 y 的初值。注意:在不同的函数之间可以定义相同名字的变量,但代表不同的变量。

#9 行函数 f 把 t 的值返回给#14 行的函数调用表达式,并作为 f(x,y)表达式的值,然后这个值通过赋值运算赋值给 main 函数中的变量 t。

7.2 函数的返回值、参数及函数声明

7.2.1 函数的返回值

C 语言中的函数根据执行结果可分为无返回值的函数和有返回值的函数两种。

1. 无返回值的函数

无返回值的函数在执行完成之后即结束并回到它的调用位置继续执行,函数调用者通常不需要知道该函数的执行情况,如在前面各章中使用到的 main 函数。无返回值的函数的定义形式如下:

```
类型标识符 函数名()
{
    语句
    …
}
```

无返回值的函数的类型标识符必须是 void，void 在这里代表该函数无返回值，函数名是函数的标识，函数名属于标识符，应符合标识符的命名规则。在一个 C 语言程序中通常不允许有两个同名的函数，函数名后面必须有一对小括号。小括号后面的大括号内为函数体，用于实现函数的具体功能。

【例 7.3】 编写一个不需要返回值的函数 f，输出字符串"hello！"，并在 main 函数中调用该函数。

```
#1.  #include < stdio. h>
#2.  void f()
#3.  {
#4.      printf("hello !");
#5.  }
#6.  void main( )
#7.  {
#8.      f();
#9.  }
```

运行输出：

```
hello !
```

说明：例 7.3 定义了两个无返回值的函数，#2～#5 行定义了无返回值的函数 f，#6～#9 行定义了无返回值的函数 main。

该程序首先从 main 函数 #7 行开始执行，在 #8 行调用了自定义函数 f，即转到 f 函数 #2 行开始执行，执行 #4 行输出字符串，继续执行 #5 行，即 f 函数执行结束，程序返回 #8 行，#8 行结束则继续执行 #9 行，main 函数执行结束，整个程序执行结束。

2. 有返回值的函数

有返回值的函数在执行完成之后，返回给函数调用者一个值作为函数调用表达式的值，使该调用者得到这个函数的执行结果。如 getchar 函数，它返回从输入设备读入的字符，strlen 函数返回字符串的长度。函数返回值的类型在定义函数的时候指定，函数返回值由 return 语句完成。有返回值的函数的一般定义形式如下：

```
类型标识符 函数名()
{
    语句
    …
    return 表达式;
}
```

类型标识符定义的类型可以是 C 语言提供的任意数据类型或用户自定义类型。如果函数名前不写类型标识符,默认类型是 int。return 语句后面的表达式的类型应该与函数名前面的类型标识符定义的类型一致,如果不一致,该表达式的值被转换为函数名前类型标识符定义的类型后返回。

【例 7.4】 编写一个函数 f 返回读入的一个整数,在 main 函数中调用该函数并输出返回的值。

```
#1.    # include < stdio. h>
#2.    int f()
#3.    {
#4.        int x = 5;
#5.        scanf(" % d",&x);
#6.        return x;
#7.    }
#8.    void main( )
#9.    {
#10.       int x = 0;
#11.       x = f();
#12.       printf(" % d\n",x);
#13. }
```

程序运行输入:

100

程序运行输出:

100

说明:程序从 ♯8 行的 main 函数开始执行,在 ♯10 行创建变量 x,即为变量 x 分配内存并初始化为 0,程序内存使用情况如图 7-1 所示。

♯11 行调用函数 f,函数转到 ♯2 行开始执行函数 f,在 ♯4 行创建变量 x,即为变量 x 分配内存并初始化为 5,程序内存使用情况如图 7-2 所示。

	?
	?
	?
	?
main函数中的变量x	0
	?

图 7-1 在内存中创建变量 x 并初始化
为 0 内存变化示意图

	?
	?
f函数中的变量x	5
	?
main函数中的变量x	0
	?

图 7-2 在内存中创建变量 f 并初始化
为 5 内存变化示意图

♯6 行调用库函数 scanf 读入用户输入,用户输入 100,则 x 变量的值变为 100,内存变化示意如图 7-3 所示。

♯6 行的 return 控制语句把它后面的表达式的值,即 x 的值存放到一个称为堆栈的临时内存空间,然后返回给上层函数继续执行,如图 7-4 所示。

图 7-3 读入 100 到 x 变量内存变化示意图

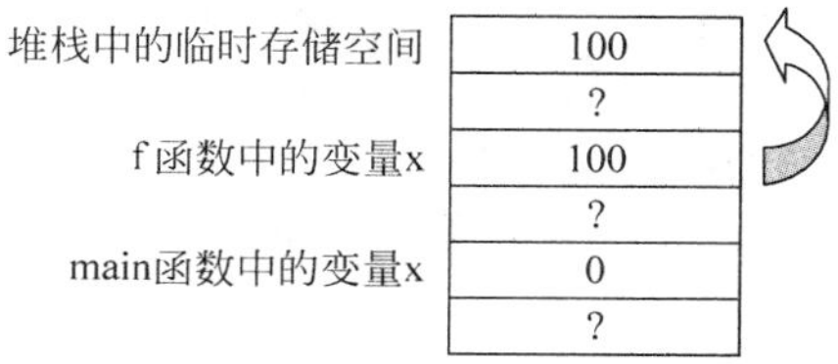

图 7-4 return 把 x 的值保存到临时存储空间内存变化示意图

♯11 行程序执行完函数调用，函数 f 中创建的变量 x 被释放，把函数调用表达式的值赋值给变量 x，堆栈中用于传送函数返回值的内存也被释放，如图 7-5 所示。

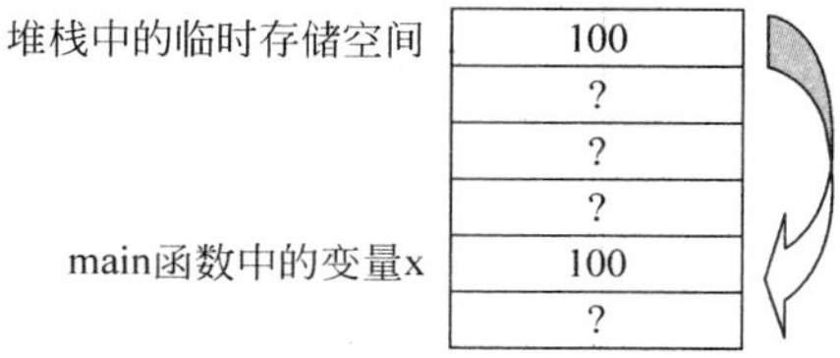

C 语言中允许在不同的函数中使用相同的名字对变量进行命名。♯4 行在 f 函数中定义了一个变量 x，♯10 行在 main 函数中也定义了一个变量 x，从图 7-1～图 7-4 可以看出两个 x 变量占有不同的内存，互相之间没有任何关系，一个函数不能通过变量名直接使用另外一个函数中的变量。

图 7-5 ♯11 行执行完后内存变化示意图

在函数中定义的普通变量在一个函数被调用执行的时候，系统才为它分配内存，如果这个变量有初始化值也是在这个时候进行的，在它所属于的函数执行结束之后，它所占据的内存就被释放了，这个变量也就不存在了。如果这个函数第二次再被调用，它将被重新分配内存，并且在函数执行结束时再次被释放掉。

return 是 C 语言的控制语句，它不仅可以出现在函数的末尾，还可以出现在函数说明语句后面的任意地方。return 控制语句的功能就是结束本函数的执行并返回到上层函数。在有返回值的函数中，return 语句后面跟一个表达式，该表达式的值作为函数的返回值。在无返回值的函数中，return 语句后面不能跟表达式。

7.2.2 函数的参数

C 语言中的函数根据调用形式可分为有参函数和无参函数两种。有参函数在执行的时候需要有外部传入的数据才能运行，无参函数不需要外部传入数据即可运行。上一节的两个函数例子都没有外部参数的传入，均属于无参函数。

1. 无参函数的定义形式

```
类型标识符 函数名()
{
    语句
    …
}
```

2. 有参函数定义的一般形式

```
类型标识符    函数名(变量类型   变量1,变量类型   变量2,…,变量类型   变量n)
{
    语句
    …
}
```

有参函数比无参函数在函数名后面的一对小括号内多了一个变量列表,这个变量列表也被称为函数参数列表。该参数列表中的变量也被称为形式参数或形参,它们可以是包括自定义类型在内的各种数据类型的变量,各参数变量之间用逗号进行间隔。在上层函数调用该函数时,主调函数将对这些参数变量进行赋值,在被调函数中使用这些参数变量完成函数功能。

【例 7.5】 编写一个函数 f 实现两个整数相加,并返回相加结果,在 main 函数中调用该函数并输出返回的值。

```
#1.    #include <stdio.h>
#2.    int f(int x, int y)
#3.    {
#4.        return x + y;
#5.    }
#6.    void main()
#7.    {
#8.        int x = 10, y = 20, z;
#9.        z = f(x, y);
#10.       printf("%d\n", z);
#11. }
```

程序运行输出:

30

说明:程序从 #7 行 main 函数开始执行,在 #8 行创建变量 x、y,即为变量 x 分配内存并初始化为 10、20,如图 7-6 所示(不同的编译程序变量分配内存的顺序可能会不同)。

#9 行在 main 函数中调用 f 函数,f 函数名后面括号中的 x、y 变量是 main 函数中定义的 x、y 变量,在程序转到 f 函数执行前,main 函数的 x、y 变量值被保存到内存中一个称为堆栈的内存空间,如图 7-7 所示。

	?
	?
main函数中的变量z	?
main函数中的变量y	20
main函数中的变量x	10
	?

图 7-6 在内存中创建变量 x、y 并初始化为
10、20 内存变化示意图

	?
堆栈中的临时存储空间 {	20
	10
	?
main函数中的变量z	?
main函数中的变量y	20
main函数中的变量x	10
	?

图 7-7 内存变化示意图(1)

程序转到 f 函数开始执行,f 函数参数列表中的变量 x、y 属于 f 函数,所以直到这时才被系统分配内存空间,并且到堆栈内存空间取得变量的初值,这样 main 函数的 x、y 变量的值就通过堆栈的中转作为初值被传给了 f 函数中的形参变量 x、y,如图 7-8 所示。

在这个函数调用过程中,main 函数的变量 x、y 出现在 f 函数名后面的括号内,是 f 函数中形参变量初值的来源,也被称为这次 f 函数调用的实参。关于实参 C 语言中要求如下:

（1）实参可以是常量、变量、表达式、函数等，无论实参是何种类型的量，在进行函数调用时，它们都必须具有确定的值，以便把这些值传送给形参。

（2）实参和形参在个数上、类型相容性上应严格一致，否则，会发生数量或类型不匹配的错误。

（3）函数调用时只是把实参的值传给形参，形参只是值的接收者。

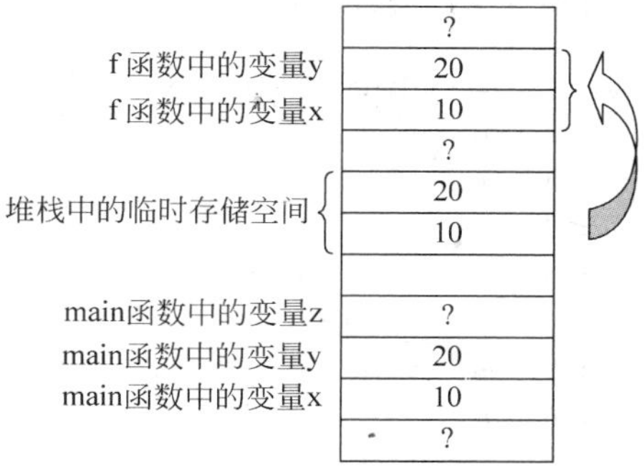

＃4 行完成 f 函数中 x、y 变量的相加，return 把相加结果放到堆栈中，返回到主调函数 main 中，如图 7-9 所示。

＃9 行从堆栈中取得表达式 f(x,y)的值，并赋值给变量 z，如图 7-10 所示。

＃10 输出变量 z 的值。

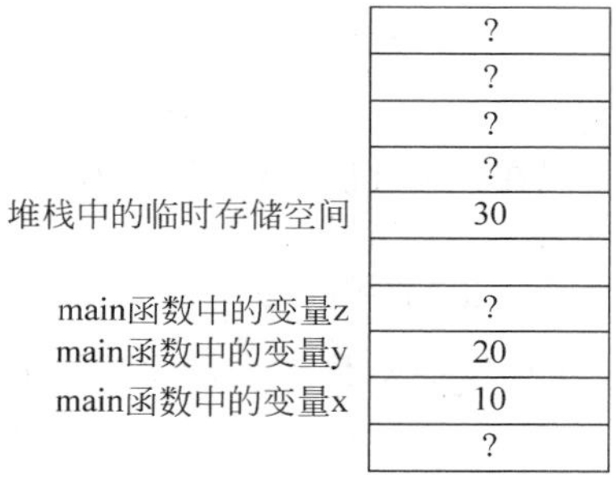

图 7-8 内存变化示意图（2）

图 7-9 内存变化示意图（3）

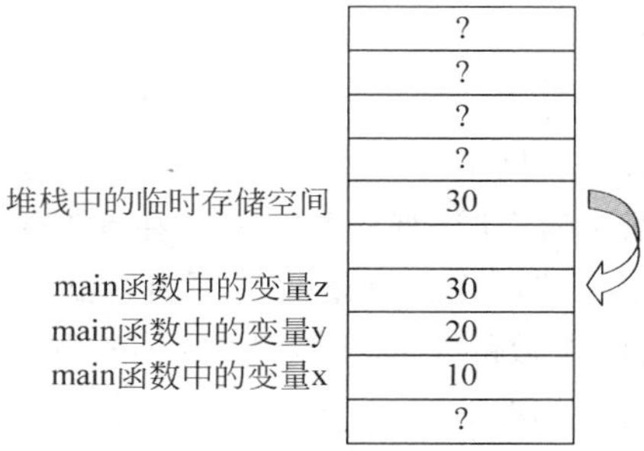

图 7-10 内存变化示意图（4）

7.2.3 函数的声明

在本章前面的所有函数使用例子中，使用的函数都是先定义后调用的。如果发生函数先调用后定义的情况，C 语言编译程序就会报错。报错的原因是 C 语言中规定用户自定义标识符必须先说明后使用。函数名属于用户自定义标识符，所以在使用前必须要先说明。

但在实际的程序设计过程中，很难保证所有的函数都是先定义后调用的。在 C 语言中除了用定义来说明标识符，还可以用声明的方法说明标识符，但标识符的声明不能取代标识符的定义。一个标识符可以不声明也可以声明很多次，但该标识符必须要定义一次，也只能定义一次。

解决函数先使用后定义的办法就是先声明。函数的声明就是把该函数的名称、参数个数、类型、函数的返回值的类型在被调用前先做说明，其格式与去掉函数体的函数的定义相一致，即函数声明中要包括函数的类型、函数名、参数的个数和类型，这些信息要与函数的定义相一致。被声明的函数也被称为函数原型。

函数声明的一般形式如下：

类型说明符 函数名（形参类型 形参，形参类型 形参…）；

【例 7.6】 修改例 7.2 实现函数先使用后定义。

```
#1.    # include < stdio.h>
#2.    int f(int x, int y);
#3.    void main( )
#4.    {
#5.        int x = 10, y = 20, z;
#6.        z = f(x,y);
#7.        printf(" %d\n",z);
#8.    }
#9.    int f(int x, int y)
#10.   {
#11.       int t;
#12.       if(x > y)
#13.           t = x;
#14.       else
#15.           t = y;
#16.       return t;
#17.   }
```

说明：例 7.6 程序中的函数 f 在 #9～#17 行定义，但在 #6 行使用，如果没有 #2 行关于函数 f 的声明，编译程序就会在 #6 行报错。

编译程序在编译函数调用表达式或函数调用语句时，只要知道被调用函数的类型、名称、函数参数的个数和类型即可，所以函数声明中也可以不包括函数形参的名字，所以 #2 行也可以修改为：

int f(int, int);

"stdio.h"文件中包含了大量的基本输入、输出库函数的声明，如 printf、scanf 等函数的声明，所以用户在使用这些输入、输出库函数时，只要包含"stdio.h"文件就不再需要对这些函数进行声明。

C 编译程序随同库函数一起提供了很多以".h"为后缀的文件，在这些文件中对不同的库函数进行了声明，用户在程序中用到哪些库函数，只要包含对应含有该函数声明的以".h"为后缀的文件即可，这些以".h"为后缀的文件在 C 语言中被称为头文件。

例如，使用字符串处理库函数需要包含头文件"string.h"，使用数学库函数需要包含"math.h"等。

7.3 函数的嵌套和递归调用

7.3.1 函数的嵌套调用

C 语言中不允许作嵌套的函数定义，即不允许在一个函数之内定义函数，因此各函数之间是平等的，不存在上级函数和下级函数的问题。但是 C 语言允许在一个函数中调用另一个函数，被调用的函数还可以再调用其他的函数，这样就出现了函数调用包含函数调用的函数的嵌套调用。

【**例 7.7**】 根据下面给出的程序写出程序的运行结果。

```
#1.   # include <stdio.h>
#2.   void a();              /* 声明函数 a */
#3.   void b();              /* 声明函数 b */
#4.   void c();              /* 声明函数 c */
#5.   void d();              /* 声明函数 d */
#6.   void main( )
#7.   {
#8.       printf("MAIN_BEGIN\n");
#9.       a();
#10.      printf("MAIN_END\n");
#11.  }
#12.  void a()
#13.  {
#14.      printf("AAAA_BEGIN\n");
#15.      b();
#16.      printf("AAAA_END\n");
#17.  }
#18.  void b()
#19.  {
#20.      printf("BBBB_BEGIN\n");
#21.      c();
#22.      printf("BBBB_IN\n");
#23.      d();
#24.      printf("BBBB_END\n");
#25.  }
#26.  void c()
#27.  {
#28.      printf("CCCCCCCCCC\n");
#29.  }
#30.  void d()
#31.  {
#32.      printf("DDDDDDDDDD\n");
#33.  }
```

程序运行输出：

```
MAIN_BEGIN
AAAA_BEGIN
BBBB_BEGIN
CCCCCCCCCC
BBBB_IN
DDDDDDDDDD
BBBB_END
AAAA_END
MAIN_END
```

说明：例 7.7 程序包含了函数的三层嵌套，其执行过程是：首先执行 main 函数，执行到 main 函数中调用 a 函数的语句时，即转去执行 a 函数，在 a 函数中调用 b 函数时，又转去执行 b 函数,在 b 函数中调用 c 函数时,转去执行 c 函数,c 函数执行完毕返回 b 函数继续执行,在 b 函数中调用 d 函数时,转去执行 d 函数,d 函数执行完毕返回 b 函数继续执行,b 函数执行完毕返回 a 函数的继续执行,a 函数执行完毕返回 main 函数继续执行直至结束,其过程如图 7-11 所示。

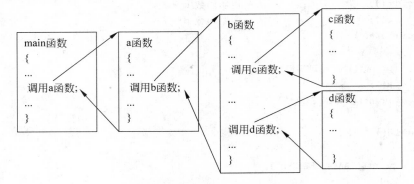

图 7-11　函数的嵌套调用示意图

【例 7.8】　输入 4 个整数,输出最大值。

```
#1.    #include <stdio.h>
#2.    int max2(int x,int y);                  /* 声明 max2 返回 2 个整数中的最大值 */
#3.    int max3(int x,int y,int z);            /* 声明 max3 返回 3 个整数中的最大值 */
#4.    int max4(int x,int y,int z,int k);      /* 声明 max4 返回 4 个整数中的最大值 */
#5.    void main()
#6.    {
#7.        int a,b,c,d,t;
#8.        scanf("%d%d%d%d",&a,&b,&c,&d);
#9.        t = max4(a,b,c,d);
#10.       printf("%d\n",t);
#11.   }
#12.   int max2(int x,int y)                   /* max2 返回 2 个整数中的最大值 */
#13.   {
#14.       if(x>y)
#15.           return x;
#16.       else
#17.           return y;
#18.   }
#19.   int max3(int x,int y,int z)             /* max3 返回 3 个整数中的最大值 */
#20.   {
#21.       int t = max2(x,y);
#22.       if(t>z)
#23.           return t;
#24.       else
#25.           return z;
#26.   }
#27.   int max4(int x,int y,int z,int k)       /* max4 返回 4 个整数中的最大值 */
#28.   {
#29.       int t = max3(x,y,z);
#30.       if(t>k)
```

```
#31.          return t;
#32.      else
#33.          return k;
#34. }
```

程序运行输入：

2 4 9 7

程序运行输出：

9

说明：在 7.1.3 节讲到，函数调用表达式可以出现在所有表达式可以出现的地方，所以函数的调用也可以在一个表达式内进行嵌套，如例 7.9 所示。

【例 7.9】 输入 4 个整数，输出最大值。

```
#1.  # include <stdio.h>
#2.  int max(int x, int y);
#3.  void main( )
#4.  {
#5.      int a, b, c, d;
#6.      scanf("%d%d%d%d", &a, &b, &c, &d);
#7.      printf("%d\n", max( max(a,b), max(c,d) ) );
#8.  }
#9.  int max(int x, int y)
#10. {
#11.     if(x > y)
#12.         return x;
#13.     else
#14.         return y;
#15. }
```

程序运行输入：

2 4 9 7

程序运行输出：

9

说明：#7 行是一个包含函数调用嵌套的表达式 max(max(a,b), max(c,d))，首先执行 max(a,b) 即 max(2,4) 得到值 4，其次执行表达式 max(c,d)，即 max(9,7)，得到表达式的值 9，再执行表达式 max(4,9) 得到表达式的值 9，最后库函数 printf 输出值 9。

7.3.2 函数的递归调用

在 C 语言中，允许在一个函数内部调用它自己，这种函数嵌套调用被称为函数的递归调用。这种在函数内部调用自己的函数被称为递归函数。递归调用有两种：

（1）在本函数体内直接调用本函数，称直接递归。如在 A 函数中出现调用 A 函数的函数调用语句或表达式。

（2）某函数调用其他函数，而其他函数又调用了本函数，这一过程称间接递归。如在 A 函数中调用了 B 函数，B 函数中又包含了调用了 A 函数的函数调用语句或表达式。

递归在解决某些问题时是一个十分有用的方法。原因有两个，其一是有的问题本身就是递归定义的；其二，它可以使某些看起来不易解决的问题变得容易解决和容易描述，使一个蕴涵递归关系且结构复杂的程序变得简洁精练，可读性好。

【例 7.10】 用递归法计算 n!。

n! 可用下述公式表示：

$$n! = 1, \qquad (n = 0,1)$$
$$n \times (n-1)!, (n > 1)$$

按公式可编程如下：

```
#1.  f(int n)
#2.  {
#3.      if(n== 0 ‖ n== 1)          /* (n = 0,1) */
#4.          return 1;              /* n!= 1 */
#5.      else                       /* n > 1 */
#6.          return n * f(n-1);     /* n * (n-1)! */
#7.  }
#8.  /* 下面是测试程序 */
#9.  # include < stdio. h>
#10. void main( )
#11. {
#12.     printf(" % d\n",f(4) );
#13. }
```

说明：#12 行首先执行表达式 f(4)，则 f(4)执行过程如图 7-12 所示。

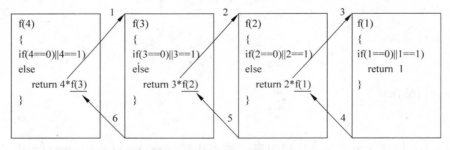

图 7-12   递归的执行过程

f(4)经过 4 层嵌套调用，返回 24，printf 函数输出值为 24。

函数递归调用的特性如下：

（1）函数递归调用是一种特殊的嵌套调用，函数递归调用几次就相当于嵌套几层，每次嵌套都相当于这个函数又被调用了一次。所以函数递归调用几次也就相当于这个函数又循环执行了几遍。

（2）循环必须要有结束的条件，递归也必须要有结束的条件，上例递归的结束条件就是当 n==0 或 n==1 时,不再递归,直接返回 1。

（3）如果循环没有遇到符合结束的条件就会一直循环,递归没有遇到符合结束的条件却不能一直递归。因为函数每次调用都需要占用内存,这些内存直到函数结束才会释放,而不断递归就会不断占用内存而不释放,编译程序留给函数调用的内存是有限的,所以函数嵌套的次数也是有限的,当这些内存被占满,程序就会出错终止。

【例 7.11】 执行下面程序,分析执行结果。

```
#1.    int f(int x)
#2.    {
#3.        printf("%d",x);
#4.        return f(x-1);
#5.    }
#6.    #include <stdio.h>
#7.    void main( )
#8.    {
#9.        printf("%d\n",f(4) );
#10.   }
```

程序输出:

43210-1-2-3-4-5-6-7-8-9-10-11-12-13-14-15-16-17-18-19-20-21-22-23-24-25-26-27-28-29-30-31-32-33-34-35-36-37-38-39-40-41-42-43-44-45-46-47-48-49-50-51-52…

说明:例 7.11 f 函数是一个递归函数。每次调用自己都输出 x 的值,然后把 x-1 作为参数再调用自己。由于没有结束条件,该函数将无休止地调用其自身,直到用于函数调用的内存空间被占满,程序被强制终止。

【例 7.12】 Fibonacci 数列是由意大利著名数学家 Fibonacci 于 1202 年提出的兔子繁殖问题,该数列第 1 项为 1,第 2 项为 1,以后每一项都是前 2 项之和,求数列的第 40 项。

由问题可以得到公式:

$$f_n = \begin{cases} 1 & (n = 1) \\ 1 & (n = 2) \\ f_{n-1} + f_{n-2} & (n > 2) \end{cases}$$

按公式可编程如下:

```
#1.    #include <stdio.h>
#2.    int fun(int n)
#3.    {
#4.        if (n==1 || n==2)
#5.            return(1);
#6.        else
#7.            return(fun(n-1) + fun(n-2));
#8.    }
#9.    void main()
#10.   {
#11.       int x;
#12.       x = fun(40);
```

```
#13.        printf("%d\n",x);
#14. }
```

程序运行输出：

102334155

说明：经过一段时间递归运算后，可以得出如上的结果，如果求更大的项，则需要的递归运算的时间更长，甚至程序运行出错，这是由于递归次数过多造成的，比递归更有效的方法是使用递推法。

所谓递推法即找出任意相邻 n 项之间的规律，并给出前面 n−1 项的值；然后根据前面 n−1 项的值得出第 n 项的值。再根据前面 n−1 项的值得出第 n+1 项的值……采用这种逐项求解的方法求出最终想要项的值，这就是递推的方法。

【例 7.13】　用递推法求 Fibonacci 数列的第 40 项。

例 7.12 的公式完全可以用递推方法求解，方法是建立一个数组从低到高计算并保存 Fibonacci 数列每一项的值，直到求出最终想要的项的值。

```
#1.    #include<stdio.h>
#2.    #define MAX 76
#3.    int fun(int n)
#4.    {
#5.        int a[MAX],i;
#6.        if(n>=MAX)
#7.            return −1;
#8.        a[1]=1;
#9.        a[2]=1;
#10.       for(i=3;i<=n;i++)
#11.           a[i]=a[i-1]+a[i-2];
#12.       return a[n];
#13.   }
#14. void main()
#15. {
#16.       int x;
#17.       x=fun(40);
#18.       printf("%d\n",x);
#19. }
```

程序运行输出：

102334155

说明：#2 行定义常量 MAX 为 76，#5 行定义数组 a 最多保存 MAX 个元素，函数最多只能求小于 76 的 Fibonacci 数列项。

#10～#11 行的循环用来取代例 7.12 的递归。

经过明显比例 7.12 短的递推运算时间后，可以得出与例 7.12 相同的结果，如果求更大的项，递推运算速度也比例 7.12 递归运算快得多，但例 7.13 的递推程序代码比例 7.12 递归程序代码要复杂。

7.4 函数与指针

7.4.1 指针变量作为函数参数

通过使用函数的参数,主调函数可以把数据的值传递给被调函数,被调函数通过返回值可以把函数执行结果返回给主调函数。通过这种方式主调函数和被调函数实现了双向的通信。如果被调函数需要将更多的处理结果返回给主调函数,或希望被调函数直接操作主调函数中的变量,在函数参数中使用指针也是可以实现的。

原理如下:

(1)将主调函数中变量的地址值传递给被调函数。

(2)被调函数根据传过来的地址值操作相应内存。

(3)如果被调函数修改了相应内存的内容,即主调函数中的变量值被修改了。

【例 7.14】 在被调函数中交换主调函数中两个变量的值。

```
#1.    #include<stdio.h>
#2.    void swap(int * a,int * b)
#3.    {
#4.        int t;
#5.        t= * a;
#6.        * a= * b;
#7.        * b=t;
#8.    }
#9.    void main()
#10.   {
#11.       int x=10,y=20;
#12.       swap(&x,&y);
#13.       printf("x= % d,y= % d",x,y);
#14.   }
```

程序输出:

x=20,y=10

说明:程序首先从 main 函数开始执行,#11 行定义了两个整型变量 x 和 y,并分别初始化为 10 和 20,程序内存使用情况如图 7-13 所示。

#12 行在 main 函数中调用 swap 函数,swap 函数名后面括号中的 &x、&y 是 main 函数中定义的 x、y 变量的地址,在程序转到 f 函数执行前,main 函数的 x、y 变量的地址值被保存到内存中一个称为堆栈的内存空间,如图 7-14 所示。

程序转到 swap 函数开始执行,swap 函数的变量 a、b、t 被创建并分配内存空间,并且swap 函数参数列表中的变量 a、b 到堆栈内存空间取得变量的初值,这样 main 函数的 x、y变量的地址就通过堆栈的中转作为初值被传给了 f 函数中的形参变量 a、b,如图 7-15所示。

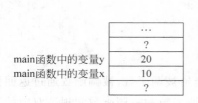

图 7-13   内存变化示意图(1)

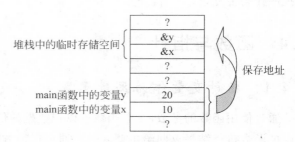

图 7-14   内存变化示意图(2)

程序执行到#5行,将 ∗a 的值赋值给 t,因为 swap 中变量 a 的值保存的是 main 函数中变量 x 的地址,所以 ∗a 即变量 x 的内容,该赋值即将 main 中 x 变量的值赋给 t,如图 7-16 所示。

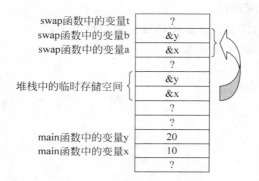

图 7-15   内存变化示意图(3)

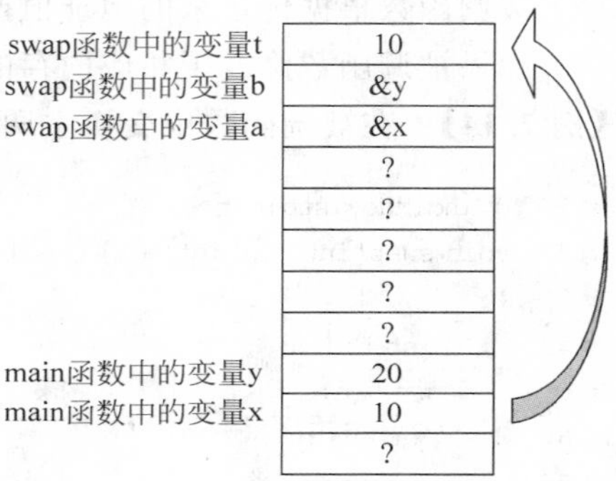

图 7-16   t= ∗a 内存变化示意图

程序执行到#6行,将 ∗b 的值赋值给 ∗a,因为 swap 中变量 a、b 的值保存的是 main 函数中变量 x、y 的地址,∗a 即变量 x 的内容,所以 ∗b 即变量 y 的内容,该赋值即将 main 函数中 y 变量的值赋给 main 函数中 x,如图 7-17 所示。

程序执行#7行,将 swap 函数中变量 t 的值赋值给 swap 函数中的 ∗b,因为 swap 中变量 b 的值保存的是 main 函数中变量 y 的地址,所以 ∗b 即 main 函数中变量 y 的内容,该赋值即将 t 的值赋值给 main 函数中 y 变量,如图 7-18 所示。

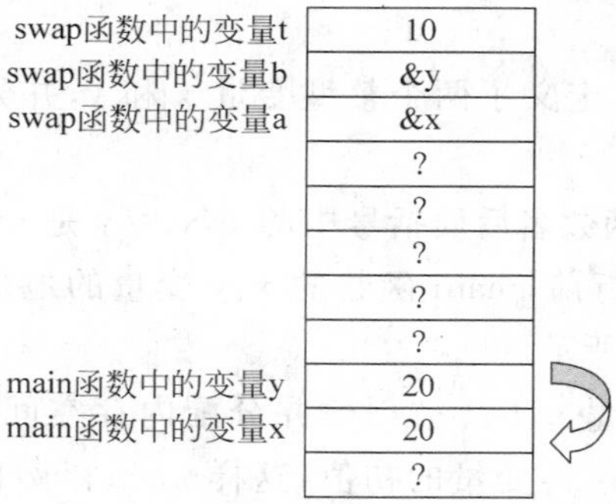

图 7-17   ∗a= ∗b 内存变化示意图

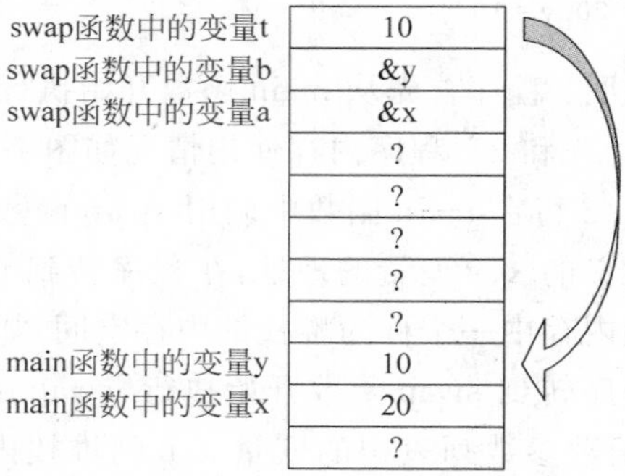

图 7-18   ∗b=t 内存变化示意图

将内存示意图 7-13 与内存示意图 7-18 对比,可以发现 main 函数中的两个变量的值发生了交换。

函数 swap 执行结束,swap 中的变量 a、b、t 被释放,程序返回到 main 函数中继续执行,printf 函数输出 main 函数中的变量 x,y,即交换后的 x,y 变量的值。

7.4.2 数组与函数

在 C 语言中,通常不可以直接把一个数组的内容作为函数的参数传递给被调用的函数,为了让被调函数能够处理主调函数中的数组,通常可以采用两种方式。

(1) 把数组的元素一个个地传递到函数中,这样被调函数的每次调用只能处理数组中的一个元素,采用这种方式需要注意的是,如果要将函数的处理结果保存到数组中,需要传递数组元素的地址而不是数组元素的值。

(2) 把数组的首地址传递到被调用的函数中,在被调函数通过该地址可以访问到所有数组的元素,采用这种方式需要注意的是,被调函数并不知道数组的长度,所以需要增加一个传递数组的长度的参数。

【例 7.15】 编写一个程序,从键盘上输入一个字符串,将小写字母改成大写,输出转换后的结果。

```
#1.    #include<stdio.h>
#2.    #include<string.h>
#3.    char convert(char ch);
#4.    void main()
#5.    {
#6.        char str[100];
#7.        int i,l;
#8.        gets(str);
#9.        l = strlen(str);
#10.       for(i = 0;i<l;i++)
#11.           str[i] = convert(str[i]);
#12.       puts(str);
#13.   }
#14.   char convert(char ch)
#15.   {
#16.       if(ch> = 'a' && ch< = 'z')
#17.           return ch + ('A' - 'a');
#18.       return ch;
#19.   }
```

程序输入:

Windows 7

程序输出:

WINDOWS 7

【例 7.16】 改写上例,从键盘上输入一个字符串,将小写字母改成大写,输出转换的字母个数和转换后的结果。

分析：例7.15的转换函数虽然能够自动完成小写字母到大写字母的转换，但主调函数却不能直接从返回值确定是否进行了这种转换，如果通过函数参数直接得到转换结果，通过函数返回值知道是否进行了转换，即可完成本例题要求。

```
#1.    # include < stdio. h >
#2.    # include < string. h >
#3.    int convert(char * pch);
#4.    void main()
#5.    {
#6.        char str[100];
#7.        int i,l,iCount = 0;
#8.        gets(str);
#9.        l = strlen(str);
#10.       for(i = 0;i < l;i++)
#11.           if(convert(&str[i]))
#12.               iCount++;
#13.       printf("成功转换小写字母 % d 个,转换结果为: % s\n",iCount,str);
#14.   }
#15.   int convert(char * pch)
#16.   {
#17.       if( * pch > = 'a' && * pch < = 'z')
#18.       {
#19.           * pch + = ('A' - 'a');
#20.           return 1;
#21.       }
#22.       return 0;
#23.   }
```

程序输入：

Windows 7

程序输出：

成功转换小写字母 6 个,转换结果为: WINDOWS 7

【例7.17】 改写例7.17,从键盘上输入一个字符串,将小写字母改成大写,输出转换的字母个数和转换后的结果。要求通过转换函数完成字符串的转换。

```
#1.    # include < stdio. h >
#2.    # include < string. h >
#3.    int convert(char * pch);
#4.    void main()
#5.    {
#6.        char str[100];
#7.        int iCount = 0;
#8.        gets(str);
#9.        iCount = convert(str);
#10.       printf("成功转换小写字母 % d 个,转换结果为: % s\n",iCount,str);
#11.   }
#12.   int convert(char * pch)
```

```
#13.  {
#14.      int i = 0, iCount = 0;
#15.      do
#16.      {
#17.          if(pch[i]> = 'a' && pch[i]< = 'z')
#18.          {
#19.              pch[i] + = ('A' − 'a');
#20.              iCount++;
#21.          }
#22.      }
#23.      while(pch[++i]);
#24.      return iCount;
#25. }
```

程序输入：

Windows 7

程序输出：

成功转换小写字母 6 个,转换结果为: WINDOWS 7

7.4.3 返回指针值的函数

函数的数据类型决定了函数返回值的数据类型。函数返回值不仅可以是整型、实型、字符型等数据,还可以是指针类型,即存储某种数据类型的内存地址。当函数的返回值是地址时,该函数就是指针型函数。

指针型函数声明和定义的一般形式：

数据类型 * **函数名( )**

这里 * 表示返回值是指针类型,数据类型是该返回值即指针所指向存储空间中存放数据的类型。

在指针型函数中,返回的地址值可以是变量的地址、数组的首地址或指针变量,还可以是结构体、共用体等构造数据类型的地址。

【例 7.18】 查找星期的英文名称。

```
#1.       # include< stdio. h>
#2.  char * week_name(char ( * a)[10], int n);
#3.  void main()
#4.  {
#5.      char a[][10] = {"Sun","Mon","Tue","Wedn","Thu","Fri", "Sat"};
#6.      int x;
#7.      printf("输入数字(0 − 6)");
#8.      scanf("% d",&x);
#9.          if(x > = 0 && x < = 6)
#10.             printf("星期 % 2d 的英文缩写是 % s\n",x,week_name(a,x));
#11.         else
#12.             printf("input error");
#13. }
```

```
#14. char * week_name(char ( * a)[10],int n)
#15. {
#16.     return a[n];
#17. }
```

程序运行结果如下：

输入数字(0-6) 5↙
星期 5 的英文缩写是 Fri

说明：在 main()函数输入整数 x，并以 x 为实参调用 week_name()函数。week_name()函数被定义为字符指针型函数，它的功能是对于给定的整数 n，查出 n 所对应星期的英文名称，函数的返回值是该英文名称的存储地址 a[n]。

7.4.4 指向函数的指针

在 C 语言中，函数名如同数组名，函数名也是一个指针常量，它表示该函数代码在内存中的起始地址，函数的执行即从该地址开始，所以也被称为函数执行的入口地址。例如，在程序中定义了以下函数：

```
int f ();
```

则函数名 f 就是该函数在内存中的起始地址。当调用函数时，程序执行转移到该位置并取得这里的指令代码开始执行。如果可以把函数名赋予一个指针变量，该指针变量保存的内容就是该函数的程序代码存储内存的首地址。保存函数地址的指针变量称为指向函数的指针变量，简称为函数指针。它的定义形式如下：

数据类型(* 函数指针名)();

数据类型是指针指向的函数所具有的数据类型，即指向的函数的返回值的类型。例如：

```
int ( * pf)();
```

定义了一个指针变量 pf，可以用来存储一个函数的地址，该函数是一个返回值为 int 型的函数。在函数指针定义中，包括" * "与函数指针变量名的圆括号绝对不能缺省。例如，若省略该上例的圆括号就成为如下形式：

```
int     * pf();
```

该形式是声明了一个返回值为 int 型指针的函数 pf()。

当函数指针被赋予某个函数的存储地址后，它就指向该函数。将函数地址赋值给函数指针的方法如下：

函数指针变量 =&函数名;

或

函数指针变量 = 函数名;

或

函数指针变量 = 函数指针变量;

例如：

```
char f1();                                    /* 函数原型 */
char ( * pf1) = &f1;                          /* 定义函数指针变量 pf1 并赋初值为 f1 */
char ( * fp2) = f1;                           /* 定义函数指针变量 pf2 并赋初值为 f1 */
pf2 = pf1; ;                                  /* 将 pf1 的值赋值给 pf2 */
```

上面的赋值表达式将指针变量 pf1 与 pf2 指向了函数 f1，即指针变量 pf1、pf2 中存放 f1 函数的入口地址。当函数指针变量被赋值后，就可以通过函数指针调用其指向的函数。

通过函数指针调用函数用两种形式。

```
( * 函数指针)(函数参数);
函数指针(函数参数);
```

例如：

```
pf1();                                        /* 调用 pf1 指向的函数 */
( * pf1)();                                   /* 调用 pf1 指向的函数 */
```

在 C 语言中，函数指针的主要作用是作为参数在函数间传递函数地址。希望被调函数在某种情况下调用由主调函数指定的函数以实现指定的功能。

【例 7.19】 求两个数最大值，显示输出支持中英文双语。

```
#1.   # include< stdio.h>
#2.   void GetMax(int x,int y,void ( * pf)());  /* 求 x,y 的最大值并输出 */
#3.   void put_cn(int x);                       /* 用中文输出 */
#4.   void put_en(int x);                       /* 用英文输出 */
#5.   void main()
#6.   {
#7.       int i,x = 10,y = 20;
#8.       puts("1.请选择语言(中文:1) ");
#9.       puts("2.please select language(English:2) ");
#10.      scanf(" % d",&i);
#11.      switch(i)
#12.      {
#13.      case 1:
#14.          GetMax(x,y,put_cn);
#15.          break;
#16.      case 2:
#17.          GetMax(x,y,put_en);
#18.          break;
#19.      }
#20. }
#21. void GetMax(int x,int y,void ( * pf)())     /* 求 x,y 的最大值并输出 */
#22. {
#23.      if(x > y)
#24.          pf(x);
#25.      else
#26.          pf(y);
#27. }
#28. void put_cn(int x)                          /* 用中文输出 */
#29. {
#30.      printf("最大值为: % d\n",x);
```

```
#31.  }
#32.  void put_en( int x)                              /＊用英文输出＊/
#33.  {
#34.      printf("max value is:％d\n",x);
#35.  }
```

说明：例7.19的程序中定义了 put_cn（）、put_en（）两个函数分别实现中、英文的显示输出。函数 GetMax 进行数据处理并使用函数指针指向的函数输出处理结果，main 函数根据用户的选择给 GetMax 函数传递不同的输出函数。因为函数指针的使用，GetMax 虽然不知道用户选择的是什么，但却能得到正确的输出结果。

【例7.20】 函数指针作函数参数。

```
#1.   # include< stdio. h >
#2.   int add( int x, int y);
#3.   int sub( int x, int y);
#4.   int mul( int x, int y);
#5.   void exec( int x, int y, int(＊pf)( int x, int y));
#6.   void main( )
#7.   {
#8.      int a, b, i;
#9.      char c;
#10.     int(＊pf[])( int x, int y) = {add, sub, mul};
#11.     puts("请输入表达式:");
#12.     scanf("％d％c％d", &a, &c, &b);
#13.     switch(c)
#14.     {
#15.     case '＋':
#16.         i = 0;
#17.         break;
#18.     case '－':
#19.         i = 1;
#20.         break;
#21.     case '＊':
#22.         i = 2;
#23.         break;
#24.     }
#25.     exec(a, b, pf[i]);                          /＊执行运算＊/
#26.  }
#27.  int add( int x, int y)
#28.  {
#29.     return(x＋y);
#30.  }
#31.  int sub( int x, int y)
#32.  {
#33.     return (x－y);
#34.  }
#35.  int mul( int x, int y)
#36.  {
#37.     return (x＊ y);
#38.  }
#39.  void exec( int x, int y, int(＊pf)( int x, int y))
#40.  {
```

```
#41.      printf("%d\n",(*pf)(x,y));
#42. }
```

程序运行结果如下：

```
10+5↙
15
```

说明：#10 行定义了一个函数指针型数组，数组的每个元素指向了一种运算函数，然后可以根据程序运行的不同情况调用函数指针数组中包括的不同功能，该函数指针型数组就是所谓的"转移表"。使用"转移表"可以很方便地把程序提供的各种功能集中起来进行管理，根据程序的运行或用户的选择调用指定功能。

函数指针在 C 语言的高级程序设计中有很重要的作用：

（1）主调函数通过传递给被调函数不同的函数指针，即可使被调函数实现不同的功能。例 7.19 的 GetMax 函数可以增加新的语言输出运算结果而不用改代码，如果不用函数指针，每增加一种新的语言都需要修改 GetMax 的代码。

（2）调用系统某些无法立刻完成的功能（如等待网络数据），为了避免长时间的等待而使程序运行停顿，可以传递给系统一个函数，等系统在完成动作时（如接到网络数据时）调用这个函数，从而得到该动作的结果而不必等待。

（3）在程序运行过程中，动态获得其他程序中一些函数的地址，通过函数指针调用它们的功能，例如使用动态链接库中的函数。

7.5 作用域

在 C 语言中，由用户定义的标识符都有一个有效的作用域。所谓作用域是指标识符在程序中的有效范围，即在哪一个范围内可以使用和应用该标识符。在 C 语言中，作用域分为全局作用域和局部作用域两种。C 语言中说明的所有标识符都有自己的作用域。其说明的方式不同，其作用域也不同。

例如，某一函数内部定义的变量，只能在该函数内部进行使用，其作用域即限于函数内部。显然，变量的作用域与其定义语句在程序中出现的位置有直接的关系。根据变量作用域的大小，变量可以划分为局部变量和全局变量。

7.5.1 局部作用域

在程序中用大括号"{"、"}"对括起来的若干语句称为一个"块"。在块内部说明的标识符只能在该块内部使用，其作用域在该"块"内部。"块"在 C 语言中是可以嵌套的，即块的内部还可以定义块。在块中定义的标识符被称为局部标识符，在块中定义的变量被称为局部变量。

【例 7.21】 块中的标识符。

```
#1.  #include<stdio.h>
#2.  void f()
#3.  {
#4.      int x=300;
```

```
#5.        printf(" % d\n",x);
#6.  }
#7.  void main()
#8.  {
#9.        int x = 100;
#10.       {
#11.           int x = 200;
#12.           f();
#13.           printf(" % d\n",x);
#14.       }
#15.       printf(" % d\n",x);
#16. }
```

程序运行输出如下：

```
300
200
100
```

说明：在程序中定义了三个块，分别是 #3～#6 行的块 1、#8～#16 行的块 2、#10～#14 行的块 3，在以上三个块中分别定义了三个变量均命名为 x，三个块中定义的变量都是局部变量。

局部变量也称为内部变量，顾名思义是在块的内部定义的变量，只在块的内部有效，离开该块内部后再使用该变量是非法的。同样，在块内部定义的自定义数据类型，只在块内部有效，离开该块后再使用该数据类型是非法的。

【例 7.22】 局部变量和数据类型示例。

```
#1.   # include < stdio. h >
#2.   void f()
#3.   {
#4.        struct Ex
#5.        {
#6.        int x;
#7.        };
#8.        struct Ex x = {300};
#9.        printf(" % d\n",x. x);
#10. }
#11. void main()
#12. {
#13.      struct Ex
#14.      {
#15.          char s[10];
#16.      };
#17.      struct Ex x = {"100"};
#18.      {
#19.          struct Ex
#20.          {
#21.              float f;
#22.          };
```

```
#23.        struct Ex x = {200.};
#24.        f();
#25.        printf("% f\n",x.f);
#26.    }
#27.    printf("% s\n",x.s);
#28. }
```

程序运行输出如下:

```
300
200.000000
100
```

说明:程序中定义了三个块,分别是#3~#10行的块1、#12~#28行的块2、#18~#26行的块3,在以上三个块中分别定义了三个结构体数据类型均命名为 Ex,三个块中定义的结构体数据类型都只能在其所定义的块中使用。

在 C 语言中规定,对于嵌套的块,外层块中定义的标识符可以在内层块中使用,如例7.23所示。

【例7.23】 在嵌套块中使用上层块中定义的数据类型和变量。

```
#1. # include < stdio. h >
#2. void main()
#3. {
#4.     struct Ex
#5.     {
#6.         char s[10];
#7.     };
#8.     struct Ex x = {"AAA"};
#9.     struct Ex y = {"BBB"};
#10.    {
#11.        struct Ex x = {"CCC"};
#12.        printf("% s\n",y.s);
#13.        printf("% s\n",x.s);
#14.    }
#15.    printf("% s\n",x.s);
#16. }
```

程序运行输出如下:

```
BBB
CCC
AAA
```

7.5.2 全局作用域

在函数之外定义的标识符称为全局标识符。在函数之外定义的变量被称为全局变量。全局标识符的作用域为文件作用域,即在整个文件中都是可以访问和使用的。其默认的作用域是从定义的位置开始到该文件结束,即符合标识符说明在前;使用在后的原则。

【例 7.24】　使用全局变量。

```
# 1.   # include < stdio. h >
# 2.   int x = 100;
# 3.   void f()
# 4.   {
# 5.       x = 50;
# 6.       printf(" % d\n",x);
# 7.   }
# 8.   void main()
# 9.   {
# 10.      printf(" % d\n",x);
# 11.      f();
# 12.      printf(" % d\n",x);
# 13. }
```

程序运行输出如下：

```
100
50
50
```

说明：为了在标识符定义之前使用该标识符，可以使用标识符声明的方法。参见 7.2.3 节，一个标识符可以不声明也可以声明很多次，但该标识符必须要定义一次，也只能定义一次。变量的声明方法与定义基本相同，只是前面要加上关键字 extern，说明这是一个变量的声明而不是一个定义。如声明一个变量的形式如下：

extern 数据类型 变量名;

用 extern 声明外部变量。

外部变量（即全局变量）是在函数的外部定义的，它的作用域为从变量定义处开始，到本程序文件的末尾。如果外部变量不在文件的开头定义，其有效的作用范围只限于定义处到文件终了。如果在定义点之前的函数想引用该外部变量，则应该在引用之前用关键字 extern 对该变量进行"外部变量声明"，表示该变量是一个已经定义的外部变量。有了此声明，就可以从"声明"处起，合法地使用该外部变量。

【例 7.25】　用 extern 声明外部变量，扩展程序文件中的作用域。

```
# 1.   # include < stdio. h >
# 2.   extern int x;
# 3.   void f()
# 4.   {
# 5.       x = 50;
# 6.       printf(" % d\n",x);
# 7.   }
# 8.   void main()
# 9.   {
# 10.      printf(" % d\n",x);
# 11.      f();
# 12.      printf(" % d\n",x);
# 13. }
```

♯14. int x = 100;

程序运行输出如下：

100
50
50

说明：♯2 行声明一个全局变量 x，♯14 行定义了这个全局变量 x，♯2 行的声明可以在整个程序中出现多次，而♯14 行全局变量 x 的定义在整个程序中只能有一次。

【例 7.26】 外部变量与局部变量同名。

```
♯1.   # include< stdio.h>
♯2.   int x = 1,y = 2;               /* x、y 为全局变量 */
♯3.   int max( int x,int y)          /* x、y 为局部变量 */
♯4.   {
♯5.      int z;
♯6.      if(x> y)z = x;
♯7.      else z = y;
♯8.      return(z);
♯9.   }
♯10. void main()
♯11. {
♯12.     int x = 10,z;               /* x、z 为局部变量 */
♯13.     z = max(x,y);
♯14.     printf(" % d",z);
♯15. }
```

程序的运行结果如下：

10

说明：程序中定义了全局变量 x、y，在 max 函数中又定义了 x、y 形参，形参也是局部变量。全局变量 x、y 在 max 函数范围内不起作用。main 函数中定义了一个局部变量 x，因此全局变量 x 在 main 函数范围内不起作用，而全局变量 y 在此范围内有效。因此 max(x,y)相当于 max(10,2)，程序运行后得到的结果为 10。

7.5.3 多文件下的全局作用域

一个 C 语言程序可以保存在多个文件中，然后分别进行编译，最后由链接程序可以把它们链接成一个可执行的机器语言程序。

C 语言中所有的全局标识符，包括函数、全局变量都可以在多个 C 语言程序文件中共同使用，这些全局标识符的跨文件使用遵循以下规则：

- 标识符在每个 C 程序文件中都要先说明后使用。
- 标识符可以用声明或定义的方法进行说明。
- 标识符在一个程序中可以声明多次，但只能且必须要定义一次。

1. 函数和全局变量的跨文件使用

函数和全局变量在整个程序中的所有文件中只能定义一次，若要在其他文件中使用，只要在该文件中使用之前用 extern 声明即可。

【例 7.27】 修改例 7.24,将该程序分解存放到两个文件 A.C 和 B.C 中。

```
#1.   /************************************
#2.              C程序文件 A.C
#3.   ************************************/
#4.   # include "stdio.h"
#5.   int x = 100;
#6.   void f()
#7.   {
#8.       x = 50;
#9.       printf(" % d\n",x);
#10. }
```

说明:#4 行包含“stdio.h”是为了在 #9 行中使用的 printf。

#5 行定义了全局变量 x 并初始化为 100。

#6~#10 行定义了函数 f,因为在 C 语言中规定函数的定义不能嵌套,所以所有的函数都是全局的。

```
#1.   /************************************
#2.              C程序文件 B.C
#3.   ************************************/
#4.   # include < stdio.h>
#5.   extern int x;
#6.   void f();
#7.   void main()
#8.   {
#9.       printf(" % d\n",x);
#10.      f();
#11.      printf(" % d\n",x);
#12. }
```

说明:#4 行包含“stdio.h”是为了在 #11 行中使用的 printf。

#5 行声明了全局变量 x,该声明是对 A.C 中全局变量 x 的声明,如果没有该声明,B.C 文中不能使用 A.C 中的全局变量 x。

#6 行声明了函数 f,该声明是对 A.C 中函数 f 的声明,如果没有该声明,B.C 文中不能使用 A.C 中的函数 f。

程序运行输出如下:

100
50
50

说明:程序从 main 函数开始执行。main 函数在一个 C 程序中,不论多少文件都只能有一个。

#9 行 printf 输出全局变量 x 的值,即 A.C 文件中定义的全局变量 x,值为 100。

#10 行调用函数 f,即 B.C 文件中定义的函数 f,程序执行 B.C 文件中的 #8 行将全局

变量的值赋值为 50,然后在♯9 行输出该全局变量 x,值为 50,♯10 行函数 f 执行完返回到 main 函数中。

♯11 行 printf 输出全局变量 x 的值,即 A.C 文件中定义的全局变量 x,值为 50。

2. 自定义数据类型的跨文件使用

自定义数据类型若要在其他文件中使用,需要在该文件中重新定义。

【例 7.28】　修改例 7.24,将该程序分别存放到两个文件 A.C 和 B.C 中。

```
#1.   /********************************************
#2.                C 程序文件 A.C
#3.   ********************************************/
#4.   #include "stdio.h"
#5.   struct Ex
#6.   {
#7.       int x;
#8.   };
#9.   void f(struct Ex x)
#10.  {
#11.      printf("%d\n",x.x);
#12.  }
```

说明:♯5～♯8 行定义了自定义数据类型 struct Ex。

♯9～♯12 行定义了函数 f,该函数接收一个 struct Ex 类型的值,并在 ♯11 行输出该值。

```
#1.   /********************************************
#2.                C 程序文件 B.C
#3.   ********************************************/
#4.   struct Ex
#5.   {
#6.       int x;
#7.   };
#8.   void f(struct Ex x);
#9.   void main()
#10.  {
#11.      struct Ex x = {100};
#12.      f(x);
#13.  }
```

说明:♯5～♯8 行重新定义了自定义数据类型 struct Ex。

♯11 行定义了一个 struct Ex 类型的变量 x,并初始化值为 100。

♯12 行调用 A.C 中定义的函数 f,并将 x 变量的值传给它。

程序运行输出:

100

说明:在 C 语言中,对于不同文件中定义的同名数据类型的内容是否一致,甚至不同文件中声明的函数除了标识符名称之外的说明是否一致都不进行检查。为了防止出错,用户可以把这些数据类型的定义、全局变量和函数的声明放在一个文件中,需要使用它们的文件只要包含进去该文件即可。这样不但减少了定义、声明错误发生的可能,还减少了重复定义、声明的工作。这种只包含数据类型的定义、全局变量、函数的声明的文件通常被称为 C 语言的头文件,使用".h"为后缀。

【例 7.29】 使用多文件组织 C 程序。

```
#1.  /***********************************
#2.              C程序文件 EX.H
#3.  ***********************************/
#4.  struct Ex
#5.  {
#6.      int x;
#7.      int y;
#8.  };
#9.  extern int m;
#10. void f(struct Ex x);
```

说明:EX.H 文件中包含了本程序中需要共享的数据类型 struct Ex 的定义、全局变量 m 的声明、函数 f 的声明。

```
#1.  /***********************************
#2.              C程序文件 A.C
#3.  ***********************************/
#4.  # include "stdio.h"
#5.  # include "EX.H"
#6.  int m;
#7.  void f(struct Ex x)
#8.  {
#9.      printf(" % d\n",x.x + m);
#10. }
```

A.C 文件中用#include 包含了 EX.H 文件,也就包含了数据类型 struct Ex 的定义、全局变量 m 的声明、函数 f 的声明。然后在文件中定义了全局变量 m 和函数 f。

```
#1.  /***********************************
#2.              C程序文件 B.C
#3.  ***********************************/
#4.  # include < stdio.h>
#5.  # include "EX.H"
#6.  void main()
#7.  {
#8.      struct Ex x = {100};
#9.      m = 20;
#10.     f(x);
#11. }
```

B.C 文件中用#include 包含了 EX.H 文件,也就包含了数据类型 struct Ex 的定义、全局变量 m 的声明、函数 f 的声明。

程序运行结果如下：

120

7.6　变量的存储类别

一个 C 语言源程序经过编译程序的编译和链接之后，生成可执行的机器语言程序。系统在执行该程序时，要为该程序分配内存空间，然后将程序装入该内存空间才能开始执行。系统为一个执行的程序分配的内存空间分为三部分：程序区、静态存储区、动态存储区。

程序区用来存储程序的可以执行的代码，例如函数的地址就应该在这个内存区域内。

静态存储区和动态存储区都用来保存程序中使用的数据，变量的地址就应该在这两个内存区域内。一个变量是保存在静态存储区还是动态存储区是由变量的存储类型来决定的。

在上一节中，从变量的作用域角度将 C 语言中的变量分为局部变量和全局变量两大类。除了从变量的作用域角度，从变量保存的内存区域或生存期长短也可以把变量分成两大类，即保存在动态存储区的动态变量和保存在静态存储区的静态变量。

动态变量在程序执行的过程中为它分配空间，即在程序执行到变量所在作用域开始处，该变量的内存空间被分配，程序执行到该变量所在作用域结束处，该变量所占用的内存被释放。动态变量保存在程序的动态存储区。

静态变量在程序执行的开始为它分配空间，程序执行到结束，该变量所占用的内存才被释放。静态变量保存在程序的静态存储区。

7.6.1　动态存储方式

动态存储方式的变量有自动变量类型和寄存器类型变量两种，它们都是局部变量。

1. 自动类型变量

所有局部变量，默认情况下都是自动类型变量。自动变量用关键字 auto 作为存储类别的声明。自动变量的定义形式如下：

auto 数据类型 变量名；

自动变量的定义关键字 auto 可以省略，auto 不写则隐含定义为"自动存储类别"，属于动态存储方式。

【例 7.30】 含自动变量的 C 程序。

```
#1.    #include <stdio.h>
#2.    int f(int x,int y)
#3.    {
#4.        int t;
#5.        if(x>y)
#6.            t=x;
#7.        else
#8.            t=y;
```

```
#9.          return t;
#10.    }
#11.  void main( )
#12.  {
#13.      int x = 10,y = 20,z;
#14.      {
#15.          int x = 100,y = 200,z;
#16.          z = f(x,y);
#17.          printf("% d\n",z);
#18.      }
#19.      z = f(x,y);
#20.      printf("% d\n",z);
#21.  }
```

说明：程序从♯11行的main函数开始执行,进入♯13～♯21行的块1时为自动变量x、y、z分配内存,并将变量x、y的值初始化为10、20,如图7-19所示。

程序进入♯14～♯18行的块2时为自动变量x、y、z分配内存,并将变量x、y的值初始化为100、200,如图7-20所示。

程序在♯16行调用函数f,进入块3时为自动变量x、y、t分配内存,并将变量x、y的值初始化为100、200,如图7-21所示。

	?
	?
块1中的变量z	?
块1中的变量y	20
块1中的变量x	10
	?

图 7-19 内存变化示意图（1）

块2中的变量z	?
块2中的变量y	200
块2中的变量x	100
块1中的变量z	?
块1中的变量y	20
块1中的变量x	10
	?

图 7-20 内存变化示意图（2）

块3中的变量t	?
块3中的变量y	200
块3中的变量x	100
	?
块2中的变量z	?
块2中的变量y	200
块2中的变量x	100
块1中的变量z	?
块1中的变量y	20
块1中的变量x	10
	?

图 7-21 内存变化示意图（3）

函数f执行完,出块3时释放块3中的自动变量x、y、t分配的内存。

程序执行到♯18行,出块2时释放块2中的自动变量x、y、z分配的内存。

程序执行到♯21行,出块1时释放块1中的自动变量x、y、z分配的内存。

2. 寄存器类型变量

为了提高程序执行效率,C语言允许将局部变量的值保存在CPU中的寄存器中,这种变量称为"寄存器变量",用关键字register进行声明。

寄存器变量是局部变量,它只适用于auto型变量和函数的形式参数。所以,它只能在函数内部定义,它的作用域和生命期同auto型变量一样。

寄存器变量定义的一般形式为：

register 数据类型标识符 变量名表；

在计算机中，从内存存取数据要比直接从寄存器中存取数据慢，所以对一些使用特别频繁的变量，可以通过 register 将其定义成寄存器变量，使程序直接从寄存器中存取数据，以提高程序的效率。

由于计算机的寄存器数目有限，并且不同的计算机系统允许使用寄存器的个数不同，所以并不能保证定义的寄存器变量就会保存在寄存器当中，当寄存器不空的时候，系统自动将其作为一般 auto 变量处理。

【例 7.31】 含寄存器变量的 C 程序。

```
#1.  # include < stdio.h>
#2.  void main( )
#3.  {
#4.      register int i;                    /*定义寄存器变量 i*/
#5.      int sum = 0;
#6.      for( i = 0;i < 10000;i++)
#7.          sum + = i;
#8.      printf(" % d\n",sum);
#9.  }
```

7.6.2 静态存储方式

静态存储方式的变量有全局变量和静态局部变量两种。静态变量在定义时如果不指定初值，则静态变量分配的所有内存空间都被自动填 0。

全局变量全部存放在静态存储区，都属于静态变量，在程序开始执行时给全局变量分配存储区，程序执行完毕才释放。在程序执行过程中它们占据固定的存储单元，而不动态地进行分配和释放。

在程序设计中，有时需要函数中的局部变量的值在函数调用结束后不消失而保留原值，这时就应该指定局部变量为"静态局部变量"，静态局部变量用关键字 static 进行声明。形式如下：

static 数据类型 变量名；

静态局部变量也存放在静态存储区，在程序开始执行时给静态局部变量分配存储区，程序执行完毕才释放。在程序执行过程中它们占据固定的存储单元，而不动态地进行分配和释放。

【例 7.32】 考察静态局部变量的值。

```
#1.  # include< stdio.h>
#2.  f(int a)                              /*可以省略函数类型但被默认为 int 型*/
#3.  {
#4.      auto b = 0;                       /*int 可以省略 b 默认为 int 型*/
#5.      static c = 3;                     /*int 可以省略 c 默认为 int 型*/
#6.      b = b + 1;
#7.      c = c + 1;
```

```
#8.        return(a + b + c);
#9.  }
#10. void main()
#11. {
#12.     int a = 2,i;
#13.     for(i = 0;i < 3;i++)
#14.         printf(" % d",f(a));
#15. }
```

程序的输出结果：

7 8 9

说明：静态局部变量在编译时赋初值，即只赋初值一次，而对自动变量赋初值是在函数调用时进行，每调用一次函数重新给一次初值，相当于执行一次赋值语句。

【例7.33】 打印1~5的阶乘值。

```
#1.  # include"stdio. h"
#2.  int fac( int n)
#3.  {
#4.      static int f = 1;
#5.      f = f * n;
#6.      return(f) ;
#7.  }
#8.  void main( )
#9.  {
#10.     int i;
#11.     for(i = 1;i <= 5;i++)
#12.         printf(" % d! = % d\n", i, fac(i));
#13. }
```

程序的输出结果：

1!= 1
2!= 2
3!= 6
4!= 24
5!= 120

7.7 习题

1. 编写一个函数，传入一个实型的角度，显示对应的度、分、秒。
2. 编写一个函数，传入一个十进制整数，显示八进制字符串。
例如：函数传入22，显示"26"。
3. 编写一个函数，传入八进制字符串，返回一个整数。
例如：函数传入"26"，返回22。
4. 请编写函数fun，函数的功能是：移动一维数组中的内容；若数组中有n个整数，要求把下标从0~p(含p，p小于等于n-1)的数组元素平移到数组的最后。

例如,一维数组中的原始内容为 1、2、3、4、5、6、7、8、9、10,p 的值为 3;移动后一维数组中的内容应为 5、6、7、8、9、10、1、2、3、4。

5. 请编写函数 fun(),该函数的功能是:统计一行字符串中单词的个数,作为函数值返回。一行字符串在主函数中输入,规定所有单词由小写字母组成,单词之间有若干个空格隔开,一行的开始没有空格。

6. 请编写函数 fun(),该函数的功能是:统计各年龄段的人数。N 个年龄通过调用随机函数获得,并放在主函数的 age 数组中。要求函数把 0~9 岁年龄段的人数放在 d[0]中,把 10~19 岁年龄段的人数放在 d[1]中,把 20~29 岁年龄段的人数放在 d[2]中,依次类推,把 100 岁(含 100)以上年龄的人数都放在 d[10]中。结果在主函数中输出。

7. 请编写函数 void fun(int y,int b[],int * m),它的功能是:求出能整除 y 且是奇数的各整数,并按从小到大的顺序放在 b 所指的数组中,这些除数的个数通过形参 m 返回。

8. 假定输入的字符串中只包含字母和 * 号。请编写函数 fun(),它的功能是:除了尾部的 * 号之外,将字符串中其他 * 号全部删除。形参 p 已指向字符串中最后一个字母。在编写函数时,不得使用 C 语言的字符串函数。

例如,若字符串中的内容为 ****A * BC * DEF * G * *****,删除后,字符串中的内容应当是 ABCDEFG * *****。

9. 请编写函数 fun(),其功能是:将所有大于 1 小于整数 m 的非素数存入 XX 所指数组中,非素数的个数通过 k 传回。

例如,输入 17,则应输出 4 6 8 9 10 12 14 15 16。

10. 编写 fun 函数用以判断一个数是否为素数,提示:可在函数中设置一个逻辑量,并把该值返回给调用者。

11. 根据整型参数 n 的值,编写函数,计算如下公式的值:

$1 - 1/2 + 1/3 - 1/4 + 1/5 - 1/6 + 1/7 - \cdots + (-1)n + 1/n$

12. 根据整型参数 m 的值,编写函数,计算如下公式的值:

$1 - 1/(2 * 2) - 1/(3 * 3) - \cdots - 1/(m * m)$

第 **8** 章

内存的使用

8.1　动态使用内存

8.1.1　分配内存

　　数组的元素在内存中连续存储。当定义一个数组时,它所需要内存的大小在编译的时候就确定下来,在程序运行过程中是不能被更改的。在实际应用中,程序需要内存的大小往往在程序运行中才能确定下来。例如要处理一组数据,这组数据的大小在编写程序的时候通常是不知道的,在这种情况下,程序设计人员只能按照最大的需求来定义数组,从而造成内存使用上的浪费。

　　理想的情况是程序在运行的时候,根据实际情况,需要多少内存就向系统申请多少内存。C 语言的函数库中提供了程序在运行时动态申请内存的库函数,当程序在运行时如果需要一些内存,可以随时调用这些函数跟操作系统进行申请,只要系统还有空余内存,就肯定可以得到。使用动态内存管理的库函数需要包含头文件"stdlib.h",但也有些系统需要包含"malloc.h",请读者根据自己的编译程序进行测试。

　　1. malloc 函数

　　其函数原型为:

```
void * malloc(unsigned int size)
```

　　malloc 函数的作用是在系统内存的动态存储区中分配一个长度为 size 字节的连续内存空间,并将此存储空间的起始地址作为函数值返回。malloc 函数的返回值是指向 void 类型的,也就是不规定指向任何具体的类型。如果想将这个指针值赋给其他类型的指针变量,应当进行显式的转换(强制类型转换)。例如:

```
malloc(4)
```

用来申请一个长度为 4 字节的内存空间,如果系统分配的此段空间的起始地址为 10000,则 malloc(4)的函数返回值为 10000。如果想把此地址赋给一个指向 int 型的指针变量 p,则应进行以下显示转换:

```
p = (int *)malloc(4);
```

如果内存缺乏足够大的空间进行分配,则 malloc 函数值为 NULL。

malloc 分配的内存并不进行初始化。

2. calloc 函数

其函数原型为:

```
void * calloc(unsigned int n, unsigned int size)
```

calloc 函数的作用是分配 n 个长度为 size 字节的连续空间。例如用 calloc(20,30)可以分配 20 个且每个长度为 30 字节的空间,即总长为 600 字节。此函数返回值为该空间的首地址。如果分配不成功,返回 NULL。

calloc 分配的内存初始化为 0。

3. realloc 函数

其函数原型为:

```
void * realloc(void * ptr, unsigned int size)
```

realloc 函数的作用是将 ptr 指向的存储区(是原先用 malloc 函数分配的)的大小改为 size 个字节。可以使原先的分配区扩大也可以缩小。它的函数返回值是一个指针,即新的存储区的首地址。

如果使用 realloc 扩大内存,则内存中原来的数据被保留,如果是缩小内存,剩余部分的内存数据也会被保留。需要注意的是,realoc 后的新的内存首地址不一定与原首地址相同,但内存数据依然会被保留。另外,如果 realloc 的第一个参数的值为 NULL,则 realloc 函数的功能等价于 malloc 函数。

8.1.2　释放内存

在程序运行过程中,用户可以使用内存分配函数分配内存,这些内存因为是由用户自己申请分配的,所以在程序运行结束前,系统并不能自动收回该内存。为了避免内存的浪费,用户应该在使用完这些内存后主动把这些内存交还给系统。把申请的内存交还给系统的过程被称为释放内存。释放内存通过使用库函数 free 来实现。

其函数原型为:

```
void free(void * ptr)
```

其作用是将指针变量 ptr 指向的存储空间释放,即交还给系统,系统可以另行分配作它用。应当强调,ptr 值不能是任意的地址项,而只能是由在程序中执行过的 malloc 或 calloc 函数所返回的地址。如果随便写,如 free(l00)是不行的,下面这样用是可以的:

```
p = (long * )malloc(18);
  …
 free(p);
```

free 函数把原先分配的 18 字节的空间释放,free 函数无返回值。

ANSI C 标准要求动态分配函数返回 void 指针,但目前有的编译所提供的这类函数返回 char 指针。无论以上两种情况的哪一种,都需要用强制类型转换的方法把 void 或 char

指针转换成所需的类型。

　　ANSI C 标准要求在使用动态分配函数时要用 ♯include 命令将 stdlib. h 文件包含进来。但在目前使用的一些 C 系统中,用的是 malloc. h 而不是 stdlib. h。在使用时请注意本系统的规定,有的系统则不要求包括任何"头文件"。

8.1.3　应用举例

　　【例 8.1】　修改例 7.13,递推法求 Fibonacci 数列的第 n 项,n 由用户输入。

```
♯1.    ♯ include < stdio. h>
♯2.    ♯ include < stdlib. h>
♯3.    unsigned fun( int n)
♯4.    {
♯5.        unsigned * a, i;
♯6.        a = malloc((n + 1) * sizeof(int));
♯7.        if(a == NULL)
♯8.            return − 1;
♯9.        a[1] = 1;
♯10.       a[2] = 1;
♯11.       for(i = 3; i <= n; i++)
♯12.           a[i] = a[i − 1] + a[i − 2];
♯13.       i = a[n];
♯14.       free(a);
♯15.       return i;
♯16.   }
♯17.   void main()
♯18.   {
♯19.       int x;
♯20.       scanf(" % d",&x);
♯21.       printf(" % u\n",fun(x));
♯22.   }
```

　　说明:♯6 行根据实际运算需要动态分配数组的内存,因为要使用到数组 a[n],所以内存要分配到 n+1。

　　♯13 行因为在 fun 函数结束前要释放分配的内存,为了函数能返回数组中最后元素的值,要先把它保存到变量 i 中。

　　注意:因为 Fibonacci 数列都是正值,所以使用 unsigned 类型保存 Fibonacci 项,但由于 unsigned 类型的最大值也只有 $2^{32} − 1$,所以最多也只能求到第 80 项。感兴趣的同学可以自己想办法突破 C 语言中整型数取值范围的限制。

　　【例 8.2】　读入若干同学信息,根据成绩从高到低排序。

```
♯1.    ♯ include < stdio. h>
♯2.    ♯ include < stdlib. h>
♯3.    struct student
♯4.    {
♯5.        int num;                    /* 学号 */
♯6.        char name[20];              /* 姓名 */
```

```
#7.        float score;                    /*成绩*/
#8.    };
#9.    void read(struct student *p,int n);
#10.   void sort(struct student *p,int n);
#11.   void write(struct student *p,int n);
#12.   void swap(struct student *p1,struct student *p2);
#13.   void main( )
#14.   {
#15.       struct student *p;
#16.       int n;
#17.       puts("请输入学生数量");
#18.       scanf("%d",&n);
#19.       p = malloc(n * sizeof(struct student));
#20.       read(p,n);
#21.       sort(p,n);
#22.       write(p,n);
#23.       free(p);
#24.   }
#25.   void read(struct student *p,int n)
#26.   {
#27.       int i;
#28.       for(i = 0;i < n;i++)
#29.       {
#30.           puts("请输入同学的学号、姓名、成绩:");
#31.           scanf("%d%s%f",&p[i].num,p[i].name,&p[i].score);
#32.       }
#33.   }
#34.   void sort(struct student *p,int n)
#35.   {
#36.       int i,j;
#37.       for(i = 0;i < n - 1;i++)
#38.           for(j = 0;j < n - i - 1;j++)
#39.               if(p[j].score < p[j + 1].score)
#40.                   swap(&p[j],&p[j + 1]); /*等价与 swap(p + j,p + j + 1);*/
#41.   }
#42.   void write(struct student *p,int n)
#43.   {
#44.       int i;
#45.       for(i = 0;i < n;i++)
#46.           printf("学号:%d,姓名:%s,成绩:%.1f\n",p[i].num,p[i].name,p[i].score);
#47.   }
#48.   void swap(struct student *p1,struct student *p2)
#49.   {
#50.       struct student t;
#51.       t = * p1;
#52.       * p1 = * p2;
#53.       * p2 = t;
#54.   }
```

说明:以上程序展示了如何将一个比较复杂的应用分解到若干个函数中求解的方法:main 是程序的主控函数,它依次调用 read 函数读入数据、sort 函数排序数据、write 函数输出处理结果,sort 函数把数据交换功能交给了 swap 函数去完成以降低自己的复杂程度。

有一个小遗憾是 read 函数没有实现全部的输入功能,如果把用户数量的读入也放到 read 函数中,程序的功能划分就更合理了。

为了把用户数量的读入和学生信息的读入都放在 read 函数中,read 函数就需要完成学生数组内存分配的问题,如果在被调函数中进行内存分配,并且把分配的值返回到主调函数中,就要使用到二级指针。下面给出修改后的 read 函数和 main 函数:

```
#1.   ...
#2.   void read(struct student ** p,int * n);
#3.   ...
#4.   void main( )
#5.   {
#6.       struct student * p;
#7.       int n;
#8.       read(&p,&n);
#9.       sort(p,n);
#10.      write(p,n);
#11.      free(p);
#12.  }
#13.  void read(struct student ** p,int * n)
#14.  {
#15.       int i;
#16.       puts("请输入学生数量");
#17.       scanf(" % d",n);
#18.       * p = malloc( * n * sizeof(struct student));
#19.       for(i = 0;i < * n;i++)
#20.       {
#21.           puts("请输入同学的学号、姓名、成绩:");
#22.           scanf("% d% s% f",&( * p)[i]. num,( * p)[i]. name,&( * p)[i]. score);
#23.       }
#24.  }
#25.  ...
```

说明:#2 行修改函数的声明,将参数 1 改为学生信息数组首元素的地址的地址,参数 2 学生数量改为整型的地址。

#8 行调用 read 函数的参数 1 使用学生信息数组首元素的地址的地址,参数 2 学生数量改为整型的地址。

#13～#24 行的输入函数中所有学生信息数组的操作都先要对 p 做"*"运算,以取得学生信息数组的首地址。

8.2 链表

8.2.1 链表概述

本章 8.1 节所讲述的动态内存分配方法,相对于第 5 章的数组。因为数组要在编译的时候确定内存的大小,而动态内存分配方法在程序运行时确定使用内存的大小,所以会使程序的灵活性有很大提高。但8.1节的内存使用方法也有以下缺陷:

(1)一次性为一组数据分配内存,如果在程序运行过程中,这组数据中间的一个或几个不再需要了,它们占据的内存却无法单独释放,造成了内存浪费。

(2)如果在程序运行中,发现一次性分配的内存不够用了,需要再增加一些,这时很可能需要全部内存都要重新分配,然后再把旧的数据复制过来,效率比较低。

(3)一次性为一组数据分配的内存必须是连续的,如果系统没有连续的这么多空闲内存,即使不连续的空闲内存总量大于需要的内存数量也无法分配。

通过前面的分析,可以发现问题主要出现在内存的一次性分配上,如果每次只为一组数据中的一个元素分配内存,然后通过某种方式把这些元素链接起来,这样就可以解决以上全部的三个问题:

(1)如果在程序运行过程中,这组数组中间的一个或几个不再需要了,因为内存都是独立分配的,所以删除其中几个不会影响到其他元素。

(2)分配的内存不够用了,可以为增加的元素单独分配内存,不会影响到原来的元素的值和使用的内存。

(3)因为每个元素都是独立分配的,所以它们占用的内存空间也不需要连续的,所以可以方便地使用系统中任意的零散的内存。

通过前面的比较可以发现,为数据中的每个元素独立分配内存的方法具有着最大的灵活性,如何把这些独立分配的存储单元链接起来有很多种方法,目前最常用的方法就是链表,很多的大型应用程序都是使用链表来存储大型数据的。

链表是最常用的一种动态数据结构。它的特点是每个独立分配的存储单元都包含一个指针用来指向下一个独立分配的存储单元,这样只要知道第一个独立分配的存储单元的地址,就可以沿着每个独立分配的存储单元中的指针找到最后一个分配的存储单元。图8-1展示了最简单的一种链表的结构。

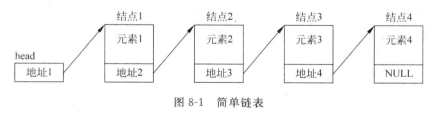

图8-1　简单链表

链表首个存储单元的地址保存在一个指针变量中,该指针变量被称为链表的头指针,如图8-1中以 head 表示,它只存放地址不存放数据。该地址指向一个链表元素1。链表中每一个元素称为一个结点,每个结点包括两部分:一是用户保存的实际数据,二是下一个结点的地址。从图8-1可以看出,head 保存第一个结点的地址,第一个结点中的指针部分又保存第二个结点的地址,一直到最后一个结点即结点4,该结点不再指向其他结点,它称为表尾,它的地址部分放一个 NULL(即值为0),代表链表到此结束。

链表中各结点在内存中的存放位置是可以任意的。如果寻找链表中的某一个结点,必须从链表头指针所指的第一个结点开始,顺序查找。由于此种链表中每个结点只指向下一个结点,所以从链表中任何一个结点(前驱结点)只能找到它后面的那个结点(后继结点),因此这种链表结构称为单向链表。图 8-1 所示的就是一个单向链表。

链表的每个结点是一个结构体变量,它包含若干成员,其中最少有一个是指针类型,用来存放与之相连的结点的地址。

下面是一个单向链表结点的类型说明:

```
struct student
{
int num;                          / * 学号 * /
char name[20];                    / * 姓名 * /
double score;                     / * 成绩 * /
struct student * next;            / * 下一个结点地址 * /
};
```

其中,成员 num、name、score 用来存放结点中的数据,next 是指针类型的成员,它指向 struct student 类型数据(这就是 next 所在的结构体类型)。一个指针类型的成员既可以指向其他类型的结构体数据,也可以指向自己所在结构体类型的数据。用这种方法就可以建立链表,如图 8-2 所示。图 8-2 中链表的每一个结点都是 struct student 类型,它的 next 成员存放下一结点的地址。这种在结构体类型的定义中引用类型名定义自己的成员的方法只允许定义指针时使用。

下面通过一个例子来说明如何建立和输出一个简单链表。

图 8-2　学生信息链表

【例 8.3】　建立一个如图 8-2 所示的简单链表,它由三个学生数据的结点组成。

```
# 1.    # include < stdio. h >
# 2.    # include < string. h >
# 3.    # include < stdlib. h >
# 4.    struct student
# 5.    {
# 6.        int      num;             / * 学号 * /
# 7.        char     name[20];        / * 姓名 * /
# 8.        double   score;           / * 成绩 * /
# 9.        struct   student * next;  / * 下一个结点地址 * /
# 10. };
# 11. void main()
# 12. {
# 13.        struct student * a, * b, * c, * head = NULL;
# 14.        a = malloc(sizeof(struct student));
# 15.        a - > num = 110011;
# 16.        strcpy(a - > name,"张三");
```

```
#17.        a->score = 88.5;
#18.        b = malloc(sizeof(struct student));
#19.        b->num = 110012;
#20.        strcpy(b->name,"李四");
#21.        b->score = 90.2;
#22.        c = malloc(sizeof(struct student));
#23.        c->num = 110013;
#24.        strcpy(c->name,"王五");
#25.        c->score = 77.0;
#26.        head = a;              /*将结点 a 的起始地址赋给头指针 head*/
#27.        a->next = b;
#28.        b->next = c;
#29.        c->next = NULL;
#30.        free(a);
#31.        free(b);
#32.        free(c);
#33.    }
```

说明：#13 行建立四个结构体指针，其中 head 用来保存链表首地址，初始的 NULL 值代表这还是一个空链表。

#14～#25 行创建了链表的三个结点并将地址保存到 a、b、c 变量中，如图 8-3 所示还不是一个链表。 *a 代表 a 指向的内存，*b 代表 b 指向的内存，*c 代表 c 指向的内存。

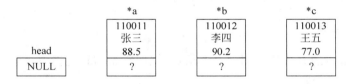

图 8-3　三个内存单元保存三个学生信息

#26 行将 a 中地址保存到 head 变量中，如图 8-4 所示，head 开始的链表中就有了一个结点。

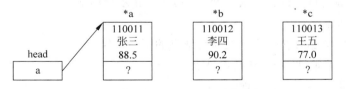

图 8-4　将第一个内存单元连入链表

#27 行将 b 中地址保存到 a—>next 中，head 开始的链表中就有了两个结点，如图 8-5 所示。

#28 行将 c 中地址保存到 b—>next 中，head 开始的链表中就有了三个结点，如图 8-6 所示。

#29 行将 NULL 保存到 c—>next 中，完成链表结尾，如图 8-7 所示。

在此例中，只是演示了链表的创建方法，若要增加链表的长度必须要修改程序才行，所以并不实用，下节将讲授更加通用的链表创建方法。

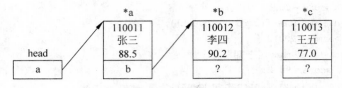

图 8-5　将第二个内存单元连入链表

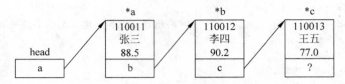

图 8-6　将第三个内存单元连入链表

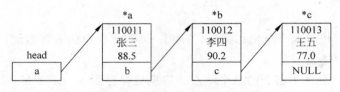

图 8-7　完成的学生信息链表

8.2.2　创 建 链 表

创建链表最基本的方法是每创建一个结点,就把它添加到链表中,然后用循环重复这个过程,直到链表创建完成。

在创建链表的每次循环过程中,都要添加一个结点到链表中,这个结点可以添加到链表末尾,也可以添加到链表起始的位置。

1. 添加结点到链表首

添加结点到链表首是创建链表最简单的方法,其步骤如下:

(1) 创建新结点。

(2) 使原来链表首结点的地址成为新结点的下一个结点。

(3) 使链表头地址即 head 指向本结点。

(4) 重复步骤(1)~(3)的过程。

【例 8.4】　读入一组整型数据,该组数据以-1代表结束。

```
#1.    # include <stdio.h>
#2.    # include <string.h>
#3.    # include <stdlib.h>
#4.    struct SNode
#5.    {
#6.        int      num;          /*学号*/
#7.        struct    SNode * next;   /*下一个结点地址*/
#8.    };
#9.    void main()
```

```
#10. {
#11.        struct SNode * p, * head = NULL;
#12.        do
#13.        {
#14.            p = malloc(sizeof(struct SNode));
#15.            scanf(" % d",&p->num);
#16.            p->next = head;
#17.            head = p;
#18.        }
#19.        while(p->num!= - 1);
#20. }
```

说明：用户输入 1 3 8 −1，则程序运行过程如下：

#11 行程序创建两个指针变量 p 与 head，其中 head 将用来保存链表首地址，初始的 NULL 值代表这还是一个空链表，如图 8-8 所示。

程序第一次进入 #12～#19 行的循环，则：

#14 行创建一个结点，并让 p 指向该结点，程序运行如图 8-9 所示。

#15 行读入整数到 p 指向的结点，程序运行如图 8-10 所示。

指针变量p

| ? |

指针变量head

| NULL |

图 8-8 空链表

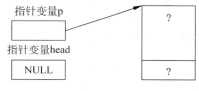

图 8-9 创建一个结点

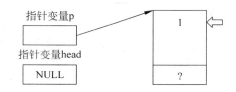

图 8-10 读入一个整数

#16 行把 head 的值保存到 p−>next，程序运行如图 8-11 所示。

#17 行把 p 的值赋值给 head，head 指向的链表有了一个结点，程序运行如图 8-12 所示。

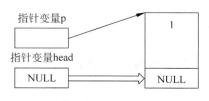

图 8-11 使该结点 next 值为 NULL

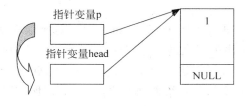

图 8-12 将该结点连入链表

#19 行判断 p−>num 不是 −1，所以程序进入下一次循环。

程序第二次进入 #12～#19 行的循环，则：

#14 行创建一个新结点，并让 p 指向该结点，程序运行如图 8-13 所示。

#15 行读入整数到 p 指向的结点，程序运行如图 8-14 所示。

#16 行把 head 的值保存到 p−>next，程序运行如图 8-15 所示。

#17 行把 p 的值赋值给 head，head 指向的链表有了两个结点，程序运行如图 8-16 所示。

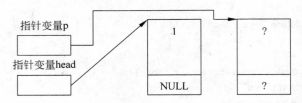

图 8-13　创建第二个结点

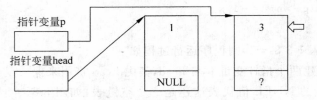

图 8-14　读入一个整数到该结点

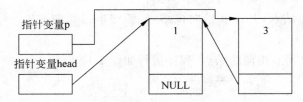

图 8-15　使新结点 next 指向链表首结点

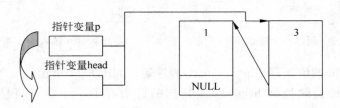

图 8-16　使 head 指向新结点

♯19 行判断 p—＞num 不是—1,所以程序进入下一次循环。

程序第三次进入♯12～♯19 行的循环,则:

♯14 行创建一个新结点,并让 p 指向该结点,程序运行如图 8-17 所示。

♯15 行读入整数到 p 指向的结点,程序运行如图 8-18 所示。

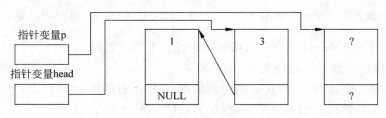

图 8-17　创建第三个结点

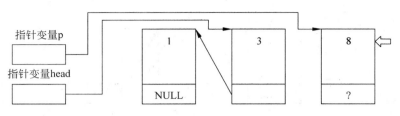

图 8-18 读入一个整数到该结点

＃16 行把 head 的值保存到 p－＞next,程序运行如图 8-19 所示。

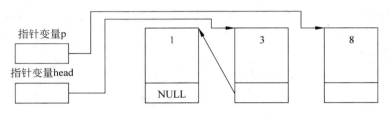

图 8-19 使新结点 next 指向链表首结点

＃17 行把 p 的值赋值给 head,head 指向的链表有了三个结点,程序运行如图 8-20 所示。

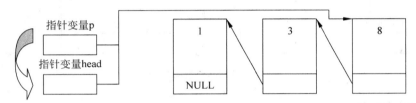

图 8-20 使 head 指向新结点

＃19 行判断 p－＞num 不是－1,所以程序进入下一次循环。

程序第四次进入＃12～＃19 行的循环,则:

＃14 行创建一个新结点,并让 p 指向该结点,程序运行如图 8-21 所示。

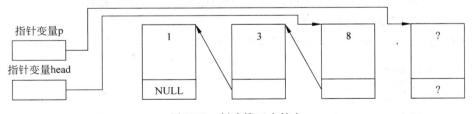

图 8-21 创建第四个结点

＃15 行读入整数到 p 指向的结点,程序运行如图 8-22 所示。

＃16 行把 head 的值保存到 p－＞next,程序运行如图 8-23 所示。

＃17 行把 p 的值赋值给 head,head 指向的链表有了四个结点,程序运行如图 8-24 所示。

＃19 行判断 p－＞num 是－1,程序循环结束,链表创建完成。

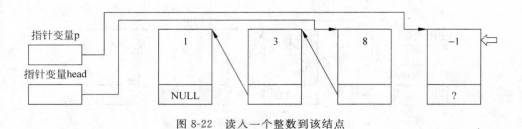

图 8-22　读入一个整数到该结点

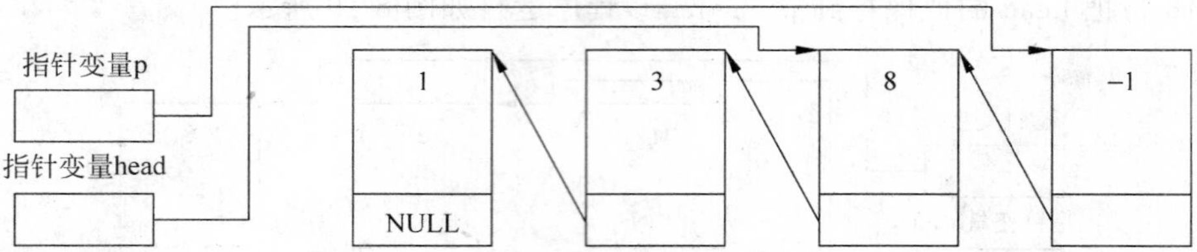

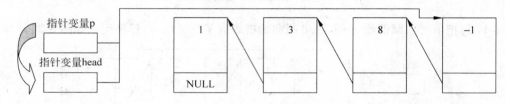

图 8-23　使新结点 next 指向链表首结点

图 8-24　使 head 指向新结点

2. 添加结点到链表尾

添加结点到链表尾比较复杂,需要两个指针分别指向链表的首末结点,其步骤如下:

(1) 创建新结点,并把新结点的 next 指针赋值为 NULL。

(2) 判断当前链表是否为空链表。

① 如果是,则把链表首、末结点指针都指向新结点;

② 如果否,则把链表末结点的指针指向新结点,末结点指针指向新结点。

(3) 重复步骤(1)~(2)的过程。

【例 8.5】　读入一组整型数据,该组数据以－1 代表结束。

```
#1.    # include < stdio. h >
#2.    # include < string. h >
#3.    # include < stdlib. h >
#4.    struct SNode
#5.    {
#6.        int        num;           /* 学号 */
#7.        struct    SNode * next;    /* 下一个结点地址 */
#8.    };
#9.    void main()
#10.   {
#11.       struct SNode * p, * head = NULL, * tail = NULL;
#12.       do
```

```
#13.        {
#14.            p = malloc(sizeof(struct SNode));
#15.            scanf(" % d",&p - > num);
#16.            p - > next = NULL;
#17.            if(head == NULL)
#18.            {
#19.                head = p;
#20.                tail = p;
#21.            }
#22.            else
#23.            {
#24.                tail - > next = p;
#25.                tail = tail - > next;
#26.            }
#27.        }
#28.        while(p - > num! = - 1);
#29. }
```

说明：用户输入 1 3 8 —1,则程序运行如下：

＃11 行程序创建三个指针变量 p、head、tail,其中 head 将用来保存链表首结点地址,tail 用来保存链表末结点地址,head 与 tail 初始的 NULL 值代表这还是一个空链表,如图 8-25 所示。

程序第一次进入＃12～＃28 行的循环,则:

＃14～＃16 行创建一个结点并让 p 指向该结点,读入整数到结点,并使它的 next 指针值为 NULL,程序运行如图 8-26 所示。

图 8-25 空链表

＃17 行中因为 head 值为 NULL,所以执行＃18～＃21 行,对 head、tail 赋值,程序运行如图 8-27 所示。

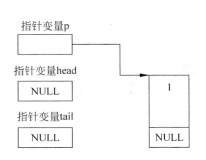

图 8-26 创建一个结点并读入数据

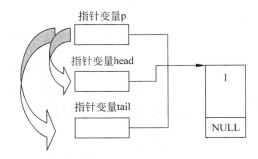

图 8-27 链表首、末指针都指向该结点

＃28 行判断 p—＞num 不是—1,所以程序进入下一次循环。

＃14～＃16 行,创建一个结点并使 p 指向该结点,读入整数到结点,并使它的 next 指针值为 NULL,程序运行如图 8-28 所示。

＃17 行,因为 head 值不为 NULL,所以执行＃24 行,将新结点链接到链表末尾,程序运行如图 8-29 所示。

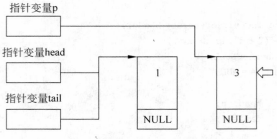

图 8-28　创建第二个结点并读入数据

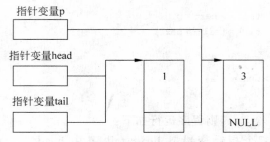

图 8-29　将新结点连入链表末尾

执行＃25 行,将新结点的地址赋值给 tail,使 tail 指向新的链表末尾结点,程序运行如图 8-30 所示。

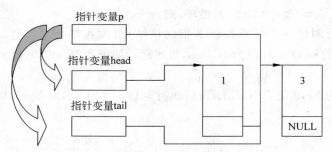

图 8-30　使指向链表尾的指针指向读结点

＃28 行判断 p—＞num 不是－1,所以程序进入下一次循环。

＃14～＃16 行,创建一个结点并使 p 指向该结点,读入整数到结点,并使它的 next 指针值为 NULL,程序运行如图 8-31 所示。

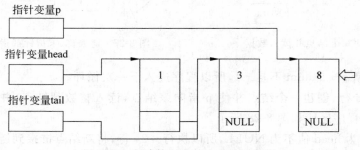

图 8-31　创建第三个结点并读入数据

♯17 行,因为 head 值不为 NULL,所以执行♯24 行,将新结点链接到链表末尾,程序运行如图 8-32 所示。

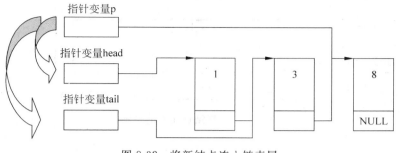

图 8-32 将新结点连入链表尾

执行♯25 行,将新结点的地址赋值给 tail,使 tail 指向新的链表末尾结点,程序运行如图 8-33 所示。

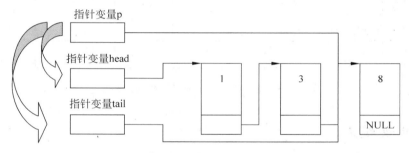

图 8-33 使指向链表尾的指针指向该结点

♯28 行判断 p—>num 不是—1,所以程序进入下一次循环。

♯14～♯16 行创建一个结点并使 p 指向该结点,读入整数到结点,并使它的 next 指针值为 NULL,程序运行如图 8-34 所示。

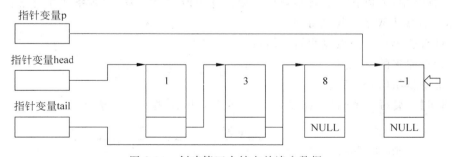

图 8-34 创建第四个结点并读入数据

♯17 行中因为 head 值不为 NULL,所以执行♯24 行,将新结点链接到链表末尾,程序运行如图 8-35 所示。

执行♯25 行,将新结点的地址赋值给 tail,使 tail 指向新的链表末尾结点,程序运行如图 8-36 所示。

♯28 行判断 p—>num 是—1,程序循环结束,链表创建完成。

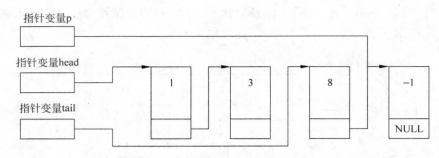

图 8-35　将新结点连入链表尾

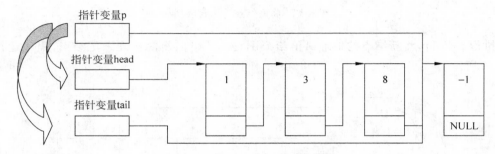

图 8-36　使指向链表尾的指针指向该结点

8.2.3　释放链表

链表中使用的内存是由用户动态申请分配的,所以应该在链表使用完后,主动把这些内存交还给系统。释放链表占用的内存要考虑链表对内存的使用方式。

1. 从链表首结点开始释放内存

通过链表头指针 head 可以找到链表首结点,因为链表的第二个结点的地址保存在首结点的 next 指针中,所以在释放首结点前先要把这个值保存下来,否则释放首结点后,链表的第二个结点就找不到了。算法如下:

(1) 将链表第二个结点设为新首结点

(2) 释放原来的首结点

(3) 重复步骤(1)~(2)。

【例8.6】　编写一个函数,释放如图 8-37 所示 head 指向的链表。

图 8-37　学生信息链表

```
#1.    void freelink(struct SNode * head)
#2.    {
#3.        struct SNode * p;
#4.        while(head)
```

```
#5.        {
#6.            p = head;
#7.            head = head -> next;
#8.            free(p);
#9.        }
#10.   }
```

说明：#4行首先判断head是否为NULL，不为NULL说明链表还有结点，执行#5～#9行的循环。

#6行链表首结点赋值给指针变量p，如图8-38所示。

图 8-38　p指向链表首结点

#7行把链表第二个结点的地址赋值给head，如图8-39所示。

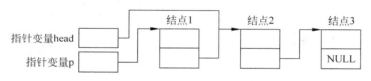

图 8-39　head指向链表第二个结点

#8行释放p所指向的结点，如图8-40所示。

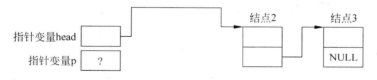

图 8-40　释放p指向的结点

#4行判断head是否为NULL，不为NULL说明链表还有结点，第二次执行#5～#9行的循环。

#6行链表首结点赋值给指针变量p，如图8-41所示。

图 8-41　p指向链表首结点

#7行把链表第二个结点的地址赋值给head，如图8-42所示。

#8行释放p所指向的结点，如图8-43所示。

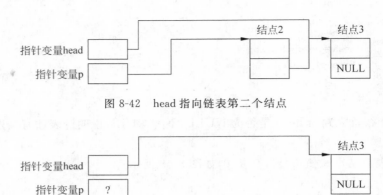

图 8-42　head 指向链表第二个结点

图 8-43　释放 p 指向的结点

♯4 行判断 head 是否为 NULL，不为 NULL 说明链表还有结点，第二次执行♯5～♯9行的循环。

♯6 行链表首结点赋值给指针变量 p，如图 8-44 所示。

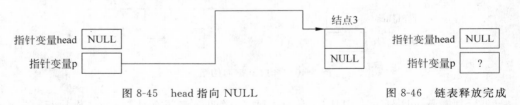

图 8-44　p 指向链表首结点

♯7 行把链表第二个结点的地址即 NULL 赋值给 head，如图 8-45 所示。

♯8 行释放 p 所指向的结点，如图 8-46 所示。

图 8-45　head 指向 NULL　　　　　　图 8-46　链表释放完成

♯4 行判断 head 是否为 NULL，为 NULL 说明链表释放完成，循环结束，函数执行结束。

2. * 从链表尾结点开始释放内存

如果要从链表尾开始释放内存，因为程序只保存链表首结点的地址，所以需要从首结点沿着每个结点的 next 指针找到尾结点，才能释放该尾结点。释放完尾结点还有一个工作要做，就是把新的尾结点的 next 指针值赋值为 NULL。算法如下：

（1）找到链表的尾结点。

（2）将尾结点的前一个结点设成新的尾结点。

（3）释放旧的尾结点。

（4）重复步骤（1）～（3）

以上算法实现比较复杂，如果使用递归要简单一些，使用递归算法如下：

（1）如果当前结点是链表最末结点，则释放当前结点，把指向当前结点的链表中的指针

（head 指针或上一结点的 next 指针）赋值为 NULL。

（2）如果当前结点不是最末结点，则释放当前结点后面的链表，再释放当前结点，把指向当前结点的链表中的指针（head 指针或上一结点的 next 指针）赋值为 NULL。

【例 8.7】 编写一个函数，用递归的方法释放 head 指向开始结点的链表。

```
#1.  void freelink(struct SNode ** p)
#2.  {
#3.      if((* p) -> next == NULL)
#4.      {
#5.          free( * p);
#6.          * p = NULL;
#7.      }
#8.      else
#9.      {
#10.         freelink(&( * p) -> next);
#11.         free( * p);
#12.         * p = NULL;
#13.     }
#14. }
```

说明：如果链表的首地址是 head，则该函数的调用方法是 freelink(&head)，不能用空链表调用该函数，即 head 的值不能为 NULL。

8.2.4 链表操作

1. 显示链表元素

显示链表的步骤如下：

（1）把链表首结点作为当前结点。

（2）判断当前结点是否为 NULL，为 NULL 则输出结束。

（3）输出当前结点的值。

（4）把链表的下一结点作为当前结点。

（5）重复执行步骤（1）～（3）。

【例 8.8】 编写一个函数，显示 head 指向开始结点的链表所有元素。

```
#1. void write(struct SNode * p)
#2. {
#3.     while(p!= NULL)
#4.     {
#5.         printf(" % i\n",p -> num);   /* 输出 p 指向的结点的数据 */
#6.         p = p -> next;              /* 使 p 指向下一结点 */
#7.     }
#8. }
```

2. 删除链表中指定值的结点

删除链表上某一结点的步骤如下：

（1）如果首结点是要删除的结点则删除首结点，返回新的首结点地址。

（2）找到要删除的结点。

（3）使要删除的结点的前一个结点的 next 指针指向删除结点的下一结点地址。

（4）返回原首结点地址。

【例8.9】 编写一个函数，删除 head 指向开始结点的链表中，值为 num 的一个结点。

```
#1.    struct SNode * delete_node(struct SNode * head, int num)
#2.    {
#3.        struct SNode * p1, * p2;
#4.        if(!head)                        /* 判断是否为空链表 */
#5.            return NULL;
#6.        if(head -> num == num)
#7.        {
#8.            p1 = head;
#9.            head = head -> next;
#10.           free(p1);
#11.       }
#12.       else
#13.       {
#14.           p2 = p1 = head;
#15.           while(p2 -> num! = num && p2 -> next)
#16.           {
#17.               p1 = p2;
#18.               p2 = p2 -> next;
#19.           }
#20.           if(p2 -> num == num)
#21.           {
#22.               p1 -> next = p2 -> next;
#23.               free(p2);
#24.           }
#25.       }
#26.       return head;
#27. }
```

3. 创建有序链表

把一个结点插入到升序的链表，仍保持原来链表的升序不变。

（1）创建一个新结点。

（2）如果链表为空或首结点值小于插入的结点。

① 新结点插入到首结点之前。

② 返回新的首结点地址。

（3）查找链表，直到找到比插入点大的结点或链表尾。

（4）如果到了链表尾，则新结点插入到链表尾。

（5）如果不是链表尾，插入到找到的比较大的结点的前面。

（6）返回头结点的地址。

【例8.10】 编写一个函数，在 head 指向开始结点的升序链表中，插入值为 num 的一个结点，保持原来链表的升序不变。

```
#1.    struct SNode * Insert_node(struct SNode * head, int num)
#2.    {
#3.        struct SNode * p, * p1, * p2;
```

```
#4.        p = malloc(sizeof(struct SNode));
#5.        p -> num = num;
#6.        if(head == NULL ‖ p -> num <= head -> num)    /* 插在链表首 */
#7.        {
#8.            p -> next = head;
#9.            return p;
#10.       }
#11.       p2 = p1 = head;
#12.       while(p -> num > p2 -> num && p2 -> next)    /* 查找大于等于插入元素的结点 */
#13.       {
#14.           p1 = p2;
#15.           p2 = p2 -> next;
#16.       }
#17.       if(p2 -> next == NULL)                          /* 判断是否到了链表尾 */
#18.       {
#19.           p2 -> next = p;
#20.           p -> next = NULL;
#21.       }
#22.       else                                            /* 插在 p1、p2 两个结点之间 */
#23.       {
#24.           p -> next = p2;
#25.           p1 -> next = p;
#26.       }
#27.       return head;
#28. }
```

8.3   习题

1. 定义一个字符串的指针数组,用一个函数完成 n 个不等长字符串的输入,根据实际输入的字符串长度用 malloc 分配空间,依次使指针数组的每个元素指向一个字符串,将字符串排序输出。

2. 编写一个函数 last,用一个链表的首结点地址作为参数,返回一个链表中最后一个结点的地址,如果为空链表则返回 NULL。

3. 编写一个函数 length,用一个链表的首结点地址作为参数,统计并返回一个链表中结点的个数。

4. 编写一个程序,输入一组整数(以 -1 为结束标记)到一个无序链表中,然后把链表反序,输出反序后的链表。

5. 建立一条无序链表,输入学生的信息,学生的信息包括学号、姓名、性别、成绩,然后先输出男同学的信息,再输出女同学的信息。

6. 建立一条有序链表,其他要求与上题相同,按成绩降序排列。

7. 编写一个函数 append,接收两个链表的首结点地址作为参数,将第二个链表链接到第一个链表后面。

8. 共有 20 个人围成一圈,从第一个人开始顺序报数 1、2、3、1、2、3…,报到 3 的人退出,输出每个退出的人在原来圈子内的编号及最后剩下的人的编号。

第 **9** 章

文　件

9.1　文件概述

文件通常是指一组驻留在外部存储器,如光盘、U 盘、硬盘上面的数据集合。每个文件都有一个文件名,操作系统通过文件名实现对文件的存取操作。C 语言没有文件操作功能,但它可以通过调用库函数来实现文件的操作,这些库函数在"stdio.h"中声明。

9.1.1　数据文件

文件的主要功能是用来保存各种数据的。程序中的数据在程序退出后就丢失了,如果想要这些数据能在程序运行后继续存在,就要把它们保存到外部存储器上。保存在外部存储器的文件内的数据可以脱离程序而存在,并可以在多个程序之间进行共享。按文件的存储形式,数据文件可分为文本文件和二进制文件两种。

文本文件(text file)也称为 ASCII 码文件,这种文件在磁盘中存放时每个字符对应一个字节,用于存放字符的 ASCII 码。例如,一个 float 类型浮点数-12.34,在内存中以二进制形式存放,要占 4 字节,而在文本文件中,它是按字符形式存放的,即'-'、'1'、'2'、'.'、'3'、'4',要占 6 字节。若要将该数据写入文本文件中,首先要将内存中 4 字节的二进制数转换成 6 字节的 ASCII 码;若要将该数从文本文件读进内存,首先要将这 6 个字符转换成 4 字节的二进制数。

文本文件的优点是可以直接阅读,而且 ASCII 码标准统一,使文件易于共享。其缺点是与内存中保存数据的格式不同,所以输入输出都要进行转换,效率低。

二进制文件(binary files)是按二进制的编码方式存放文件的。例如,一个 double 类型的常数 2.0 在内存中及文件中均占 8 字节。二进制文件也可以看成是有序字符序列,在二进制文件中可以处理包括各种控制字符在内的所有字符。

一般地,二进制文件比文本文件能节省存储空间,而且因为保存数据的格式与内存中相同,所以在输入输出时不需要进行二进制与字符代码的转换,读写速度更快。

9.1.2　文件的读写

程序运行时,既可以从键盘输入数据,也可以从文件输入数据,从文件输入数据的过程称为"读文件"。程序运行的结果可以显示在计算机屏幕上,也可以保存到文件内,保存到文件内这一过程称为"写文件"或者"存文件"。因此"写文件"是数据从内存到文件的过程,"读文件"则是数据从文件到内存的过程,统称为"文件存取"。

C语言中,文件的存取有两种方式:一种是顺序存取,一种是随机存取。顺序存取是指只能依据先后次序存取文件中的数据;随机存取也称直接存取,可以直接存取文件中指定位置的数据。

9.1.3　文件指针

在标准文件系统中,每个被使用的文件都要在内存中开辟一个缓冲区,可以用来存放文件的名字、状态及文件当前读写位置等信息。这些信息保存在一个 FILE 类型的结构体变量中,FILE 数据类型在"stdio.h"中被定义,用户通常不需要了解和直接操作该结构体变量的成员,只需要把它的地址作为参数在 C 语言的文件处理库函数中传递即可。

定义 FILE 指针的一般形式为:

FILE * 变量标识符;

例如:

```
FILE * fp;
```

fp 是指向 FILE 结构体类型的指针变量,使用 fp 可以存放一个文件信息,C 的库函数需要使用这些信息才能对文件进行操作。

9.1.4　文件操作的步骤

使用 C 语言的库函数可以很方便地对文件进行各种操作,在 C 程序中创建文件的读写文件一般需要经过以下 3 个步骤:

（1）打开文件:用标准库函数 fopen 打开文件,建立并获得与指定文件关联的 FILE 指针。

（2）读写文件:用 FILE 指针作为参数,使用文件输入输出库函数对文件进行读、写操作。

（3）关闭文件:文件读写完毕,用标准库函数 fclose 将文件关闭,把数据缓存中数据写入磁盘,释放 fopen 时为 FILE 指针分配的内存。

9.2　文件的打开与关闭

文件在进行读写操作之前要先打开,使用完毕后要关闭。所谓打开文件,实际上就是建立与被操作文件相关的各种信息,将该文件设置为读或写状态,并获得该信息的地址,以便对该文件进行操作。关闭文件则释放打开文件所分配的内存,解除文件的读或写状态,断开程序与该文件之间的联系。

9.2.1　打开文件

fopen 函数用来打开一个文件,其调用的一般形式为:

文件指针 = fopen(文件名和路径,打开文件方式);

其中：

- "文件指针"是 FILE * 类型的指针变量,指向打开文件的各种状态信息,该信息在文件读、写、关闭中使用。
- "文件名"是被打开文件的文件名和路径,如果没有路径只有文件名代表当前默认路径。
- "打开文件方式"是指打开文件的模式和操作要求,例如可以指定以文本的方式还是二进制的方式打开文件,是要读文件还是写文件等。

"文件名和路径"与"打开文件方式"两个参数都是字符串类型。

例如：

```
FILE * fp;
fp = ("A.TXT","r");
```

以上语句功能为打开当前程序运行目录下的 A.TXT 文件,只允许进行"读"操作,并返回与该文件关联的 fp 指针值。

又如：

```
FILE * fp2
Fp2 = ("D:\\data","rb")
```

以上语句功能为打开 D 驱动器的根目录下的文件 data,以二进制方式打开,只允许按二进制方式进行读操作。两个反斜线"\\"中的第一个表示转义字符,第二个表示根目录。

"打开文件方式"共有 12 种,表 9-1 给出了它们的符号和意义。

表 9-1　文件打开方式

文件使用方式	意　义
rt	只读打开一个文本文件,只允许读数据
wt	只写打开或建立一个文本文件,只允许写数据
at	追加打开一个文本文件,并在文件末尾写数据
rb	只读打开一个二进制文件,只允许读数据
wb	只写打开或建立一个二进制文件,只允许写数据
ab	追加打开一个二进制文件,并在文件末尾写数据
rt+	读写打开一个文本文件,允许读和写
wt+	读写打开或建立一个文本文件,允许读写
at+	读写打开一个文本文件,允许读,或在文件末追加数据
rb+	读写打开一个二进制文件,允许读和写
wb+	读写打开或建立一个二进制文件,允许读和写
ab+	读写打开一个二进制文件,允许读,或在文件末追加数据

对于文件使用方式有以下几点说明：

（1）文件使用方式由"r"、"w"、"a"、"t"、"b"、"+"6 个字符拼成,各字符的含义是：

```
r(read):            读
w(write):           写
```

a(append):	追加
t(text):	文本文件,可省略不写
b(binary):	二进制文件
+ :	读和写

(2) 当用"r"打开一个文件时,该文件必须已经存在,且只能从该文件读出。打开文件时,文件指针指向文件开始处,表示从此处读数据,读完一个数据后,指针自动后移。

(3) 用"w"打开的文件,只能向该文件写入。若打开的文件不存在,则以指定的文件名建立该文件,若打开的文件已经存在,则将该文件删去,重建一个新文件。

(4) 若要向一个已存在的文件追加新的信息,只能用"a"方式打开文件。但此时该文件必须是存在的,否则将会出错。

(5) 在打开一个文件时,如果出错,fopen 将返回一个空指针值 NULL。在程序中可以用这一信息来判别是否完成打开文件的工作,并作相应的处理。因此常用以下程序段打开文件:

```
if ((fp = fopen("D:\\A.DAT ","rb") == NULL)
{
    printf("\n error on open d:\ A.DAT file!");
    getch();
    exit(1);
}
```

这段程序的功能是,如果返回的指针为空,表示不能打开 D 盘根目录下的 A. DAT 文件,则给出提示信息"error on open d:\ A. DAT file!"。下一行 getch()的功能是从键盘输入一个字符,但不在屏幕上显示,getch 库函数在 conio. h 文件中声明。在这里,该行的作用是等待,只有当用户从键盘敲任一键时,程序才继续执行,因此用户可利用这个等待时间阅读出错提示。敲键后执行 exit(1)退出程序。

(6) 在 C 语言中,有三个特殊的文件,即标准输入文件(stdin)、标准输出文件(stdout)、标准错误文件(stderr)。在默认情况下分别对应键盘、显示器、显示器,使用这三个文件不需要使用 fopen 打开,在程序开始执行时它们会被自动打开。

9.2.2 关闭文件

文件一旦使用完毕,应用 fclose 函数把文件关闭。关闭文件不但可释放打开文件所分配的内存,还可以解除文件的读或写状态,方便其他程序使用该文件,而且还可以把保存在缓存区中的文件数据写入存储器,避免写文件的数据丢失等错误。

fclose 函数调用的一般形式是:

fclose(文件指针);

例如:

fclose(fp);

以上语句功能为关闭 fp 关联的文件,fp 即打开文件时得到的文件指针值,在文件关闭后该文件指针值失去意义。fclose 函数正常关闭文件,返回值为 0,如返回非零值则表示有错误发生。在程序中,已关闭的文件可以重新用 fopen 打开。

9.3 文件的读写

对文件的读和写是最常用的文件操作。在 C 语言中提供了多种文件读写的函数,常用的有 fgetc、fputc、fgets、fputs、fscanf、fprinf、fread、fwrite 等。下面分别予以介绍。以上函数都在头文件"stdio.h"中声明。

9.3.1 字符读写文件

字符读写函数是以字符(字节)为单位的读写函数。每次可从文件读出或向文件写入一个字符。

1. fgetc 读字符函数

fgetc 函数的功能是从指定的文件中读取一个字符,读取的文件必须是以读或读写方式打开的。函数调用的形式如下:

字符变量 = fgetc(文件指针);

函数参数文件指针是待读入文件的文件指针,函数返回值为从文件读入的字符,如果读到文件尾或读文件出错,返回字符为 EOF,EOF 为 stdio.h 文件中定义的文件结束标志,值为-1。例如:

ch = fgetc(fp);

以上语句功能为从打开的文件 fp 中读取一个字符并送入到字符变量 ch 中。

在 FILE 结构体变量内部有一个文件位置指针(file position marker),用来指向文件的当前读写字节在文件中的位置。在文件打开时,该指针总是指向文件的第一个字节。使用 fgetc 函数后,该位置指针将向后移动一个字节。因此可连续多次使用 fgetc 函数,读取连续的多个字符。

【例 9.1】 把一个 C 源程序文件复制到 D 盘根目录,并重命名为 A.C,然后编写一个 C 程序读入文件 A.C,并在屏幕上输出。

```
#1.    # include < stdio.h>
#2.    # include < stdlib.h>
#3.    # include < conio.h>
#4.    void main( )
#5.    {
#6.        FILE * fp;
#7.        char ch;
#8.        if ((fp = fopen("D:\\a.c","rt")) == NULL)
#9.        {
#10.           printf("\n 不能打开文件,按任意键退出程序!");
#11.           getch();
#12.           exit(1);
#13.        }
#14.        while((ch = fgetc(fp))!= EOF)
```

```
#15.        {
#16.            putchar(ch);
#17.        }
#18.        fclose(fp);
#19. }
```

说明：本例程序的功能是从 A.C 文件中逐个读取字符，在屏幕上显示。

#6 行程序定义了文件指针 fp，用于指向打开的文件，#7 定义了字符变量 ch 用于保存从文件读入的字符。

#8 行以读文本文件方式打开文件"D:\\ a.c"，并使 fp 指向该文件。如打开文件出错，#9～#13 行给出提示并退出程序。

#14～#17 行，循环读入文件并在屏幕输出，直到文件结束。fgetc 每读一个字节，文件的位置指针向后移动一个字符。

2. fputc 写字符函数

fputc 函数的功能是把一个字符写入指定的文件中，被写入的文件可以用写、读写、追加方式打开。用写或读写方式打开一个已存在的文件时将清除原有的文件内容，写入字符从文件首开始。如需保留原有文件内容，希望写入的字符以文件末开始存放，必须以追加方式打开文件。被写入的文件若不存在，则创建该文件。函数调用的形式为：

fputc(字符量,文件指针);

函数参数字符量是待写入的字符，文件指针是待写入文件的文件指针，例如：

```
fputc('A',fp);
```

以上语句功能是把字符'A'写入 fp 所指向的文件中。每写入一个字符，文件位置指针向后移动一个字节。fputc 函数有一个返回值，如写入成功则返回写入的字符，否则，返回一个 EOF。可用此来判断写入是否成功。

【例 9.2】 从键盘输入一行字符，写入一个文件，再把该文件内容读出显示在屏幕上。

```
#1.    # include < stdio.h >
#2.    # include < stdlib.h >
#3.    # include < conio.h >
#4.    void main()
#5.    {
#6.        FILE * fp;
#7.        char ch;
#8.        if ((fp = fopen("D:\\A.TXT","wt")) == NULL)
#9.        {
#10.            printf("不能打开文件,按任意键退出程序!!");
#11.            getch();
#12.            exit(1);
#13.        }
#14.        printf("输入一行字符:\n");
#15.        while ((ch = getchar())!= '\n')
#16.        {
#17.            fputc(ch, fp);
```

```
#18.         }
#19.         fclose(fp);
#20.         if ((fp = fopen("D:\\A.TXT","rt")) == NULL)
#21.         {
#22.             printf("不能打开文件,按任意键退出程序!!");
#23.             getch();
#24.             exit(1);
#25.         }
#26.         ch = fgetc(fp);
#27.         while(ch!= EOF)
#28.         {
#29.             putchar(ch);
#30.             ch = fgetc(fp);
#31.         }
#32.         printf("\n");
#33.         fclose(fp);
#34. }
```

说明:程序的功能是从键盘逐个读入字符并把它写入到 A.TXT 文件中,然后再把它读出并在屏幕上显示。

9.3.2 字符串读写

1. fgets 读字符串函数

函数的功能是从指定的文件中读一个字符串到字符数组中,函数调用的形式为:

fgets(字符数组名,n,文件指针);

参数 n 是一个正整数。表示从文件中读出的字符串不超过 n−1 个字符。在读入的最后一个字符后加上串结束标志'\0'。在读出 n−1 个字符之前,如遇到了换行符或 EOF,则读出结束。fgets 函数也有返回值,其返回值是字符数组的首地址。

例如:

```
fgets(str,n,fp);
```

以上语句功能是从 fp 所指的文件中读出 n−1 个字符送入字符数组 str 中。

【例9.3】 从上例建立的 A.TXT 文件中读入一个含 10 个字符的字符串。

```
#1.     #include< stdlib.h>
#2.     #include< conio.h>
#3.     #include< stdio.h>
#4.     void main()
#5.     {
#6.         FILE * fp;
#7.         char str[11];
#8.         if((fp= fopen("D:\\a.txt","rt")) == NULL)
#9.         {
#10.            printf("\n不能打开文件,按任意键退出程序!");
#11.            getch();
#12.            exit(1);
```

```
#13.        }
#14.        fgets(str, 11,fp);
#15.        printf("%s\n",str);
#16.        fclose(fp);
#17. }
```

说明：本例定义了一个字符数组 str 共 11 字节,在以读文本文件方式打开文件 string 后,从中读出 10 个字符送入 str 数组,在数组最后一个单元内将加上'\0',然后在屏幕上显示输出 str 数组。

2. fputs 写字符串函数

fputs 函数的功能是向指定的文件写入一个字符串,其调用形式为:

fputs(字符串,文件指针);

参数字符串是一个字符串的地址,文件指针是待写入文件的文件指针,例如:

fputs("abcd",fp);

以上语句功能是把字符串"abcd"写入 fp 所指的文件之中。

【例 9.4】 用户从键盘输入一个字符串,并把它写入到 A.TXT 文件中,然后再显示这个文件的内容。

```
# include < conio.h >
# include < stdlib.h >
# include < stdio.h >
void main()
{
    FILE * fp;
    char ch, st[20];
    if ((fp = fopen("D:\\a.txt","wt")) == NULL)
    {
        printf("不能打开文件,按任意键退出程序!");
        getch();
        exit(1);
    }
    printf("输入一个字符串:\n");
    scanf("%s",st);
    fputs(st, fp);
    fclose(fp);
    if ((fp = fopen("D:\\a.txt","rt")) == NULL)
    {
        printf("不能打开文件,按任意键退出程序!");
        getch();
        exit(1);
    }
    while((ch = fgetc(fp))!= EOF)
    {
        putchar(ch);
    }
    printf("\n");
```

```
        fclose(fp);
    }
```

9.3.3　格式化读写文件

fscanf 函数与 fprintf 函数分别用于文本文件的读写,fscanf 函数、fprintf 函数与前面各章广泛使用的 scanf 和 printf 函数的功能相似,都是格式化读写函数。两者的区别在于 fscanf 函数和 fprintf 函数的读写对象不是键盘和显示器,而是磁盘文件。这两个函数的调用格式为:

```
fscanf(文件指针,格式字符串,输入表列);
fprintf(文件指针,格式字符串,输出表列);
```

函数参数文件指针是被操作的文件的指针,其他参数与 scanf、printf 函数的参数和含义相同。例如:

```
#1. int x;
#2. char s[100];
#3. fscanf(fp,"%d%s", &x,s);
#4. fprintf(fp,"%d%s",x,s);
```

说明:#3 行从 fp 指向的文本文件读入一个 int 型数据和一个字符串。

#4 行写一个 int 型数据和一个字符串到 fp 指向的文本文件。

【例 9.5】　从键盘输入 5 个学生数据,写入一个文件中,再读出这 5 个学生的数据显示在屏幕上。

```
#1.    # include< stdlib.h>
#2.    # include< stdio.h>
#3.    # include <conio.h>
#4.    struct student
#5.    {
#6.        int num;          /*学号*/
#7.        char name[20];    /*姓名*/
#8.        int age;          /*年龄*/
#9.        float score;      /*成绩*/
#10. };
#11. #define NUM 5
#12. void main()
#13. {
#14.     FILE * fp;
#15.      int i;
#16.      struct student st[NUM];
#17.      for(i = 0;i < NUM;i++)
#18.      {
#19.          printf("请输入学号 姓名 年龄 成绩:");
#20.          scanf("%d%s%d%f",&st[i].num,st[i].name,&st[i].age,&st[i].score);
#21.      }
#22.      if ((fp = fopen("D:\\stu_list.txt","wt")) == NULL)
#23.      {
#24.          printf("不能打开写文件,按任意键退出程序!");
```

```
#25.          getch();
#26.          exit(1);
#27.      }
#28.      for(i = 0;i < NUM;i++)
#29.          fprintf(fp,"%d\t%s\t%d\t%f\n",st[i].num,st[i].name,st[i].age,st[i].score);
#30.      fclose(fp);
#31.      if ((fp = fopen("D:\\stu_list.txt","rt")) == NULL)
#32.      {
#33.          printf("不能打开读文件,按任意键退出程序!");
#34.          getch();
#35.          exit(1);
#36.      }
#37.      for(i = 0;i < NUM;i++)
#38.      {
#39.          fscanf(fp,"%d%s%d%f",&st[i].num,st[i].name,&st[i].age,&st[i].score);
#40.      }
#41.      fclose(fp);
#42.      for(i = 0;i < NUM;i++)
#43.          printf("%d, %s, %d, %f\n",st[i].num,st[i].name,st[i].age,st[i].score);
#44.      getch();
      }
```

说明：本程序中 fscanf 和 fprintf 函数每次只能读写一个结构数组元素,因此采用了循环语句来读写全部数组元素。

9.3.4　非格式化读写文件

　　C 语言还提供了用于整块数据的读写函数。可用来读写一组数据,如一个数组元素,一个结构变量的值等。

　　读数据块函数调用的一般形式为：

fread(buffer, size, count, fp);

　　写数据块函数调用的一般形式为：

fwrite(buffer, size, count, fp);

其中：
- buffer 是一个指针,在 fread 函数中,它表示存放输入数据的首地址。在 fwrite 函数中,它表示存放输出数据的首地址。
- size 表示数据块的字节数。
- count 表示要读写的数据块块数。
- fp 表示文件指针。

例如：

fread(a, 4,5,fp);

其意义是从 fp 所指的文件中,每次读 4 字节(一个实数)送入数组 a 中,连续读 5 次,即读 5 个实数到数组 a 中。

【例 9.6】 读入例 9.5 写入的文件,用 fwrite 保存,再用 fread 读出并显示。

```
# 1.    # include< stdlib. h>
# 2.    # include< stdio. h>
# 3.    # include <conio. h>
# 4.    struct student
# 5.    {
# 6.        int num;                /* 学号 */
# 7.        char name[20];          /* 姓名 */
# 8.        int age;                /* 年龄 */
# 9.        float score;            /* 成绩 */
# 10.   };
# 11.   # define NUM 5
# 12.   void main()
# 13.   {
# 14.       FILE * fp;
# 15.        int i;
# 16.        struct student st[NUM];
# 17.       if ((fp= fopen("D:\\stu_list.txt","rt")) == NULL)
# 18.       {
# 19.           printf("不能打开读文件,按任意键退出程序!");
# 20.           getch();
# 21.           exit(1);
# 22.       }
# 23.       for(i = 0;i < NUM;i++)
# 24.       {
# 25.           fscanf(fp," % d % s % d % f",&st[i].num,st[i].name,&st[i].age,&st[i].score);
# 26.       }
# 27.       fclose(fp);
# 28.       for(i = 0;i < NUM;i++)
# 29.           printf(" % d, % s, % d, % f\n",st[i].num,st[i].name,st[i].age,st[i].score);
# 30.       if ((fp= fopen("D:\\stu_list.dat","wb")) == NULL)
# 31.       {
# 32.           printf("不能打开读文件,按任意键退出程序!");
# 33.           getch();
# 34.           exit(1);
# 35.       }
# 36.       fwrite(st,NUM,sizeof(struct student),fp);
# 37.       fclose(fp);
# 38.       if ((fp= fopen("D:\\stu_list.dat","rb")) == NULL)
# 39.       {
# 40.           printf("不能打开读文件,按任意键退出程序!");
# 41.           getch();
# 42.           exit(1);
# 43.       }
# 44.       fread(st,NUM,sizeof(struct student),fp);
# 45.       fclose(fp);
# 46.       for(i = 0;i < NUM;i++)
# 47.           printf(" % d, % s % d, % f\n",st[i].num,st[i].name,st[i].age,st[i].score);
# 48.       getch();
# 49.   }
```

9.4　文件的随机读写

前面介绍的对文件的读写方式都是顺序读写,即读写文件只能从头开始,顺序读写各个数据。但在实际问题中常要求只读写文件中某一指定的部分。为了解决这个问题可移动文件内部的位置指针到需要读写的位置,再进行读写,这种读写称为随机读写。

实现随机读写的关键是要按要求移动位置指针,这称为文件的定位。

9.4.1　文件定位

移动文件位置指针的函数主要有两个,即 rewind 函数和 fseek 函数。

1. rewind 函数

它的功能是把文件内部的位置指针移到文件首。

`rewind(文件指针);`

2. fseek 函数

fseek 函数用来移动文件内部位置指针,其调用形式为:

`fseek(文件指针,位移量,起始点);`

其中:

(1)"文件指针"指向被移动的文件。

(2)"位移量"表示移动的字节数,要求位移量是 long 型数据,以便在文件长度大于 64KB 时不会出错。当用常量表示位移量时,要求加后缀 L 或 l。

(3)"起始点"表示从何处开始计算位移量,规定的起始点有三种:文件首、当前位置和文件尾。

(4) 其表示方法如表 9-2 所示。

例如:

`fseek( fp,100L,0);`

其意义是把位置指针移到离文件首 100 字节处。

表 9-2　起始点表示方法

起　始　点	表　示　符　号	数　字　表　示
文件首	SEEK_SET	0
当前位置	SEEK_CUR	1
文件末尾	SEEK_END	2

还要说明的是,fseek 函数一般用于二进制文件。在文本文件中由于要进行转换,故往往计算的位置会出现错误。

3. ftell 函数

ftell 函数可以取得当前文件位置指针相对于文件头的偏移量,其调用形式为:

`ftell(文件指针);`

该函数的返回类型为 long,值为当前文件位置指针相对于文件头的偏移量。

9.4.2 应用举例

在移动位置指针之后,即可用前面介绍的任一种读写函数进行读写。

下面用例子说明文件的随机读写。

【例 9.7】 读入一个字符串并把它写入到文件,然后再读出并显示。

```
#1.    # include < conio. h>
#2.    # include < stdlib. h>
#3.    # include < stdio. h>
#4.    void main()
#5.    {
#6.        FILE * fp;
#7.        char ch, st[20];
#8.        if ((fp = fopen("D:\\a. txt","wt + ")) == NULL)
#9.        {
#10.            printf("不能打开文件,按任意键退出程序!");
#11.            getch();
#12.            exit(1);
#13.        }
#14.        printf("输入一个字符串:\n");
#15.        scanf(" % s",st);
#16.        fputs(st,fp);
#17.        rewind(fp);
#18.        while((ch = fgetc(fp))!= EOF)
#19.        {
#20.            putchar(ch);
#21.        }
#22.        printf("\n");
#23.        fclose(fp);
#24. }
```

【例 9.8】 读出例 9.6 创建的学生文件 stu_list. dat 中最后一个学生的数据并在屏幕上进行显示。

```
#1.    # include < stdlib. h>
#2.    # include < stdio. h>
#3.    # include <conio. h>
#4.    struct student
#5.    {
#6.        int num;              /* 学号 */
#7.        char name[20];        /* 姓名 */
#8.        int age;              /* 年龄 */
#9.        float score;          /* 成绩 */
#10.   };
#11.   # define NUM 5
#12.   void main()
#13.   {
#14.       FILE * fp;
```

```
# 15.      struct student st;
# 16.      if ((fp = fopen("D:\\stu_list.dat","rb")) == NULL)
# 17.      {
# 18.          printf("不能打开读文件,按任意键退出程序!");
# 19.          getch();
# 20.          exit(1);
# 21.      }
# 22.      printf("%d\n",ftell(fp));              /*输出文件位置指针定位前相对于文
                                                  /*件首的位置*/
# 23.      fseek(fp, -sizeof(struct student),SEEK_END);
# 24.      printf("%d\n",ftell(fp));              /*输出文件位置指针定位后相对于文
                                                  /*件首的位置*/
# 25.      fread(&st,1,sizeof(struct student),fp);
# 26.      fclose(fp);
# 27.      printf("%d,%s%d,%f\n",st.num,st.name,st.age,st.score);
# 28.      getch();
# 29. }
```

说明：#22 行输出刚打开文件时,文件位置指针相对与文件首的偏移,该值为 0。

#23 行定位文件位置指针,因为用 SEEK_END 定位文件已经到文件底,所以偏移量要用负值才能把文件位置指针退回到文件中。

#24 行输出 fseek 定位文件指针后,文件位置指针相对与文件首的偏移,该值跟文件大小有关。

#25 行从当前文件位置指针读入一个学生的信息。

9.5 习题

1. 编写程序,从键盘输入一篇英文文章,将它保存在一个文本文件中,然后使用 Windows 系统提供记事本程序打开查看。

2. 使用 Windows 系统提供记事本程序建立若干个文本文件。编写程序,提示用户输入文件路径和文件名,然后显示该文本文件,如果用户输入错误应报错允许用户重新输入。

3. 在文本文件 a.txt 中存放了一组整数,编程统计并输出文件中正整数、零、负整数的个数。

4. 求出 10 000 以内的素数,保存到文本文件中,保存到文本文件的要求每行 5 个数,每个数占 10 列列宽。

5. 求出 10 000 以内的素数,保存到二进制文件中,然后用移动文件指针的方法每间隔 10 个数读出一个并显示。

6. 写一个程序,提示用户输入源文件名和目标文件名,实现源文件链接到目标文件后面,完成后显示新文件的大小。

7. 写一个程序,提示用户输入源文件名和目标文件名,实现文件复制功能,复制完成后显示复制文件的大小。

8. 写一个程序,提示用户输入源文件名和目标文件名,比较两个文件的差别,把不同的

字节个数和在文件的起始位置显示出来,如果有多处不同都要进行显示。

9. 写一个程序,自己设计一个简单的加密解密算法,然后根据用户输入的文件名对一个文件进行加密和解密。

10. 编写一个程序,用户从键盘输入一组学生信息,学生信息包含学号、姓名、成绩,允许用户分多次运行程序输入。

第 **10** 章

编译预处理

编译一个 C 程序需要很多步骤,其中第一个就是编译预处理(preprocessing),C 编译程序中专门有一个预处理器(preprocessor)程序在源代码开始编译之前对其文本进行一些处理,如删除注释、插入♯include 指定包含的文件、替换♯define 定义的一些符号,根据用户设置的条件编译忽略一部分代码等。

C 语言的编译预处理功能主要有宏定义、文件包含、条件编译等。本章介绍常用的几种预处理功能。

10.1 宏定义

宏定义由编译预处理命令♯define 来完成,它用来将一个字符串定义成一个标识符,标识符称为宏名。在编译预处理时,把程序文件中在该宏定义之后出现的所有宏名,都用宏定义中的字符串进行替换,这个过程称为宏替换。它与文档编辑中的查找替换有些相似,但功能更强。

在 C 语言中,宏分为有参数和无参数两种,下面分别讨论这两种宏的定义和调用。

10.1.1 无参宏定义

无参宏就是宏名后不带任何参数。其定义的一般形式为:

♯ **define** 标识符 字符串

在前面章节已经介绍过的符号常量的定义就是一种无参宏定义,例如:

♯ define PI 3.1415926

此外,对程序中反复使用的表达式进行宏定义,给程序的书写将带来很大的方便,例如:

♯ define N (2 * a + 2 * a * a)

在编写源程序时,所有的(2 * a + 2 * a * a)都可由 N 代替,而对源程序作编译时,将先由预处理程序进行宏替换,即用(2 * a + 2 * a * a)表达式去置换所有的宏名 N,然后再进行编译。

【例 10.1】 定义无参数的宏。

♯1. ♯ include "stdio.h"

```
#2. #define N (2*a+2*a*a)
#3. void  main()
#4. {
#5.     int s,a;
#6.     scanf("%d",&a);
#7.     s=N+N*N;
#8.     printf("s=%d\n",s);
#9. }
```

说明：程序中首先进行宏定义，定义 N 来替代表达式(2* a+2*a*a)，在 s= N+N*N 中做了宏调用。在预处理时经宏展开后该语句变为：

s=(2*a+2*a*a)+(2*a+2*a*a)*(2*a+2*a*a)

注意：在宏定义中表达式(2*a+2*a*a)两边的括号不能少。如果没有括号，则做了宏调用。在预处理时经宏展开后该语句变为：

s=2*a+2*a*a+ 2*a+2*a*a*2*a+2*a*a

两个表达式的含义相差巨大。

对于宏定义还要说明以下几点：

（1）宏名的前后应有空格，以便准确地辨认宏名，如果没有留空格，则程序运行结果会出错。

（2）宏定义是用宏名来表示一个字符串，这只是一种简单的替换，字符串中可以包含任何字符，可以是常数，也可以是表达式，预处理程序对它不进行任何检查。如有错误，只能在编译已被宏展开后的源程序时发现。

（3）习惯上宏名用大写字母表示，以便于与变量区别。但也允许用小写字母。

（4）宏定义不是 C 程序语句，在行末不必加分号，如加上分号则把它当成字符串的一部分，在替换时连分号也一起置换。

（5）宏定义之后，其有效范围为宏定义命令开始到源程序结束。

（6）可以使用 # undef 命令终止宏定义的作用域。

【例 10.2】 使用 # undef 终止宏定义。

```
#define M 10
void main()
{
…
}
#undef M
f1()
{
…
}
```

表示 M 在 main 函数中有效，在 f1 中无效。

（7）若宏名出现在源程序中用引号括起来的字符常量或字符串常量中，则预处理程序不对其进行宏替换。

【例 10.3】 字符串中的宏名。

```
#1.    # include "stdio.h"
#2.    #define M 'A'
#3.    void main()
#4.    {
#5.        char c1 = M;
#6.        char c2 = 'M';
#7.        printf("%c\t",c1);
#8.        printf("%c\t",c2);
#9.        printf("M\n");
#10. }
```

程序运行输出：

A   M   M

说明：本例在程序#6行、#9行中的 M 出现在引号括起来的字符常量中，因此不进行宏替换。

(8) 在进行宏定义时，可以嵌套定义，即在宏定义的字符串中还可以使用已经定义的宏名。在宏展开时由预处理程序进行层层替换。

例如：

```
# define PI 3.1415926
# define s PI * r * r    / * PI 是已定义的宏名 * /
```

对语句：

```
printf("%f",S);
```

在宏替换后变为：

```
printf("%f",3.1415926 * r * r);
```

10.1.2 带参宏定义

C 语言允许宏定义带有参数。在宏定义中出现的参数称为形式参数，在宏调用中使用的参数称为实际参数。

对带参数的宏，在替换过程中，先用实参去替换形参，然后再进行宏的字符串替换操作，带参宏定义的一般形式为：

#define 宏名(形式参数表) 字符串

其中，形式参数称为宏名的形式参数，构成宏体的字符串中应该包含宏名中的形式参数，宏名与后续括号之间不能留空格，如果有空格，编译预处理程序将把宏名的参数与宏体都看成是宏体，在宏替换后编译出错。

例如：

```
# define   SR(n)   n * n
# define   DR(a,b)   a + b
```

对于带参数的宏,调用时必须使用参数,这些参数称为实际参数,简称实参。带参宏调用的一般形式为:

宏名(实参表);

例如,源程序中可以使用如下宏调用:

SR(100)宏替换后为 100 * 100
SR(x + 100)宏替换后为 x + 100 * x + 100
DR(100,200) 宏替换后为 100 + 200
DR((x + 100),200) 宏替换后为 x + 100 + 200

宏调用时,其实参的个数与次序应与宏定义时的形参一一对应,且实参必须有确定的值。

【例 10.4】 用有参数的宏求 a、b 两个数中较大者。

```
#1.  #include "stdio.h"
#2.  #define MAX(a,b) (a>b)?a:b
#3.  void main()
#4.  {
#5.     int a,b,max;
#6.     scanf("%d%d",&a,&b);
#7.     max = MAX(a,b);
#8.     printf("max = %d\n",max);
#9.  }
```

程序的运行结果:

3 5✓
max = 5

说明:#2 行为带参数的宏定义,用宏名 MAX 表示条件表达式(a>b)? a：b,形参 a、b 均出现在条件表达式中。

#7 行为宏调用,实参 a、b 替换形参 a、b 后为 max=(a>b)? a:b。

【例 10.5】 在有参数的宏名中为参数使用括号

```
#1.  #include "stdio.h"
#2.  #define SA(x)(x) * (x)
#3.  void main()
#4.  {
#5.     int a,s;
#6.     scanf("%d",&a);
#7.     s = SA(a + 1);
#8.     printf("s = %d\n",s);
#9.  }
```

程序的运行结果:

3✓
s = 16

说明:#1 行为宏定义,形参为 x。程序 #7 行宏调用中实参为 a+1,是一个表达式,在宏展开时，用 a+1 替换 x，再用(x)＊(x)替换 SA，得到如下语句：

s = (a + 1) ＊ (a + 1);

这与函数的调用是不同的，函数调用时要把实参表达式的值求出来再赋予形参。而宏替换中对实参表达式不进行计算直接原样替换。

（1）在宏定义中，字符串内的形参通常要用括号括起来以避免出错。如果去掉括号，把程序改为以下形式。

【例 10.6】 出错的带参数宏定义。

```
#1.  # include "stdio.h"
#2.  #define SA(x) x ＊ x
#3.  void main()
#4.  {
#5.      int a,s;
#6.      scanf("％d",&a);
#7.      s = SA(a + 1);
#8.      printf("s = ％d\n",s);
#9.  }
```

程序的运行结果：

3↙
s = 7

说明：同样输入 3，但结果却是不一样的。这是由于替换只作符号替换而不作其他处理造成的。宏替换后将得到以下语句：

s = a + 1 ＊ a + 1;

由于 a 为 3，故 s 的值为 7。因此参数两边的括号是不能少的。即使在参数两边加括号还是不够的，请看下面程序。

（2）带参的宏和带参函数很相似，但有本质上的不同，除上面已谈到的各点外，把同一表达式用函数处理与用宏处理两者的结果有可能是不同的。

【例 10.7】 带参数的宏和函数使用上的差别。

```
#1.   # include< stdio.h>
#2.   B(int x)
#3.   {
#4.       return ((x) ＊ (x)) ;
#5.   }
#6.   void main()
#7.   {
#8.       int i = 1;
#9.       while(i <= 5)
#10.          printf("％d\n",B(i++));
#11.  }
```

程序的运行结果：

1

```
4
9
16
25
```

【例 10.8】 带参数的宏和函数使用上的差别。

```
#1.  #include < stdio.h>
#2.  #define B(x) ((x) * (x))
#3.  #include < stdio.h>
#4.  void main( )
#5.  {
#6.      int i = 1;
#7.      while(i <= 5)
#8.          printf (" % d\n", B( i ++)) ;
#9.  }
```

程序的运行结果:

```
2
12
30
```

说明:在例 10.7 中函数名为 B,形参为 x,函数体表达式为((x) * (x))。在例 10.8 中宏名为 B,形参也为 x,字符串表达式为((x) * (x))。例 10.7 的函数调用为 B(i++),例 10.8 的宏调用为 B(i++),实参也是相同的。从输出结果来看,却大不相同。

分析如下:在例 10.7 中,函数调用是把实参 i 值传给形参 y 后自增 1,然后输出函数值。因而要循环 5 次,输出 1~5 的平方值。而在例 10.8 中宏调用时,只作替换。B(i++) 被替换为((i++) * (i++))。在第一次循环时,由于 i 等于 1,其计算过程为:表达式中前一个 i 初值为 1,然后 i 自增 1 变为 2,因此表达式中第二个 i 初值为 2,两相乘的结果也为 2,然后 i 值再自增 1,得 3。在第二次循环时,i 值已有初值为 3,因此表达式中前一个 i 为 3,后一个 i 为 4,乘积为 12,然后 i 再自增 1 变为 5。进入第三次循环,由于 i 值已为 5,所以这将是最后一次循环。计算表达式的值为 5 * 6 等于 30。i 值再自增 1 变为 6,不再满足循环条件,停止循环。

从以上分析可以看出函数调用和宏调用二者在形式上相似,在本质上是完全不同的。因为宏是一种替换,它在调用的时候不用程序的控制转义,所以宏的效率比函数要高,也因为宏是一种替换,所以会使代码长度增加。宏经常用于执行简单的计算。

10.2 文件包含

在前面各章中使用库函数时,已经使用了文件包含命令。文件包含是 C 预处理命令的另一个重要功能。#include 文件包含命令的功能是把指定的文件插入到该命令行位置,从而把指定的文件内容和当前的源程序文件合并成一个源文件,所以文件包含也可以说是一种替换操作。文件应使用双引号或尖括号"<"和">"括起来。

文件包含命令行的一般形式为:

```
# include "文件名"
# include <文件名>
```

例如：

```
# include "stdio.h"
# include <math.h>
```

在程序设计中，文件包含可以节省程序设计人员的重复劳动。对于有些公用的符号常量、宏定义、全局变量的声明、函数的声明等可单独组成一个文件，在其他文件的开头用包含命令包含该文件即可使用，从而节省时间，并减少出错。

对文件包含命令还要说明以下几点。

（1）包含命令中的文件名可以用双引号括起来，也可以用尖括号括起来。例如以下写法都是允许的：

```
# include "string. h"
# include <string.h>
```

但是这两种形式是有区别的：使用尖括号表示根据编译程序中设置的包含文件目录中去查找，而不在源文件目录去查找。

使用双引号则表示首先在当前的源文件目录中查找，若未找到才到编译程序中设置的包含目录中去查找。用户编程时可根据自己文件所在的目录来选择某一种命令形式，通常是库函数用尖括号、自定义的头文件用双引号。

（2）一个 include 命令只能指定一个被包含文件，若有多个文件要包含，则需用多个 include 命令。

（3）文件包含命令也允许嵌套到其他文件中，即被包含的文件中也有 include 命令包含其他的文件。

10.3　条件编译

预处理程序提供了条件编译的功能。条件编译就是对某段程序设置一定的条件，符合条件才能编译这段程序。

10.3.1　条件编译的形式

条件编译命令一般有以下三种形式。

1. 第一种形式

```
# ifdef 标识符
程序段 1
# else
程序段 2
# endif
```

其中的标识符是一个符号常量，如果标识符已用 # define 命令定义过，则对程序段 1 进行编译，否则，对程序段 2 进行编译。

此命令形式中的 #else 以及其后的程序段 2 可以省略,即可以写为:

```
# ifdef 标识符
程序段
# endif
```

即如果标识符已被 # define 命令定义过,则对程序段 1 进行编译,否则,不编译程序段 1。

【例 10.9】 条件编译应用形式 1。

```
#1.    # include < stdio. h>
#2.    #define Max 100
#3.    void main( )
#4.    {
#5.        int i = 10 ;
#6.        float x = 12.5;
#7.    # ifdef MAX
#8.        printf(" % d\n",i) ;
#9.    # else
#10.       printf(" % . if\n", x) ;
#11. # endif
#12.       printf(" % d, % . if\n", i,x);
#13. }
```

程序的运行结果:

```
10
10,12.5
```

2. 第二种形式

```
# ifndef 标识符
程序段 1
# else
程序段 2
# endif
```

与第一种形式的区别是将 ifdef 改为 ifndef。它的功能是,如果标识符未被 # define 命令定义过,则对程序段 1 进行编译,否则,对程序段 2 进行编译。这与第一种形式的功能正相反。

3. 第三种形式

```
# if 常量表达式
程序段 1
# else
程序段 2
# endif
```

它的功能是,如常量表达式的值为真(非 0),则对程序段 1 进行编译,否则,对程序段 2 进行编译。因此可以使程序在不同条件下,完成不同的功能。

【例 10.10】 条件编译应用形式 3。

```
#1.    # include < stdio. h>
```

```
#2.    #define M 5
#3.    void main( )
#4.    {
#5.        float c, s;
#6.        printf ("input a number: ");
#7.        scanf(" % f",&c) ;
#8.    #if m
#9.        r = 3. 14159 * c * c;
#10.       printf("area of round is: % f\n",r);
#11.   #else
#12.       s = c * c;
#13.       printf("area of square is: % f\n",s);
#14.   #endif
#15.   }
```

说明:本例中采用了第三种形式的条件编译。在程序#2行宏定义中,定义 M 为 5,因此在条件编译时,常量表达式的值为真,故计算并输出圆面积。

上面介绍的条件编译当然也可以用条件语句来实现。但是用条件语句将会对整个源程序进行编译,生成的目标代码程序很长,而采用条件编译,则根据条件只编译其中的程序段 1 或程序段 2,生成的目标程序较短。使用条件编译可以增强程序的可移植性。

10.3.2 条件编译与多文件组织

C 语言的文件包含命令可以嵌套,在方便用户程序设计、减少重复编码的同时也带来了一些问题。例如有一个学生信息管理系统,为了在一个多个源程序中共享一个数据类型,在 a. h 中定义如下的数据类型:

```
#1. struct student
#2. {
#3. int num;                    /* 学号 */
#4. char name[20];              /* 姓名 */
#5. int sex;                    /* 性别 */
#6. int age;                    /* 年龄 */
#7. float score;               /* 成绩 */
#8. };
```

在程序的另外一个头文件 b. h 文件中需要使用 a. h 中定义或声明的函数、数据类型等,所以包含了 a. h 文件

```
# include "a.h"
```

用户编写的程序文件 a. c 可能同时使用到 a. h 和 b. h 里面声明的函数或数据类型,需要包括这两个文件:

```
# include "a.h"
…
# include "b.h"
…
```

因为文件包含嵌套,导致 a. h 在 a. c 中包含了两次。这样在 a. c 中将出现两次 struct

student 的类型定义,编译程序在编译时会因为 struct student 重定义而报错。解决以上问题的方法是使用条件编译,即可以在每个头文件的开始和结束加上:

```
# ifndef 标识符
# define 标识符
…
头文件中的各种声明
头文件中的各种自定义数据类型
…
# endif
```

只要保证该标识符不与其他文件定义的相同,即可防止对一个文件重复编译的情况发生,例如:

```
#1.    # ifndef STU
#2.    # define STU
#3.    struct student
#4.    {
#5.    int num;                          /* 学号 */
#6.    char name[20];                    /* 姓名 */
#7.    int sex;                          /* 性别 */
#8.    int age;                          /* 年龄 */
#9.    float score;                      /* 成绩 */
#10.   };
#11.   # endif
#12.   # ifndef STU
#13.   # define STU
#14.   struct student
#15.   {
#16.   int num;                          /* 学号 */
#17.   char name[20];                    /* 姓名 */
#18.   int sex;                          /* 性别 */
#19.   int age;                          /* 年龄 */
#20.   float score;                      /* 成绩 */
#21.   };
#22.   # endif
```

说明:#1 行条件为真,预处理器执行#2~#11 行间的预处理命令,在#2 行执行宏定义# define STU。

#12 行因为 STU 已经定义,所以条件为假,忽略#13~#22 行间的所有代码,防止了#14~#21 行的 struct student 类型重定义。

10.4 习题

1. 定义一个带参数的宏,使两个参数值实现交换,并写出程序,输入两个数使用这个宏实现数据交换。

2. 输入两个整数,求它们相除的余数,用带参数的宏来实现,编程序使用这个宏求用户输入两个整数相除的余数。

3. 定义一个宏,判断给定年份是否是闰年。

4. 分别用函数和带参数的宏,找出三个数中的最大数。

5. 编写一个多文件组织的程序,在头文件中使用条件编译防止出现类型重定义的错误。

常用字符与ASCII码对照表

ASCII 值	字符(控制字符)	ASCII 值	字符	ASCII 值	字符	ASCII 值	字符
0	NUL (null)	32	(space)	64	@	96	`
1	SOH (start of handing)	33	!	65	A	97	a
2	STX (start of text)	34	"	66	B	98	b
3	ETX (end of text)	35	#	67	C	99	c
4	EOT (end of transmission)	36	$	68	D	100	d
5	ENQ (enquiry)	37	%	69	E	101	e
6	ACK (acknowledge)	38	&	70	F	102	f
7	BEL (bell)	39	`	71	G	103	g
8	BS (backspace)	40	(	72	H	104	h
9	HT (horizontal tab)	41	)	73	I	105	i
10	LF (NL line feed, new line)	42	*	74	J	106	j
11	VT (vertical tab)	43	+	75	K	107	k
12	FF (NP form feed, new page)	44	'	76	L	108	l
13	CR (carriage return)	45	—	77	M	109	m
14	SO (shift out)	46	.	78	N	110	n
15	SI (shift in)	47	/	79	.O	111	o
16	DLE (data link escape)	48	0	80	P	112	p
17	DC1 (device control 1)	49	1	81	Q	113	q
18	DC2 (device control 2)	50	2	82	R	114	r
19	DC3 (device control 3)	51	3	83	S	115	s
20	DC4 (device control 4)	52	4	84	T	116	t
21	NAK (negative acknowledge)	53	5	85	U	117	u
22	SYN (synchronous idle)	54	6	86	V	118	v
23	ETB (end of trans, block)	55	7	87	W	119	w
24	CAN (cancel)	56	8	88	X	120	x
25	EM (end of medium)	57	9	89	Y	121	y
26	SUB (substitute)	58	:	90	Z	122	z
27	ESC (escape)	59	;	91	[	123	{
28	FS (file separator)	60	<	92	\	124		
29	GS (group separator)	61	=	93	]	125	}
30	RS (record separator)	62	>	94	^	126	~
31	US (unit separator)	63	?	95	—	127	DEL

注：第 2 列的字符是一些特殊字符,键盘上是不可见的,所以只给出控制字符,控制字符通常用于控制和通信。

运算符和结合性

优先级	运 算 符	含 义	运 算 示 例	结 合 方 向
1	( )	圆括号	(a + b) / 4;	自左至右
	[ ]	下标运算	array[4] = 2;	
	->	指向成员	ptr->age = 34;	
	.	成员	obj. age = 34;	
	++	后自增	for(i = 0; i < 10; i++) ...	
	--	后自减	for(i = 10; i > 0; i--) ...	
2	!	逻辑非	if(!done) ...	自右至左
	~	按位取反	flags = ~flags;	
	++	前自增	for(i = 0; i < 10; ++i) ...	
	--	前自减	for(i = 10; i > 0; --i) ...	
	-	负号	int i = -1;	
	+	正号	int i = +1;	
	*	指针运算	data = * ptr;	
	&	取地址	address = &obj;	
	(type)	类型转换	int i = (int) floatNum;	
	sizeof	长度计算	int size = sizeof(floatNum);	
3	*	乘法	int i = 2 * 4;	自左至右
	/	除法	float f = 10 / 3;	
	%	求余	int rem = 4 % 3;	
4	+	加法	int i = 2 + 3;	自左至右
	-	减法	int i = 5 - 1;	
5	<<	左移位	int flags = 33 << 1;	自左至右
	>>	右移位	int flags = 33 >> 1;	
6	<	小于	if(i < 42) ...	自左至右
	<=	小于等于	if(i <= 42) ...	
	>	大于	if(i > 42) ...	
	>=	大于等于	if(i >= 42) ...	
7	==	等于	if(i == 42) ...	自左至右
	!=	不等于	if(i != 42) ...	
8	&	按位与	flags = flags & 42;	自左至右
9	^	按位异或	flags = flags ^ 42;	自左至右

续表

优先级	运 算 符	含 义	运 算 示 例	结 合 方 向
10	|	按位或	flags = flags | 42;	自左至右
11	&&	逻辑与	if(conditionA && conditionB) …	自左至右
12	||	逻辑或	if(conditionA || conditionB) …	自左至右
13	? :	条件运算	int i = (a > b) ? a : b;	自右至左
14	=	赋值运算	int a = b;	自右至左
	+=	赋值运算	a += 3;	
	−=	赋值运算	b −= 4;	
	*=	赋值运算	a *= 5;	
	/=	赋值运算	a /= 2;	
	%=	赋值运算	a %= 3;	
	&=	赋值运算	flags &= new_flags;	
	^=	赋值运算	flags ^= new_flags;	
	|=	赋值运算	flags |= new_flags;	
	<<=	赋值运算	flags <<= 2;	
	>>=	赋值运算	flags >>= 2;	
15	,	逗号运算	for(i=0, j=0; i<10; i++, j++) …	自左至右

优先级记忆口诀

括号成员第一 　　括号运算符[]() 成员运算符. −>

全体单目第二 　　所有的单目运算符比如++ −− ＋(正) −(负) 指针运算 * &

乘除余三,加减四 　这个"余"是指取余运算即％

移位五,关系六 　　移位运算符：<< >>,关系：> < >= <= 等

等于(与)不等排第七 即 ==、!=

位与异或和位或 　　这几个都是位运算：位与(&)异或(^)位或(\|)

"三分天下"八九十

逻辑或跟与 　　　　逻辑运算符：\|\| 和 &&

十二和十一 　　　　注意顺序：优先级(\|\|)低于优先级(&&)

条件高于赋值 　　　三目运算符优先级排到 13 位只比赋值运算符和","高(需要注意的是赋值运算符很多)

逗号运算级最低 　　逗号运算符优先级最低

常用标准库函数

1. 输入与输出 <stdio.h>

函 数 名	函 数 原 型	功 能
fopen	FILE * fopen(const char * filename, const char * mode);	打开以 filename 所指内容为名字的文件,返回与之关联的流
freopen	FILE * freopen (const char * filename, const char * mode, FILE * stream);	以 mode 指定的方式打开文件 filename,并使该文件与流 stream 相关联。freopen()先尝试关闭与 stream 关联的文件,不管成功与否,都继续打开新文件
fflush	int fflush(FILE * stream);	对输出流(写打开),fflush()用于将已写到缓冲区但尚未写出的全部数据都写到文件中;对输入流,其结果未定义。如果写过程中发生错误则返回 EOF,正常则返回 0
fclose	int flcose(FILE * stream);	刷新 stream 的全部未写出数据,丢弃任何未读的缓冲区内的输入数据并释放自动分配的缓冲区,最后关闭流
remove	int remove(const char * filename);	删除文件 filename
rename	int rename (const char * oldfname, const char * newfname);	把文件的名字从 oldfname 改为 newfname
tmpfile	FILE * tmpfile(void);	以方式"wb+"创建一个临时文件,并返回该流的指针,该文件在被关闭或程序正常结束时被自动删除
tmpnam	char * tmpnam(char s[L_tmpnam]);	若参数 s 为 NULL（即调用 tmpnam(NULL)），函数创建一个不同于现存文件名字的字符串,并返回一个指向一内部静态数组的指针。若 s 非空,则函数将所创建的字符串存储在数组 s 中,并将它作为函数值返回。s 中至少要有 L_tmpnam 个字符的空间
setvbuf	int setvbuf(FILE * stream, char * buf, int mode, size_t size);	控制流 stream 的缓冲区,这要在读、写以及其他任何操作之前设置

续表

函 数 名	函 数 原 型	功　　能
setbuf	void setbuf(FILE * stream, char * buf);	如果 buf 为 NULL,则关闭流 stream 的缓冲区;否则 setbuf 函数等价于: (void)setvbuf(stream, buf, _IOFBF, BUFSIZ)
fprintf	int fprintf（FILE * stream, const char * format,…）;	按照 format 说明的格式把变元表中变元内容进行转换,并写入 stream 指向的流
printf	int printf(const char * format, …);	printf(…)等价于 fprintf(stdout, …)。
sprintf	int sprintf(char * buf, const char * format, …);	与 printf()基本相同,但输出写到字符数组 buf 而不是 stdout 中,并以'\0'结束
snprintf	int snprintf(char * buf, size_t num, const char * format, …);	除了最多为 num－1 个字符被存放到 buf 指向的数组之外,snprintf()和 sprintf()完全相同。数组以'\0'结束
vprintf	int vprintf（char * format, va_list arg）;	与对应的 printf()等价,但变元表由 arg 代替
fscanf	int fscanf(FILE * stream, const char * format, …);	在格式串 format 的控制下从流 stream 中读入字符,把转换后的值赋给后续各个变元,每一个变元都必须是一个指针。当格式串 format 结束时函数返回
scanf	int scanf(const char * format, …);	scanf(…)等价于 fscanf(stdin, …)
sscanf	int sscanf（const char * buf, const char * format, …）;	与 scanf()基本相同,但 sscanf()从 buf 指向的数组中读,而不是 stdin
fgetc	int fgetc(FILE * stream);	以 unsigned char 类型返回输入流 stream 中下一个字符(转换为 int 类型)
fgets	char * fgets（char * str, int num, FILE * stream）;	从流 stream 中读入最多 num-1 个字符到数组 str 中。当遇到换行符时,把换行符保留在 str 中,读入不再进行。数组 str 以'\0'结尾
fputc	int fputc(int ch, FILE * stream);	把字符 ch(转换为 unsigned char 类型)输出到流 stream 中
fputs	int fputs(const char * str, FILE * stream);	把字符串 str 输出到流 stream 中,不输出终止符'\0'
getc	int getc(FILE * stream);	getc()与 fgetc()等价。不同之处为:当 getc 函数被定义为宏时,它可能多次计算 stream 的值
getchar	int getchar(void);	等价于 getc(stdin)
gets	char * gets(char * str);	从 stdin 中读入下一个字符串到数组 str 中,并把读入的换行符替换为字符'\0'
putc	int putc(int ch, FILE * stream);	putc()与 fputc()等价。不同之处为:当 putc 函数被定义为宏时,它可能多次计算 stream 的值
putchar	int putchar(int ch);	等价于 putc(ch, stdout)
puts	int puts(const char * str);	把字符串 str 和一个换行符输出到 stdout

续表

函 数 名	函 数 原 型	功 能
ungetc	int ungetc(int ch, FILE * stream);	把字符 ch(转换为 unsigned char 类型)写回到流 stream 中,下次对该流进行读操作时,将返回该字符。对每个流只保证能写回一个字符(有些实现支持回退多个字符),且此字符不能是 EOF
fread	size_t fread(void * buf, size_t size, size_t count,FILE * stream);	从流 stream 中读入最多 count 个长度为 size 个字节的对象,放到 buf 指向的数组中
fwrite	size_t fwrite(const void * buf, size_t size, size_t count,FILE * stream);	把 buf 指向的数组中 count 个长度为 size 的对象输出到流 stream 中,并返回被输出的对象数。如果发生错误,则返回一个小于 count 的值。返回实际输出的对象数
fseek	int fseek (FILE * stream, long int offset, int origin);	对流 stream 相关的文件定位,随后的读写操作将从新位置开始。返回:成功为 0,出错为非 0
ftell	long int ftell(FILE * stream);	返回与流 stream 相关的文件的当前位置。出错时返回—1L
rewind	void rewind(FILE * stream);	rewind(fp)等价于 fssek(fp,0L,SEEK_SET)与 clearerr(fp)这两个函数顺序执行的效果,即把与流 stream 相关的文件的当前位置移到开始处,同时清除与该流相关的文件尾标志和错误标志
fgetpos	int fgetpos(FILE * stream, fpos_t * position);	把流 stream 的当前位置记录在 * position 中,供随后的 fsetpos()调用时使用。成功返回 0,失败返回非 0
fsetpos	int fsetpos (FILE * stream, const fpos_t * position);	把流 stream 的位置定位到 * position 中记录的位置。 * position 的值是之前调用 fgetpos()记录下来的。成功返回 0,失败返回非 0
clearerr	void clearerr(FILE * stream);	清除与流 stream 相关的文件结束指示符和错误指示符
feof	int feof(FILE * stream);	与流 stream 相关的文件结束指示符被设置时,函数返回一个非 0 值
ferror	int ferror(FILE * stream);	与流 stream 相关的文件出错指示符被设置时,函数返回一个非 0 值
perror	void perror(const char * str);	perror(s)用于输出字符串 s 以及与全局变量 errno 中的整数值相对应的出错信息,具体出错信息的内容依赖于实现

2. 字符类测试 ctype.h

函 数 名	函 数 原 型	功 能
isalnum	int sialnum(int ch);	变元为字母或数字时,函数返回非 0 值,否则返回 0

函 数 名	函 数 原 型	功　　能
isalpha	int isalpha(int ch);	当变元为字母表中的字母时,函数返回非 0 值,否则返回 0。各种语言的字母表互不相同,对于英语来说,字母表由大写和小写的字母 A 到 Z 组成
iscntrl	int iscntrl(int ch);	当变元是控制字符时,函数返回非 0 值,否则返回 0
isdigit	int isdigit(int ch);	当变元是十进制数字时,函数返回非 0 值,否则返回 0
isgraph	int isgraph(int ch);	如果变元为除空格之外的任何可打印字符,则函数返回非 0 值,否则返回 0
islower	int islower(int ch);	如果变元是小写字母,函数返回非 0 值,否则返回 0
isprint	int isprint(int ch);	如果变元是可打印字符(含空格),则函数返回非 0 值,否则返回 0
ispunct	int ispunct(int ch);	如果变元是除空格、字母和数字外的可打印字符,则函数返回非 0,否则返回 0
isspace	int isspace(int ch);	当变元为空白字符(包括空格、换页符、换行符、回车符、水平制表符和垂直制表符)时,函数返回非 0,否则返回 0
isupper	int isupper(int ch);	如果变元为大写字母,函数返回非 0,否则返回 0
isxdigit	int isxdigit(int ch);	当变元为十六进制数字时,函数返回非 0,否则返回 0
tolower	int tolower(int ch);	当 ch 为大写字母时,返回其对应的小写字母;否则返回 ch
toupper	int toupper(int ch);	当 ch 为小写字母时,返回其对应的大写字母;否则返回 ch

3. 字符串函数<string. h>

函 数 名	函 数 原 型	功　　能
strcpy	char * strcpy(char * str1, const char * str2);	把字符串 str2(包括'\0')复制到字符串 str1 当中,并返回 str1
strncpy	char * strncpy (char * str1, const char * str2, size_t count);	把字符串 str2 中最多 count 个字符复制到字符串 str1 中,并返回 str1。如果 str2 中少于 count 个字符,那么就用'\0'来填充,直到满足 count 个字符为止
strcat	char * strcat(char * str1, const char * str2);	把 str2(包括'\0')复制到 str1 的尾部(连接),并返回 str1。其中终止原 str1 的'\0'被 str2 的第一个字符覆盖

续表

函 数 名	函 数 原 型	功 能
strncat	char * strncat (char * str1, const char * str2, size_t count);	把 str2 中最多 count 个字符连接到 str1 的尾部,并以'\0'终止 str1,返回 str1。其中终止原 str1 的'\0'被 str2 的第一个字符覆盖
strcmp	int strcmp (const char * str1, const char * str2);	按字典顺序比较两个字符串,返回整数值的意义如下: • 小于 0,str1 小于 str2; • 等于 0,str1 等于 str2; • 大于 0,str1 大于 str2;
strncmp	int strncmp(const char * str1, const char * str2, size_t count);	同 strcmp,除了最多比较 count 个字符。根据比较结果返回的整数值如下: • 小于 0,str1 小于 str2; • 等于 0,str1 等于 str2; • 大于 0,str1 大于 str2;
strchr	char * strchr (const char * str, int ch);	返回指向字符串 str 中字符 ch 第一次出现的位置的指针,如果 str 中不包含 ch,则返回
strrchr	char * strrchr (const char * str, int ch);	返回指向字符串 str 中字符 ch 最后一次出现的位置的指针,如果 str 中不包含 ch,则返回 NULL
strspn	size_t strspn(const char * str1, const char * str2);	返回字符串 str1 中由字符串 str2 中字符构成的第一个子串的长度
strcspn	size_t strcspn (const char * str1, const char * str2);	返回字符串 str1 中由不在字符串 str2 中字符构成的第一个子串的长度
strpbrk	char * strpbrk (const char * str1, const char * str2);	返回指向字符串 str2 中的任意字符第一次出现在字符串 str1 中的位置的指针;如果 str1 中没有与 str2 相同的字符,那么返回 NULL
strstr	char * strstr(const char * str1, const char * str2);	返回指向字符串 str2 第一次出现在字符串 str1 中的位置的指针;如果 str1 中不包含 str2,则返回 NULL
strlen	size_t strlen(const char * str);	返回字符串 str 的长度,'\0'不算在内
strerror	char * strerror(int errnum);	返回指向与错误序号 errnum 对应的错误信息字符串的指针(错误信息的具体内容依赖于实现)
strtok	char * strtok(char * str1, const char * str2);	在 str1 中搜索由 str2 中的分界符界定的单词
memcpy	void * memmove (void * to, const void * from, size_t count);	把 from 中的 count 个字符复制到 to 中,并返回 to
memcmp	int memcmp(const void * buf1, const void * buf2, size_t count);	比较 buf1 和 buf2 的前 count 个字符,返回值与 strcmp 的返回值相同
memchr	void * memchr(const void * buffer, int ch, size_t count);	返回指向 ch 在 buffer 中第一次出现的位置指针,如果在 buffer 的前 count 个字符当中找不到匹配,则返回 NULL
memset	void * memset (void * buf, int ch, size_t count);	把 buf 中的前 count 个字符替换为 ch,并返回 buf

4. 数学函数<math. h>

函 数 名	函 数 原 型	功 能
sin	double sin(double arg);	返回 arg 的正弦值,arg 单位为弧度
cos	double cos(double arg);	返回 arg 的余弦值,arg 单位为弧度
tan	double asin(double arg);	返回 arg 的反正弦值 sin-1(x),值域为[−pi/2,pi/2],其中变元范围[−1,1]
acos	double acos(double arg);	返回 arg 的反余弦值 cos-1(x),值域为[0,pi],其中变元范围[−1,1]
atan	double atan(double arg);	返回 arg 的反正切值 tan-1(x),值域为[−pi/2,pi/2]
atan2	double atan2(double a, double b);	返回 a/b 的反正切值 tan-1(a/b),值域为[−pi,pi]
sinh	double sinh(double arg);	返回 arg 的双曲正弦值
cosh	double cosh(double arg);	返回 arg 的双曲余弦值
tanh	double tanh(double arg);	返回 arg 的双曲正切值
exp	double exp(double arg);	返回幂函数 ex
log	double log(double arg);	返回自然对数 ln(x),其中变元范围 arg > 0
log10	double log10(double arg);	返回以 10 为底的对数 $\log_{10}(x)$,其中变元范围 arg > 0
pow	double pow(double x, double y);	返回 xy,如果 x=0 且 y<=0 或者如果 x<0 且 y 不是整数,那么产生定义域错误
sqrt	double sqrt(double arg);	返回 arg 的平方根,其中变元范围 arg>=0
ceil	double ceil(double arg);	返回不小于 arg 的最小整数
floor	double floor(double arg);	返回不大于 arg 的最大整数
fabs	double fabs(double arg);	返回 arg 的绝对值|x|
ldexp	double ldexp(double num, int exp);	返回 num * 2exp
frexp	double frexp(double num, int * exp);	把 num 分成一个在[1/2,1)区间的真分数和一个 2 的幂数。将真分数返回,幂数保存在 * exp 中。如果 num 等于 0,那么这两部分均为 0
modf	double modf(double num, double * i);	把 num 分成整数和小数两部分,两部分均与 num 有同样的正负号。函数返回小数部分,整数部分保存在 * i 中
fmod	double fmod(double a, double b);	返回 a/b 的浮点余数,符号与 a 相同。如果 b 为 0,那么结果由具体实现而定

5. 实用函数<stdlib. h>

函 数 名	函 数 原 型	功 能
atof	double atof(const char * str);	把字符串 str 转换成 double 类型。等价于:strtod(str, (char **)NULL)
atoi	int atoi(const char * str);	把字符串 str 转换成 int 类型。等价于:(int)strtol(str, (char **)NULL, 10)

续表

函　数　名	函　数　原　型	功　　　能
atol	long atol(const char * str);	把字符串 str 转换成 long 类型。等价于：strtol(str,（char**）NULL, 10)
strtod	double strtod（const char * start, char ** end）;	把字符串 start 的前缀转换成 double 类型。在转换中跳过 start 的前导空白符，然后逐个读入构成数的字符,任何非浮点数成分的字符都会终止上述过程。如果 end 不为 NULL,则把未转换部分的指针保存在 * end 中
strtol	long int strtol（const char * start, char ** end, int radix）;	把字符串 start 的前缀转换成 long 类型,在转换中跳过 start 的前导空白符。如果 end 不为 NULL,则把未转换部分的指针保存在 * end 中
strtoul	unsigned long int strtoul（const char * start, char ** end,int radix）;	与 strtol()类似,只是结果为 unsigned long 类型,溢出时值为 ULONG_MAX
rand	int rand(void);	产生一个 0～RAND_MAX 之间的伪随机整数。RAND_MAX 值至少为 32767
srand	void srand(unsigned int seed);	设置新的伪随机数序列的种子为 seed。种子的初值为 1
calloc	void * calloc（size_t num, size_t size）;	为大小为 size 的对象分配足够的内存,并返回指向所分配区域的第一个字节的指针；如果内存不足以满足要求,则返回 NULL
realloc	void * realloc（void * ptr, size_t size）;	将 ptr 指向的内存区域的大小改为 size 个字节
free	void free(void * ptr);	释放 ptr 指向的内存空间,若 ptr 为 NULL,则什么也不做。ptr 必须指向先前用动态分配函数 malloc、realloc 或 calloc 分配的空间
abort	void abort(void);	使程序非正常终止。其功能类似于 raise (SIGABRT)
exit	void exit(int status);	使程序正常终止。atexit 函数以与注册相反的顺序被调用,所有打开的文件被刷新,所有打开的流被关闭
atexit	int atexit(void (* func)(void));	注册在程序正常终止时所要调用的函数 func。如果成功注册,则函数返回 0 值,否则返回非 0 值
system	int system(const char * str)	把字符串 str 传送给执行环境。如果 str 为 NULL,那么在存在命令处理程序时,返回 0 值如果 str 的值非 NULL,则返回值与具体的实现有关
getenv	char * getenv(const char * name);	返回与 name 相关的环境字符串。如果该字符串不存在,则返回 NULL。其细节与具体的实现有关

函 数 名	函 数 原 型	功 能
abs	int abs(int num);	返回 int 变元 num 的绝对值
labs	long labs(long int num);	返回 long 类型变元 num 的绝对值
ldiv	ldiv_t div(long int numerator, long int denominator);	返回 numerator/denominator 的商和余数,结果分别保存在结构类型 ldiv_t 的两个 long 成员 quot 和 rem 中
div	div_t div(int numerator, int denominator);	返回 numerator/denominator 的商和余数,结果分别保存在结构类型 div_t 的两个 int 成员 quot 和 rem 中

6. 诊断＜assert. h＞

函 数 名	函 数 原 型	功 能
assert	void assert(int exp);	assert 宏用于为程序增加诊断功能

7. 日期与时间函数＜time. h＞

函 数 名	函 数 原 型	功 能
clock	clock_t clock(void);	返回程序自开始执行到目前为止所占用的处理机时间。如果处理机时间不可使用,那么返回 -1。clock()/CLOCKS_PER_SEC 是以秒为单位表示的时间
time	time_t time(time_t * tp);	返回当前日历时间。如果日历时间不能使用,则返回 -1。如果 tp 不为 NULL,那么同时把返回值赋给 * tp
difftime	double difftime(time_t time2, time_t time1);	返回 time2-time1 的值(以秒为单位)
mktime	time_t mktime(struct tm * tp);	将结构 * tp 中的当地时间转换为 time_t 类型的日历时间,并返回该时间。如果不能转换,则返回 -1
asctime	char * asctime(const struct tm * tp);	将结构 * tp 中的时间转换成字符串形式
ctime	char * ctime(const time_t * tp);	将 * tp 中的日历时间转换为当地时间的字符串,并返回指向该字符串指针。字符串存储在可被其他调用重写的静态对象中。等价于如下调用 asctime(localtime(tp))
gmtime	struct tm * gmtime(const time_t * tp);	将 * tp 中的日历时间转换成 struct tm 结构形式的国际标准时间(UTC),并返回指向该结构的指针。如果转换失败,返回 NULL。结构内容存储在可被其他调用重写的静态对象中

函 数 名	函 数 原 型	功 能
localtime	struct tm * localtime(const time_t * tp);	将 * tp 中的日历时间转换成 struct tm 结构形式的本地时间,并返回指向该结构的指针。结构内容存储在可被其他调用重写的静态对象中
strftime	size_t strftime(char * s, size_t smax, const char * fmt, \ const struct tm * tp);	根据 fmt 的格式说明把结构 * tp 中的日期与时间信息转换成指定的格式,并存储到 s 所指向的数组中,写到 s 中的字符数不能多于 smax。函数返回实际写到 s 中的字符数(不包括'\0');如果产生的字符数多于 smax,则返回 0

参 考 文 献

[1] 谭浩强.C 程序设计(第三版).北京:清华大学出版社,2005.

[2] 郭来德,吕宝志,常东超,C 语言程序设计,北京:清华大学出版社,2010.

[3] 杨路明.C 语言程序设计教程,北京:北京邮电大学出版社,2005.

[4] 牛志成,徐立辉,刘冬莉.C 语言程序设计.北京:清华大学出版社,2009.

[5] 何钦铭,颜辉.C 语言程序设计.北京:高等教育出版社,2008.

[6] 田淑清.全国计算机等级考试二级教程——C 语言程序设计.北京:高等教育出版社,2009

[7] 常东超,高文来.大学计算机基础教程.北京:高等教育出版社,2009.

[8] 常东超,高文来.大学计算机基础实践教程.北京:高等教育出版社,2009.

[9] 王宏志,韩志明.C 语言程序设计(第二版).北京:中国铁道出版社,2009.

[10] 罗坚,王声决.C 语言程序设计,北京:中国铁道出版社,2009.

[11] 邹修明,马国光.C 语言程序设计.北京:中国计划出版社,2007.

[12] 谭浩强.C++面向对象程序设计,北京:清华大学出版社,2006.

[13] 林学焦.Turbo 2.0 用户手册.北京:学苑出版社,1993.

[14] Bruce Eckel. Thinking in C++. Prentice Hall,Inc,1995.

[15] Chris H Pappas,William H. Murray,Ⅲ. The Visual C++ Handbook. McGraw-Hill,1994

21 世纪高等学校数字媒体专业规划教材

ISBN	书　名	定价(元)
9787302224877	数字动画编导制作	29.50
9787302222651	数字图像处理技术	35.00
9787302218562	动态网页设计与制作	35.00
9787302222644	J2ME 手机游戏开发技术与实践	36.00
9787302217343	Flash 多媒体课件制作教程	29.50
9787302208037	Photoshop CS4 中文版上机必做练习	99.00
9787302210399	数字音视频资源的设计与制作	25.00
9787302201076	Flash 动画设计与制作	29.50
9787302174530	网页设计与制作	29.50
9787302185406	网页设计与制作实践教程	35.00
9787302180319	非线性编辑原理与技术	25.00
9787302168119	数字媒体技术导论	32.00
9787302155188	多媒体技术与应用	25.00

以上教材样书可以免费赠送给授课教师,如果需要,请发电子邮件与我们联系。

教学资源支持

敬爱的教师:

感谢您一直以来对清华版计算机教材的支持和爱护。为了配合本课程的教学需要,本教材配有配套的电子教案(素材),有需求的教师可以与我们联系,我们将向使用本教材进行教学的教师免费赠送电子教案(素材),希望有助于教学活动的开展。

相关信息请拨打电话 010-62776969 或发送电子邮件至 weijj@tup. tsinghua. edu. cn 咨询,也可以到清华大学出版社主页(http://www. tup. com. cn 或 http://www. tup. tsinghua. edu. cn)上查询和下载。

如果您在使用本教材的过程中遇到了什么问题,或者有相关教材出版计划,也请您发邮件或来信告诉我们,以便我们更好地为您服务。

地址:北京市海淀区双清路学研大厦 A 座 708　　计算机与信息分社魏江江　收

邮编:100084　　　　　　　　　　　电子邮件:weijj@tup. tsinghua. edu. cn

电话:010-62770175-4604　　　　　　邮购电话:010-62786544

《网页设计与制作》目录

ISBN 978-7-302-17453-0   蔡立燕 梁 芳 主编

图书简介：

    Dreamweaver 8、Fireworks 8 和 Flash 8 是 Macromedia 公司为网页制作人员研制的新一代网页设计软件，被称为网页制作"三剑客"。它们在专业网页制作、网页图形处理、矢量动画以及 Web 编程等领域中占有十分重要的地位。

    本书共 11 章，从基础网络知识出发，从网站规划开始，重点介绍了使用"网页三剑客"制作网页的方法。内容包括了网页设计基础、HTML 语言基础、使用 Dreamweaver 8 管理站点和制作网页、使用 Fireworks 8 处理网页图像、使用 Flash 8 制作动画、动态交互式网页的制作，以及网站制作的综合应用。

    本书遵循循序渐进的原则，通过实例结合基础知识讲解的方法介绍了网页设计与制作的基础知识和基本操作技能，在每章的后面都提供了配套的习题。

    为了方便教学和读者上机操作练习，作者还编写了《网页设计与制作实践教程》一书，作为与本书配套的实验教材。另外，还有与本书配套的电子课件，供教师教学参考。

    本书适合应用型本科院校、高职高专院校作为教材使用，也可作为自学网页制作技术的教材使用。